漳卫南运河年鉴

（2022）

《漳卫南运河年鉴》编纂委员会　编

中国水利水电出版社
www.waterpub.com.cn
·北京·

图书在版编目（CIP）数据

漳卫南运河年鉴. 2022 / 《漳卫南运河年鉴》编纂委员会编. -- 北京 : 中国水利水电出版社, 2023.4
ISBN 978-7-5226-1497-7

Ⅰ. ①漳… Ⅱ. ①漳… Ⅲ. ①运河—天津—2022—年鉴 Ⅳ. ①TV882.821-54

中国国家版本馆CIP数据核字(2023)第069474号

书　名	**漳卫南运河年鉴（2022）** ZHANG - WEI - NAN YUNHE NIANJIAN（2022）
作　者	《漳卫南运河年鉴》编纂委员会　编
出版发行	中国水利水电出版社 （北京市海淀区玉渊潭南路1号D座　100038） 网址：www.waterpub.com.cn E - mail：sales@mwr.gov.cn 电话：（010）68545888（营销中心）
经　售	北京科水图书销售有限公司 电话：（010）68545874、63202643 全国各地新华书店和相关出版物销售网点
排　版	中国水利水电出版社微机排版中心
印　刷	北京印匠彩色印刷有限公司
规　格	184mm×260mm　16开本　18.75印张　456千字
版　次	2023年4月第1版　2023年4月第1次印刷
印　数	0001—1000册
定　价	**120.00**元

编 辑 说 明

一、《漳卫南运河年鉴》（以下简称“本年鉴”）由水利部海河水利委员会漳卫南运河管理局主办，是反映漳卫南运河水利事业发展、全面记录漳卫南运河管理局年度工作发展轨迹、为领导决策提供查考依据、为各部门工作提供信息咨询的工具书。《漳卫南运河年鉴》每年编印一册，2022 年卷主要收录 2021 年的资料。

二、本年鉴包括河系概况、要载·专论、年度综述、大事记、2021 年夏秋连汛、卫河干流（淇门—徐万仓）治理工程、规划计划、工程建设与管理、水政工作、水资源管理与保护、河湖管理、水文工作、监督审计、财务管理、人事管理、综合管理、局属各单位等栏目。

三、栏目内容包含类目、条目、文章和图表。标有方头括号（【】）者为条目名称。

四、本年鉴采用中华人民共和国法定计量单位，技术术语、专业名词、数字、符号力求符合规范要求或约定俗成。

五、本年鉴中水利部海河水利委员会简称“海委”，海河防汛抗旱总指挥部简称“海河防总”，漳卫南运河管理局简称“漳卫南局”；漳卫南运河管理局各部门及局属各单位名称采用约定俗成的简称；其他机构名称首次出现时用全称，并加括号注明简称，再次出现时即用简称。

六、“大事记”中，同月同日发生的事件在同一年月日下分段记述；无法确定具体日期的事件，记录在事件发生月的最后，并在段前加“□”。

七、限于编辑水平，本年鉴中难免存在疏漏之处，敬请广大读者批评指正。

《漳卫南运河年鉴》编纂委员会

《漳卫南运河年鉴》编辑部

主　　编：王孟月
副 主 编：刘　峥
编　　辑：李海峰　朱宝君　李　博

《漳卫南运河年鉴》特约编辑

李　清　漳卫南运河管理局纪律检查委员会
吕笑婧　漳卫南运河管理局规划计划处
李文超　漳卫南运河管理局水政处（水政监察总队）
田　伟　漳卫南运河管理局财务处
郭欣欣　漳卫南运河管理局人事处（离退休职工管理处）
张明月　漳卫南运河管理局水资源管理与保护处
范张衡　漳卫南运河管理局建设与运行管理处
张轶非　漳卫南运河管理局河湖管理处
阮荣乾　漳卫南运河管理局监督处（审计处）
尹　璞　漳卫南运河管理局水旱灾害防御处
张俊美　漳卫南运河管理局直属机关党委（工会）
安艳艳　漳卫南运河管理局水文处
姜济宁　漳卫南运河管理局信息中心
张伟华　漳卫南运河管理局综合事业处
宋庆宇　漳卫南运河管理局后勤服务中心
夏宇航　漳卫南运河卫河河务局
苏伟强　漳卫南运河邯郸河务局
王　璇　漳卫南运河聊城河务局
许　琳　漳卫南运河邢台衡水河务局
卓玛央金　漳卫南运河德州河务局
杜晓娜　漳卫南运河沧州河务局
曹文杰　漳卫南运河岳城水库管理局
王丽苹　漳卫南运河四女寺枢纽工程管理局
王　静　漳卫南运河水闸管理局
田　晶　漳卫南运河管理局防汛机动抢险队
王海英　漳卫南运河管理局德州水利水电工程集团有限公司
黄风光　卫河干流（淇门—徐万仓）治理工程建设管理局

目　录

编辑说明

河系概况 …… 1

河流水系 …… 3

地形地貌 …… 3

气象水文 …… 4

水旱灾害 …… 4

水利建设 …… 4

社会经济 …… 5

历史文化 …… 5

漳卫南运河管理局 …… 6

要载·专论 …… 7

深入贯彻落实党的十九届五中全会精神　奋力开启漳卫南局水利事业发展新征程

——在漳卫南局2021年工作会议上的讲话（摘要） …… 9

深入贯彻新发展理念　加快构建漳卫南运河水资源集约安全利用新格局 …… 15

年度综述 …… 19

2021年漳卫南局水利发展综述 …… 21

大事记 …… 25

2021年漳卫南局大事记 …… 27

2021年夏秋连汛 …… 39

雨情水情 …… 41

洪水过程 …… 41

水情和洪水预报 …… 42

应对措施 …… 43

卫河干流（淇门—徐万仓）治理工程 …… 47

工程概况 …… 49

项目法人 …… 49

综合管理 …… 50

前期工作 …… 51

招标投标 …… 51

工程进度 …… 51

质量管理 …… 52
安全生产 …… 52
党建工作 …… 53
党风廉政建设 …… 53
规划计划 …… 55
漳卫南局“十四五”发展规划 …… 57
漳卫河“21·7”洪水灾后重建实施方案 …… 57
前期工作 …… 58
在建项目 …… 58
工程建设与管理 …… 61
建设项目管理 …… 63
确权划界与水闸安全鉴定 …… 63
示范单位创建及复核 …… 63
工程运行管理及维修养护 …… 63
堤防绿化 …… 64
督查工作 …… 64
科技管理 …… 64
水政工作 …… 67
水法律法规体系建设 …… 69
水法规宣传与普法 …… 69
水行政执法与监督管理 …… 70
水政监察队伍建设 …… 71
水资源管理与保护 …… 73
取水监督管理 …… 75
水资源优化调度 …… 76
水资源保护 …… 78
节水型单位建设 …… 79
水资源监控能力建设 …… 80
水资源基础工作 …… 81
河湖管理 …… 83
河长制工作 …… 85
涉河建设项目管理 …… 86
采砂管理 …… 86
水域岸线管理 …… 87
水利风景区管理 …… 87

水文工作 …… 89
应急监测 …… 91
汛前准备 …… 92
海委漳卫南局水资源监测能力建设项目 …… 92
水文测验 …… 93
水质监测 …… 93
水资源监测 …… 94
水文情报预报 …… 95
水文示范站建设 …… 95
水文应急演练 …… 96
水文预报测报规范 …… 96
资料整编 …… 96
水文工作会 …… 96
水文统计 …… 97
水文队伍建设 …… 97
监督审计 …… 99
水利督查暗访 …… 101
安全生产 …… 101
审计工作 …… 102
财务管理 …… 103
财务收支 …… 105
国有资产管理 …… 105
财务管理 …… 106
经济管理 …… 107
人事管理 …… 109
人事任免 …… 111
机构设置与调整 …… 112
职工培训 …… 121
人员变动 …… 122
职称评定 …… 122
表彰奖励 …… 122
综合管理 …… 125
监督执纪问责 …… 127
全面从严治党 …… 129
水利档案规范化管理综合评估 …… 131
工会工作 …… 132
精神文明建设 …… 132

团委工作 …… 133
经济工作 …… 133
信息化工作 …… 134
机关建设与后勤管理 …… 135

局属各单位 …… 137

卫河河务局 …… 139
概况 …… 139
工程建设与管理 …… 139
绿化经营“所有林” …… 140
卫河干流治理工程 …… 140
水旱灾害防御 …… 140
卫河“21·7”洪水 …… 140
“抢水毁、保畅通”专项活动 …… 141
水政水资源管理 …… 142
河湖管理 …… 142
经济工作 …… 143
人事管理 …… 143
综合管理 …… 152
财务管理 …… 152
监督审计 …… 152
安全生产 …… 152
党建工作 …… 152
“三对标、一规划”专项行动 …… 153
党风廉政建设 …… 154
工会工作 …… 154
精神文明建设 …… 154
意识形态工作 …… 154

邯郸河务局 …… 155
概况 …… 155
水旱灾害防御 …… 155
工程建设与管理 …… 156
水行政执法和河湖管理 …… 156
水资源管理 …… 157
经济工作 …… 157
安全生产 …… 158
人事管理 …… 158
内部管理 …… 166
宣传信息 …… 166

精神文明建设 …… 166
扶贫帮扶 …… 166
新冠肺炎疫情防控 …… 167
党建工作 …… 167
聊城河务局 …… 168
概况 …… 168
工作概况 …… 168
工程建设与管理 …… 168
水旱灾害防御 …… 169
水政水资源管理 …… 169
经济工作 …… 170
人事管理 …… 170
财务管理 …… 177
综合管理 …… 177
安全生产 …… 177
党群工作与精神文明建设 …… 178
党风廉政建设 …… 178
邢台衡水河务局 …… 179
概况 …… 179
新冠肺炎疫情防控 …… 179
水旱灾害防御 …… 180
工程管理 …… 180
水政水资源管理 …… 181
人事管理 …… 182
财务管理与审计 …… 188
党史学习教育和“三对标、一规划”专项行动 …… 189
党建工作 …… 189
党风廉政建设 …… 189
安全生产 …… 190
综合管理 …… 190
经济创收 …… 190
德州河务局 …… 191
概况 …… 191
工程管理 …… 191
水旱灾害防御 …… 193
水政水资源 …… 194
河长制工作 …… 195
人事管理 …… 196

安全生产 …… 198
党建工作 …… 199
廉政建设 …… 200
精神文明建设和工会工作 …… 200
综合管理 …… 200
财务工作 …… 201
沧州河务局 …… 201
概况 …… 201
新冠肺炎疫情防控 …… 201
防汛工作 …… 202
工程管理和维修养护工作 …… 204
水政水资源管理 …… 206
财务管理 …… 208
人事管理 …… 210
安全生产 …… 216
综合管理 …… 217
党建工作 …… 219
纪检监察和党风廉政建设 …… 221
精神文明建设 …… 222
领导视察 …… 222
岳城水库管理局 …… 225
概况 …… 225
工程建设与管理 …… 225
防汛工作 …… 226
水政水资源管理 …… 226
供水工作 …… 227
水文工作 …… 227
人事管理 …… 228
综合管理 …… 229
安全生产 …… 229
党群工作 …… 230
党风廉政建设 …… 230
精神文明建设 …… 231
四女寺枢纽工程管理局 …… 231
概况 …… 231
工程管理 …… 232
四女寺枢纽北进洪闸除险加固工程 …… 232
水旱灾害防御 …… 232

输水工作 …… 233
水政水资源管理 …… 234
水法治文化广场 …… 234
人事管理 …… 235
党建工作 …… 239
党风廉政建设 …… 240
高质量发展 …… 240
财务管理 …… 241
精神文明建设 …… 241
安全生产 …… 242
领导视察 …… 242
表彰奖励 …… 244
水闸管理局 …… 244
概况 …… 244
工程管理 …… 245
水旱灾害防御 …… 245
水政水资源管理 …… 245
人事管理 …… 246
综合管理 …… 251
全面从严治党 …… 251
精神文明建设 …… 252
领导视察 …… 253
防汛机动抢险队 …… 255
概况 …… 255
防汛工作 …… 255
防汛物资管理 …… 256
“三对标、一规划”专项行动 …… 256
经济建设 …… 256
人事劳动管理 …… 257
新冠肺炎疫情防控 …… 263
综合管理 …… 264
安全生产 …… 264
党建工作 …… 265
精神文明建设 …… 265
德州水利水电工程集团有限公司 …… 266
概况 …… 266
生产经营 …… 266
思想解放大讨论活动 …… 266

党建工作 …… 267
党风廉政建设 …… 267
干部队伍建设 …… 267
附录…… 269
枕戈待旦守江河——海委漳卫南运河管理局防御洪水侧记 …… 271
洪水拦在坝前　人民护在身后 …… 273
凝聚防汛抗洪的红色力量　海委漳卫南运河管理局党建领航战洪水…… 275
利剑出鞘保安全　海委漳卫南运河管理局水政监察队有力消除防洪隐患 …… 277
堤防就是水利人的主战场 …… 279
同心齐力　风雨共担——海委漳卫南运河管理局沧州河务局防汛抗洪侧记 …… 281
卫河畔最可爱的人…… 283

河 系 概 况

【河流水系】

漳卫南运河是海河流域南系骨干行洪排涝河道，由漳河、卫河、卫运河、南运河及漳卫新河组成，位于东经 112°～118°、北纬 35°～39°之间。西以太岳山为界，南临黄河、徒骇河、马颊河，北界滏阳河，东达渤海。以浊漳河南源为源，流经山西、河南、河北、山东、天津四省一市，至天津市三岔河口，全长 1050km，流域面积 37584km²。

漳河上游有清漳河、浊漳河两条支流，于河北省涉县合漳村汇合为漳河干流，自观台入岳城水库。岳城水库以上漳河流域面积 18100km²。漳河出岳城水库后进入平原，向东北至馆陶县徐万仓与卫河共同汇入卫运河。按照现行的流域规划，漳河为海河水系源头，漳河自浊漳河南源源头至漳河、卫河汇流处徐万仓村全长 460km，流域面积 19537km²，占漳卫南运河流域总面积的 51%。

卫河源于太行山南麓山西省陵川县夺火乡南岭，于河北省馆陶县徐万仓与漳河汇流。卫河支流繁多，主要有大沙河、淇河、汤河、安阳河等。由于历史原因，黄河北徙使卫河两岸形成多处洼地，成为蓄滞洪区，如良相坡、柳围坡、长虹渠、白寺坡、小滩坡、任固坡等。从河南省新乡市合河镇始至漳卫河汇合口徐万仓为卫河干流，全长 329km。流域面积 15229km²，占漳卫南运河流域总面积的 41%。

1958 年四女寺枢纽修建后，将漳河、卫河于馆陶县徐万仓村汇合后至四女寺枢纽河段称卫运河。卫运河上承漳河、卫河，下启南运河、漳卫新河，是漳卫南运河水系中游河段，也是河北、山东两省的省界河道，河道全长 157km。卫运河为复式断面，半地上河，河槽之深，在海河流域各河道中居于首位，滩地与河底的高差一般为 7～10m，河槽宽为 70～200m。

历史上的南运河南起山东临清。1958 年，扩挖四女寺减河后，南运河上端改由四女寺南运河节制闸起，经山东省德州市德城区，河北省故城、景县、阜城、吴桥、东光县、南皮县、泊头市、沧县、沧州市区、青县，天津市静海区进入天津市市区，至三岔河口与北运河交汇入海河干流。南运河自四女寺枢纽至天津市静海区独流镇十一里堡上改道闸段，为一级行洪河道，长 309km，左堤长 271.36km，右堤长 273.1km，自十一里堡下改道闸至三岔河口段只作为排沥河道，不再承担防洪任务。

漳卫新河是在四女寺减河基础上人工开挖的一条分洪河道，起自德州市武城县四女寺枢纽，流经山东省德州市、宁津县、乐陵市、庆云县和河北省沧州市吴桥县、东光县、南皮县、盐山县、海兴县，于山东省滨州市无棣县大口河（古称大沽河）入海，全长 257km（其中含岔河河道 43.5km），流域面积 3144km²。1972—1973 年对四女寺减河进行扩大治理期间，从四女寺至吴桥县大王铺（大致依循钩盘河故道）新辟一条岔河，于河北省吴桥县大王铺汇入四女寺减河。治理工程结束后，将四女寺减河、岔河及其汇流后的河段统称为漳卫新河。

【地形地貌】

流域西部（上游）地处太岳山东麓和太行山区，地面高程一般在海拔 1000m 以上，为土质丘陵区和石质山区，中间点缀着长治盆地，东部及东北部（中下游）为广阔山前洪积、坡积、冲积平原。山区、丘陵区面积 25436km²，占流域总面积的 68%，平原面积

12148km²，占流域总面积的32%。西部山区与东部平原直接相接，山前丘陵过渡区很短。地形总趋势西高东低，地面坡度山区丘陵区为0.5‰～10‰，平原为0.1‰～0.3‰。平原内微地形复杂，中游分布着大小不等的几个洼地，成为河道的蓄滞洪区，下游沿海岸带为滨海冲积三角洲平原。

【气象水文】

漳卫南运河流域地处温带半干旱、半湿润季风气候区，降水地带性差异明显，且年内、年际分配极不均匀。雨季大多从6月中下旬开始至8月下旬结束并集中于7月下旬、8月上旬。根据《海河流域水资源公报》，1996—2005年，漳卫南运河流域年均地表水资源总量为42.32亿m^3，平均地下水资源量为67.50亿m^3，平均水资源量为94.04亿m^3。

【水旱灾害】

历史上，漳卫南运河洪涝灾害频发，据文献资料记载，1607—1911年的305年中，漳河发生洪水约55次，平均5～6年一次；卫河发生大洪水约106次，平均3年一次；卫运河发生大洪水约60次，平均5年一次。新中国成立后，1956年、1963年、1996年漳卫南运河发生大洪水。1961年、1964年、1977年流域内出现大范围涝灾。

商汤时期，即有"汤有七年大旱"之说（商汤十八年至二十四年，公元前1749—前1743年）。其后，由商、周至春秋、战国和秦，史料中时有"大饥""大旱"的记载，旱灾屡有发生，但所记情况均极简略。汉代至元代（公元前206—1368年），史料对旱灾的记载较多，但由于漳卫南运河历史变迁等原因，难以对流域旱灾作出统计。明清时期（1368—1911年）旱灾史料记载较连续，且记述详略程度大致具备可比性。明代平均百年2.9次，清代平均百年2.6次。民国时期（1912—1949年）发生大旱灾2次，分别是1920年和1942年。

新中国成立后至1995年，漳卫南运河流域几乎年年有旱灾，有些河道甚至出现断流。典型干旱年有1965年、1978—1982年等。1996年洪水之后至2020年，未出现较大旱灾。

【水利建设】

新中国成立后，国家对漳卫南运河先后多次进行治理。1949—1956年，对南运河、漳河堤防进行整修、加高、培厚，兴建了升斗铺、甲马营分洪口门工程，开辟了长虹渠、白寺坡、小滩坡、大名泛区和恩县洼滞洪区，对卫运河、四女寺减河进行复堤和河道疏浚。1957年，水利部批准《海河流域规划（草案）》，确定"上蓄、中疏、下排、适当地滞"的治水方针。1957—1963年，在漳卫河上游先后兴建了漳泽、后湾、关河、岳城等大型水库、25座中型水库和300余座小型水库，并对卫运河、四女寺减河进行了扩大治理，兴建了四女寺枢纽。1963年海河流域大水后，1964—1984年先后兴建了恩县洼滞洪区西郑庄分洪闸和牛角峪退洪闸；再次扩大治理卫运河、四女寺减河；改扩建了四女寺枢纽；新建了卫运河祝官屯枢纽和漳卫新河七里庄、袁桥、吴桥、王营盘、前罗寨、庆云、辛集等拦河蓄水闸；对卫河干流下段（浚内沟口—徐万仓）进行扩大治理，对卫河干流上段（西孟姜女河入卫口—老观嘴）进行清淤。1987—1995年，对岳城水库主坝、大副坝、1号小副坝、2号小副坝进行加高，并增建3号小副坝。先后实施了岳城水库大坝加高。1991—1995年，对岳城水库以下漳河进行了整治。经过治理，初步形成了由水库、河道和非工程措施组成的防洪体系，形成了“分流入海、分区防守”的格局。

1996年8月，漳卫南运河发生特大洪水。“96·8”洪水之后，漳卫南运河迎来了新的治理高潮。截止到2020年年底，先后分4批完成“96·8”洪水水毁修复，先后完成西郑庄分洪闸加固工程、漳河岳城水库以下（京广铁路—徐万仓）全长103.3km河道整治工程、漳河穿漳涵洞水毁工程和漳河西冀庄险工修复整治工程、岳城水库除险加固大副坝涌砂处理工程、漳卫新河（四女寺—辛集）治理工程、岳城水库除险加固工程、漳河重点险工整治工程、牛角峪和祝官屯除险加固工程、卫运河治理等多项治理工程。

【社会经济】

漳卫南运河流域是我国粮棉主要产区之一，煤炭、石油资源丰富，交通便捷。流域内粮食作物以小麦、玉米为主，经济作物以棉花、花生、芝麻、绿豆为主，工业有煤炭、石油、钢铁、发电、纺织、造纸以及各类加工企业等，京沪高铁与京广、京九、京沪、石德等铁路和京福、京开、濮鹤、大广、青银等高速公路及104、105、106、107、205、207、208等国道、省道及县乡公路构成了四通八达的交通体系。据2012年统计资料，漳卫南运河流域内涉及的行政区共有15个地级市、67个县（市、区），全流域总人口3395.37万人，地区生产总值9369.4亿元。

【历史文化】

漳卫南运河具有悠久的历史。漳河古称降水（绛水），亦称衡漳、衡水。战国时期成书的《禹贡》中即有关于漳河的记载。卫河原为黄河故道，因春秋属卫地而得名，汉代称白沟。历史上，卫河、卫运河、南运河是一条河，唐代称永济渠，宋代称御河，曾是京杭大运河的一部分。北魏郦道元所著《水经注》中对漳水、卫水及其支流的也作了详细的记述。历史上大禹治水、西门豹治邺、曹操“遏淇水入白沟，以通粮道”、史起修建引漳十二渠、陈尧佐筑陈公堤等历史事件都发生在这里。历代水利著述中对漳卫南运河也多有记述，如《畿辅通志》中《九河故道考》、明李柳西《九河辩》、清崔述《御河水道记》《漳河水道记》、清崔乃翚《直隶五大河说》、清吴邦庆《畿辅水道管见》等阐述了河流的来历和变迁过程，明工大本《沧州导水记》、清吕游《开渠说》三篇和《漳滨筑堤论》、清李泽兰《西门渠说略》等名家著述和官吏奏疏，均记述了大量历代有关水利的法律、规章、当年水害状况以及兴修河道堤防的详细情况。

漳卫南运河流域是中华民族发祥地之一。历史上，靠近漳卫南运河边的许多城镇，如魏晋南北朝时期的邺城，北宋时期的大名，明清时期的德州、临清、天津等，凭借运河水路的便利条件，逐渐发展成为重要的区域中心。流域内名胜古迹众多，旅游资源丰富。安阳市殷墟出土的甲骨文在我国古文化研究中颇有价值；汤阴县羑河畔的羑城，据传是囚禁周文王的地方，是已知的我国最早的国家监狱所在地之一；淇县的战国军庠是我国第一所军事院校，相传孙膑、庞涓等就读于此；德州市的菲律宾苏禄王墓是中菲友谊的象征；沧州市的铁狮子享誉全国；“人造天河”——红旗渠坐落于河南省林县（现林州市），是水利建设史上的奇迹。

2014年6月22日，第38届世界遗产委员会会议同意将中国大运河列入《世界遗产名录》。

【漳卫南运河管理局】

漳卫南运河管理局成立于1958年3月24日，隶属于水利部海河水利委员会，为正局级事业单位，在管辖范围内行使水行政主管职责。

漳卫南局机关驻地在山东省德州市，单位实行三级管理体制，局下属10个二级正处级单位和4个直属事业单位，包括卫河河务局、邯郸河务局、聊城河务局、邢台衡水河务局、德州河务局、沧州河务局、岳城水库管理局、四女寺枢纽工程管理局、水闸管理局、防汛机动抢险队、水文处、信息中心、综合事业处、后勤服务中心。二级单位下设35个三级单位，分布于河北、山东、河南3省10市28个县（市）。

漳卫南局所辖防洪工程包括岳城水库及以下漳河、淇门以下卫河、刘庄闸及其以下共产主义渠、卫运河、漳卫新河、南运河（四女寺—第三店）、四女寺枢纽及恩县洼滞洪区的西郑庄分洪闸和牛角峪退水闸。管理的河道干流总长814km，堤防长1536km，大（1）型水库1座、水利枢纽3座（大型2座）、拦河闸5座、挡潮蓄水闸1座、节制闸1座、分洪闸1座、退水闸1座、引黄入卫闸1座。

漳卫南局领导班子成员如下。

局　长：张永明

副局长：李瑞江　张永顺（2021年6月免）　杨士坤　付贵增　王鹏　裴杰峰（2021年6月任）

一级巡视员：张永顺（2021年6月任）

二级巡视员：姜行俭　李学东（2022年1月退休）

要载 · 专论

深入贯彻落实党的十九届五中全会精神
奋力开启漳卫南局水利事业发展新征程

——在漳卫南局2021年工作会议上的讲话（摘要）

张永明

（2021年2月5日）

同志们：

这次会议的主要任务是：坚持以习近平新时代中国特色社会主义思想为指导，全面贯彻党的十九大和十九届二中、三中、四中、五中全会精神，深入落实“节水优先、空间均衡、系统治理、两手发力”的治水思路和水利改革发展总基调，积极践行“一个中心，四个保障”的基本工作思路，按照2021年全国水利工作会议和海委会议部署，回顾总结漳卫南局“十三五”和2020年工作，分析当前形势，安排部署2021年重点工作，践行新思路，开启新征程，争取实现漳卫南运河水利事业发展新突破。

下面，我讲几点意见。

一、不忘初心，牢记使命，“十三五”圆满收官

五年来，在海委党组的坚强领导下，漳卫南局坚决贯彻落实上级决策部署，紧紧围绕“十三五”的既定目标，统筹推进漳卫南运河水利事业改革发展，态度鲜明，行动有力，各项工作都迈出了积极步伐、取得了重大进展。

一是巩固了事业发展基础。深入贯彻党的十九大精神，认真学习习近平总书记关于治水工作的重要论述精神，准确把握新时期加强水利改革发展的新形势新要求，因地制宜提出“一个中心，四个保障”的基本工作思路，作为统筹全局水利事业发展的总纲领，有效保障各项工作稳步开展。

二是巩固了水事秩序稳定。借力河湖长制平台，强力推进解决直属河库“老大难”问题，大力开展“清四乱”和河湖违法陈年积案“清零”行动，违建、树障、生活建筑垃圾等清理整治完成率超80%，圆满完成“清零”任务。加强水政执法，累计查处各类水事违法案件近30起，切实维护河湖管理秩序。

三是巩固了党的建设和干部队伍建设。认真落实海委党组关于全面从严治党的决策部署，压紧压实“两个责任”，严明政治纪律和政治规矩，加强基层党组织建设，持续深化作风建设，严格监督执纪问责，推进巡察全覆盖，全面从严治党不断向纵深发展。加强干部队伍建设，树立正确选人用人导向，激活干部内生动力，促进干部职工担当作为。积极推进文明创建工作，局机关成功跨入“全国文明单位”行列。

四是工程项目建设取得重大突破。卫运河治理工程、四女寺枢纽北进洪闸除险加固工程建设任务圆满完成，卫河干流（淇门—徐万仓）治理工程列入全国150项重大水利工程

清单、已经水利部行政许可即将开工建设，庆云闸和辛集闸除险加固、漳河干流岳城水库至徐万仓段治理、漳卫新河河口治理工程等重点项目前期工作稳步推进。

五是深化改革取得重大突破。积极稳妥推进机构改革，完成局机关内设机构调整，厘清内设机构主要职责；稳妥实施职务与职级并行制度；大力推行社会化购买服务，局机关后勤服务保障水平明显提高；积极推进集团公司管理体制调整，有效激发了企业发展的内生动力。

六是经济创收取得重大突破。充分发挥水土资源优势，积极推动水价改革，规范局属企业管理，提高预算编制质效，不断加强辛集闸桥收费管理，全局收入水平再创新高。

七是水旱灾害防御能力提升。认真落实水利部、海委部署要求，周密安排部署，深入督导检查，科学会商调度，积极开展防汛抢险演练和业务培训，成功应对“7・19”暴雨洪水和多次强降雨过程。

八是工程管理工作质量提升。加大维修养护力度，全面实现了水利工程维修养护市场化，大力推进工程管理范围确权划界，持续开展水库水闸安全鉴定，加强工程管理示范单位建设，其中1个单位保持了国家级水管单位，6个单位保持了海委工程管理示范单位。

九是水资源管理与保护水平显著提升。落实最严格水资源管理制度，健全水资源管理与保护制度和技术体系，圆满完成水利部落实最严格水资源管理制度示范项目和国家水资源监控能力建设项目（二期），全局47家单位全部建成节水机关，水资源强监管成效显著。统筹开展各项调水工作，圆满完成“引岳济沧”、“引岳济衡”、“引黄济冀”、南水北调东线一期北延应急试通水等供水输水任务，充分发挥了水资源生态、社会和经济效益。

二、锐意进取，攻坚克难，2020年重点工作圆满完成

（略）

三、认清形势，精准发力，实现漳卫南局水利事业高质量发展

（一）准确把握漳卫南局面临的严峻形势

一是践行水利改革发展总基调面临的困难。防洪体系短板仍然存在，防洪排涝等新老问题交织。多年来国家相继对岳城水库和主要骨干河道等水利薄弱环节进行治理，但任务尚未全面完成，骨干河道现状防洪能力不足，病险水闸除险加固进展迟缓，河道淤障壅塞、堤防老化失修、河口无序开发等造成泄洪能力普遍下降。信息化建设滞后。信息化基础设施仍不完善，网络基础设施分散，信息化发展动力不足，难以满足采集数据全面互联、融合共享要求。尚未形成流域联通的网络化自动监测和数据传输体系，无法为流域江河湖泊、水资源、水环境、水生态、水工程等强监管提供有效的自动感知和监测诊断。行业强监管的能力不够强。监督队伍力量还比较薄弱、业务素质和专业能力参差不齐，难以胜任频次日益增加、要求日益提高的监督任务。必要的“财、物”保障不够到位，人员经费严重不足，监督设备设施采购资金尚未落实等。

二是经济创收形势日益严峻。漳卫南运河流域水资源禀赋差，刚性需求强，水生态环境损害严重、水资源保障形势严峻，做好与此相关的工作，需要投入大量的人力、物力、财力，需要克服重重困难。中央财政拨款预算水平整体呈下降趋势，岳城水库累计断流

800 余天，直接影响了水资源创收的来源，漳卫南局经济工作面临前所未有的挑战。全局经济发展的思想状态不容乐观，部分单位不同程度存在“等靠要”“小富即安”“得过且过”的思想。没有牢固树立过紧日子的思想，仍然存在“临时思想”，一味地把解决经济困难寄托于大型基建项目上，职工积极性不高，干事创业劲头不足。没有加强对外协调，积极与地方经济发展接轨，探索新的创收渠道。

三是水利工程管理新体制还没有完全成熟。在漳卫南局“一个中心，四个保障”基本工作思路下，如何把工程管理摆在突出位置，实现各个要素的有机联动，还有很多工作要做。目前，“管”“养”的关系还未理顺，责权利不够清晰。依托一线养护队伍的巡查、监督、监管机制还不完善，盯得紧、抓得准、管得住的一线养护队伍在有些单位还有名无实。维修养护离“投入到位、组织到位、管理到位”的要求还有差距，整体效果和效率有待提高。工程管理信息化水平较低，基础数据采集和信息化基础设施欠账较多。基层单位扎扎实实干工作的体制机制还不健全，干部职工的热情还没有充分调动起来，仍然存在人浮于事的现状，国家级和海委示范单位创建的积极性不高，这些严重制约漳卫南局全面发展、齐头并进的总体目标。

（二）准确把握漳卫南局水利事业高质量发展的新要求

当前和今后一个时期，漳卫南局水利事业将处在爬坡过坎的攻坚期和有利发展的机遇期，实现漳卫南运河水利事业更高质量、更有效率、可持续的发展，需要我们结合实际，切实找准贯彻新发展理念的切入点、着力点和落脚点，咬定目标，实现精准发力。

一要重点把握好“三新一坚持”。一是适应新发展阶段，要立足我国治水矛盾的新变化，育先机、开新局，做好漳卫南局水利改革发展的谋划、部署和落实。二是坚持新发展理念，积极利用创新思维和创新方法补短板，强弱项，助推新时期水利工作提质增效。三是融入新发展格局，寻找水利工作与新格局的结合点、切入点，用新思想、新作为、新担当践行水利改革发展总基调和漳卫南局“一个中心，四个保障”基本工作思路。四是坚持党的全面领导，落实从严治党主体责任、着力加强党的自身建设，把党的政治优势、组织优势转化为治理效能，为建设幸福漳卫南运河提供有力的政治保证。

二要善于和勇于担当作为。要敢于正视发展中的突出困难和问题，贯彻新发展理念、构建新发展格局，把主要问题、主要矛盾和矛盾的主要方面抓准，把解决问题和实现目标的方法路径搞对。全局上下都要充分发挥自身禀赋特色和优势，自加压力、挖掘潜力、拓展渠道，在办好“自己的事”上见担当。要更大力度的开源节流，更大程度的激发基层活力和积极性，更深层次的对外协调，更大动作的理顺体制机制，充分调动各方积极性，发挥各方的聪明才智，以“头脑风暴”带动提质增效。要建立健全容错纠错机制，切实为敢于担当的干部撑腰鼓劲，重点解决部分干部不想为、不愿为、不敢为的问题，努力形成让干得好的人精神上受鼓舞、物质上获奖励、政治上有地位的鲜明导向。

三要始终坚持问题导向。贯彻新发展理念其中一个重要的目的就是要解决问题。当前，破解漳卫南局面临的“创收”和“干活”、体制机制不顺畅、基层弱化等突出问题，需要我们坚持问题导向，科学地认识、准确地把握、正确地解决这些问题。要立足自力更生，在坚持抓好传统的经济创收项目的同时，进一步拓宽创收思路和渠道，想方设法开辟新的经济来源。要强化对水资源、土地资源、浮桥和局属企业的管理，促使各类资源效益最大化。要充分调动基层单位积极性和主动性，尊重创造性，提振基层经济保障能力。要积极做好与沿河各地的横向沟通，以及与部委的纵向沟通，加大协调力度，主动对接沿河各地经济发展，争取更多有利于水利发展的政策措施。要持续健全市场化、集约化、专业化和社会化的维修养护运行机制，探索建立与河长制相适应、与招投标要求相一致的维修养护管理模式，不断提高维修养护规范化管理水平。要结合机构改革，明确角色定位，积极转变工作方式和工作方法，坚持靠法制分清是非，靠体制明确责任，靠机制追究责任。要建立健全规章制度体系，强化制度执行，扎实推进全局规范化管理水平。要强化责任担当，落实新时代党的建设总要求，坚定不移推动全面从严治党工作。要树立“大抓支部”“大抓基层”的鲜明导向，打通全面从严治党的神经末梢。要全面推进党的政治建设、思想建设、组织建设、作风建设、纪律建设，推动管党治党与业务工作深度融合。要加强人才队伍建设，打造坚强有力的领导集体和高素质的干部队伍。

四要牢固树立底线思维。单位要发展，安全是底线；单位要进步，安全是基础。防洪安全、工程安全、资金安全、干部安全和职工队伍的稳定对于我们同等重要，必须引起高度重视。全局上下都要树牢底线思维，增强风险意识，摸清隐患底数，统筹抓好发展与安全。要建设一批强基础、增功能、利长远的重大项目，持续完善流域水利基础设施。要加大对工程设施进行系统管护和除险加固的力度，保持工程良性运行。要以强监管为首要任务，规范各类水事行为，堵漏洞、补短板、强弱项，提升管理地位和权威，全面夯实河系水利事业健康发展的安全基础。要强化预算执行，加强对重点资金、重点项目的预算执行的盯办，加强从日常监管、内控到财务检查的全方位监管，补齐内控漏洞。要把守纪律讲规矩摆在更加重要的位置，坚决做到 6 个“严格遵守”，严格落实中央八项规定精神，持之以恒纠正“四风”。要充分利用好监督执纪“四种形态”，让“红脸出汗”真正成为常态。要问需于民、问情于民，积极回应职工最关心最迫切的突出问题，乐于敢于善于做思想工作，营造和谐稳定的单位氛围。要积极稳妥推进各项改革，帮助解决基层单位发展中遇到的困难和问题，着力提高职工生产生活条件和收入水平，为事业发展提供坚强保障。

四、抢抓机遇，狠抓落实，扎实做好 2021 年各项工作

2021 年是建党 100 周年，是继全面建成小康社会之后乘势而上开启第二个百年奋斗目标，全面建设社会主义现代化国家新征程的开局之年，也是打好水利工作攻坚战之年，做好 2021 年工作，责任重大、使命光荣。漳卫南局将按照部委党组的要求部署，坚持以问题为导向，把握新发展阶段、落实新发展理念、构建新发展格局，着力固根基、扬优势、补短板、强弱项，努力为“十四五”开好局、起好步。

（一）全力以赴抓好水旱灾害防御工作

立足防大汛、抗大旱、救大灾，坚持早谋划、早部署、早发动，及时召开防汛工作会议，研究部署防汛抗旱重点工作。落实完善各项防汛责任制，优化调整防汛组织机构，及时研判雨水情，科学会商调度，深入开展督导检查，及时处理风险隐患，力争将灾害损失降到最低。大力抓好水库安全运行，严格落实“三个责任人”，确保工程安全运行。全面加强防汛基础技术工作，不断完善水文测报、洪水预报工作，提升“以测补报”水平。完成防洪预案修订，协助地方政府落实防汛工作行政首长责任制。做好旱灾防御，在确保防

洪安全前提下，积极实施雨洪资源利用。

（二）全力以赴抓好工程建设与运行管理

一是抓好重大工程项目建设。认真做好四女寺枢纽北进洪闸除险加固工程竣工验收准备，按期通过竣工验收。切实抓好卫河干流（淇门—徐万仓）治理工程建设，争取尽快开工。持续推进庆云闸和辛集闸除险加固、漳河干流岳城水库至徐万仓段治理、漳卫新河河口治理等重点项目前期工作，争取项目早日上马。

二是强化工程运行管理。坚持问题导向，深刻认识水利部检查组检查工程存在的问题，举一反三，吸取经验教训，不断提高工程管理质量。健全水利工程维修养护体制，完善运行机制，持续推进维修养护市场化工作，严格落实水管单位职工包堤、包段、包闸、包库责任制。加强工程管理示范单位创建，加大对工程管理工作的督导检查力度，保持工程良性运行。

（三）全力以赴抓好经济工作

深入贯彻漳卫南局经济工作座谈会精神，坚持自力更生、量入为出的原则，严格落实经济责任，千方百计增加创收，弥补事业经费不足。优化辛集浮桥运营管理方案，规范做好收费工作，继续做好水费征收及闸桥运行管理工作，指导提升基层单位创收能力。统筹谋划事企发展，充分激发经济活力。强化水利资金监管，深入落实预算管理“三项机制”，加强预算编制、执行、监督和绩效管理。强化审计监督和动态监控，狠抓事前防范、事中控制、事后监督，严控资金违规使用风险。

（四）全力以赴抓好强监管各项任务

一是继续强化水行政执法。加大水事违法案件督办力度，严厉打击管辖范围内各类水事违法行为。充分发挥水行政执法视频监控系统作用，实现河道管理动态监控。加强执法队伍建设，规范行政执法，全面提升执法工作水平。加大执法巡查、执法督查和水事违法案件查处力度，全面维护水事秩序稳定。

二是加强水资源监管。持续强化取水监管，切实做好取用水管理专项整治行动整改提升阶段工作，认真落实好取水监督管理制度，实施漳卫南局管辖范围取水总量、河段取水总量控制，加强取水许可管理；出台《漳卫南局水量调度办法》，强化重点取水口调度管理，充分发挥岳城水库、枢纽水闸等直管工程作用，改善河流生态；配合做好位山线路、潘庄线路引黄输水管理，推动实施漳河、卫运河生态补水，探索引黄、引江调水途径和长效机制，提升漳卫南运河水资源承载力；落实好《漳卫南局突发水污染事件应急预案》，开展漳卫南运河生态流量研究；扎实推进节约用水工作，巩固提升节水机关建设成果；按照海委授权，做好非直管范围取水许可日常监管工作。

三是加强水利专项监管。扎实开展水利监管工作，成立漳卫南局水利督查工作领导小组，组建督查队伍，坚持“四不两直”的工作方法，统筹做好水库、水闸、河道、堤防及重点工程检查，做到督查队伍专职化、监督检查常态化。做好涉河建设项目行政许可事前引导和服务工作，加强建设过程监管。强化采砂监管，坚决打击非法采砂。持续开展“清四乱”专项行动，巩固“清四乱”成果，严防“四乱”问题反弹，坚决去存量遏增量，推动流域片河湖长制“有名、有实、有能”。

（五）全力以赴抓好综合管理工作

强化行政事务督查督办，进一步完善督办制度体系和工作机制，提升督办事项完成质量，保障中心工作有效落实。毫不动摇巩固和践行制度建设取得的丰硕成果，充分发挥制度管根本、管全局、利长远的重要作用，不断提升机关规范化管理水平。精心组织好建党100周年活动，持续巩固提升全国文明单位创建成果。扎实做好保密、信访、宣传、信息通讯、后勤保障、工青妇等工作。

（六）全力以赴抓好党的建设

一是提高政治站位。深化理论武装，及时跟进学习党中央最新决策部署，增强“四个意识”、坚定“四个自信”，强化业务工作必须讲政治的意识，把“两个维护”落实在实际行动上，确保令行禁止。不断强化落实《漳卫南局党委关于加强党的建设的意见》，自觉同党中央的基准看齐定向，严格执行党内政治生活、重大事项请示报告等制度。以党的政治建设为统领，深入开展政治机关建设，加强政治机关意识教育，教育引导党员干部严格执行工作时间之外规范政治言行的“6个方面20个不准”。研究制定《漳卫南局党建考核办法》，促进党建与业务深度融合。

二是持续深化作风建设。继续巩固主题教育成果，持之以恒贯彻落实中央八项规定精神，持续整治“四风”老问题和新表现，从政治高度集中整治形式主义、官僚主义，切实抓好问题整改落实。加强政治监督，深入开展廉政警示教育，大力培育倡导廉政文化，进一步增强党员干部守纪律讲规矩的红线意识。深入推进巡察“回头看”工作，切实把巡察反馈意见整改落实到位。

三是强化监督执纪问责。深入落实海委推进委直属单位纪检机构改革的部署要求，加强局属单位纪检机构组织能力建设，推动主体责任和监督责任同频共振、同向发力。压实党风廉政建设政治责任，严肃执纪问责，以更大的决心、更强的监督、更严的问责，扎实推进党风廉政建设。注重抓早抓小，坚持运用好监督执纪“四种形态”，及时解决苗头性、倾向性问题，坚决做到发现一起、查处一起、通报一起，让失责必问、问责必严成为常态，一体推进不敢腐、不能腐、不想腐，切实营造风清气正的政治生态。

四是加强组织建设。坚持正确选人用人导向，统筹抓好领导班子人才队伍建设，合理调整人员编制和干部配备结构，充实基层单位人员力量，建立健全人才流动机制和政策保障机制，大力发展和培养年轻干部，推进干部交流常态化，全面激发干部人才队伍活力。加强调查研究，继续做好局领导班子蹲点调研工作，切实解决实际问题。持续推动基层党组织标准化、规范化建设，充分发挥基层党组织的战斗堡垒和党员的先锋模范作用。

最后，我再强调一下，近期连续出现本土散发病例、无症状感染者以及局部聚集性疫情，漳卫南局机关及局属单位周边疫情形势仍然十分严峻，加之春节将至，人员流动频繁、聚集性活动增多，疫情传播风险很大，防控任务非常艰巨。各部门、单位要把疫情防控作为重大政治任务，坚决贯彻落实党中央、国务院决策部署，严格按照部、委党组和属地政府工作安排，切实提高思想认识，始终绷紧疫情防控这根弦，做到疫情防控节奏不变、力度不减、尺度不松，不遗余力抓紧抓实抓细各项防控工作。一是压实领导责任，特别是抓落实的职责，靠前指挥，统筹落实属地、单位等疫情防控工作要求，督促干部职工严格遵守疫情防控纪律；二是严格审批管理，从严掌握、从严执行，持续完善防控措施和应急处置机制；三是加强舆情引导，不在公共场合、网络平台等传播不实疫情信息，坚决做到不信谣、不传谣；四是加强应急值守，要密切关注疫情形势发展，科学动态调整防控措施，加强春节期间值班值守和信息报送工作，确保职工安全过节、欢乐过节。

同志们，新使命催人奋进，新征程任重道远。实现漳卫南局水利事业发展目标任务，需要全局上下勠力同心，加倍努力。让我们更加紧密的团结在以习近平同志为核心的党中央周围，在水利部和海委党组的正确领导下，不忘初心，牢记使命，努力推动漳卫南局水利事业向高质量发展阶段加快迈进，以优异成绩向建党百年献礼！

深入贯彻新发展理念　加快构建
漳卫南运河水资源集约安全利用新格局

张永明

（2021 年 3 月 22 日）

2021 年 3 月 22 日是第二十九届“世界水日”，3 月 22—28 日是第三十四届“中国水周”。联合国确定 2021 年“世界水日”的主题是“珍惜水、爱护水”，水利部确定我国纪念 2021 年“世界水日”和“中国水周”活动的主题为“深入贯彻新发展理念，推进水资源集约安全利用”。

党的十九届五中全会提出，全面建成小康社会、实现第一个百年奋斗目标之后，我们要乘势而上开启全面建设社会主义现代化国家新征程、向第二个百年奋斗目标进军，这标志着我国进入了一个新发展阶段。新中国成立 70 多年来，在党和国家的高度重视下，在水利部和海委的正确领导下，经过几代水利职工和沿河两岸人民群众的不懈努力，漳卫南局已经积蓄了开启新征程的强大势能，漳卫南运河水利事业发展迈入了新阶段。面对新阶段新使命新任务，漳卫南局必须从深入贯彻党的十九届五中全会精神、推进水利改革发展这个大局出发，按照部委党组的决策部署，把握新发展阶段、贯彻新发展理念、构建新发展格局，稳步推进漳卫南局各项水利事业在“十四五”阶段开好局、起好步。

一、切实把握新发展阶段，适应水利改革发展新要求

党的十八大以来，习近平总书记深刻洞察我国国情水情，明确提出“节水优先、空间均衡、系统治理、两手发力”的治水思路，多次就水资源集约安全利用作出重要指示，并明确指出“水安全是涉及国家长治久安的大事”，强调要“加强需求管理，把水资源、水生态、水环境承载力作为刚性约束，贯彻落实到改革发展稳定各项工作中”。2020 年，党的十九届五中全会审议通过了《中共中央关于制定国民经济和社会发展第十四个五年规划和二〇三五年远景目标的建议》，明确提出要提升水资源优化配置能力，全面提高资源利用效率，实施国家节水行动，建立水资源刚性约束制度，提高水资源集约安全利用水平，为进一步加快水利改革发展、切实增强水利支撑保障能力、实现水资源可持续利用指明了

方向。

近年来，漳卫南局认真贯彻习近平总书记“节水优先、空间均衡、系统治理、两手发力”的治水思路和治水重要讲话指示批示精神，立足单位发展实际，聚焦治水薄弱环节和突出问题，形成了“一个中心，四个保障”基本工作思路，坚持落实最严格水资源管理制度，建立健全水资源管理与保护制度体系，持续加强水资源监管、调度、保护和节约利用，促使有限的水资源发挥了显著的生态、社会和经济效益。在看到成绩的同时，我们也要清醒地认识到，受自然条件、经济发展水平、管理体制等多种因素影响，作为水利部直管的重要省界边际河流，漳卫南运河仍存在水资源严重短缺、河道持续断流、水生态破坏、监管能力不足等严重短板，水资源安全保障形势严峻，这些新老水问题是制约漳卫南运河生态保护和高质量发展的“拦路虎”，也是阻碍建成“幸福河”总体目标的“绊脚石”。面对沿岸人民对“防洪保安全、优质水资源、健康水生态、宜居水环境、先进水文化”的热切期盼，漳卫南运河的水资源管理和保护工作面临严峻挑战。

二、深入贯彻新发展理念，彰显水利担当和作为

理念是行动的先导。实践充分证明，新发展理念适合我国第一个百年奋斗目标全面建成小康社会的发展需要，符合我国全面建设社会主义现代化国家第二个百年奋斗目标的发展要求，是引领中国特色社会主义事业发展的思想先导和行动指南，是确保我国经济社会持续健康发展的重要法宝，是我国发展思路、发展方向、发展着力点的集中体现，是管全局、管根本、管长远的导向，是在新的历史条件下我们必须坚定不移贯彻的发展理念。完整把握、准确理解、全面落实新发展理念，既是水利改革发展的工作要求，也是十分重要的政治要求。越是形势复杂、任务艰巨，越要坚持党的全面领导和党中央集中统一领导，越要把党中央关于贯彻新发展理念的要求落实到具体工作中。

2021 年，是中国共产党建党 100 周年，也是实施“十四五”规划的开局之年。站在新发展阶段的起点上，漳卫南局必将从提高政治站位出发，深入贯彻习近平总书记对完整、准确、全面贯彻新发展理念的重要讲话和指示精神，抢抓历史机遇、应对风险挑战、跟上时代步伐，清醒认识做好水利工作的重要意义，坚决摒弃传统思维定势、路径依赖，把新发展理念贯彻到全局水利改革发展的全过程和各领域，切实把新发展理念转化为统筹全局的行动纲领、谋划发展的具体思路、落实发展任务的工作举措、推动科学发展的实际成效，确保如期实现“十四五”规划目标和二〇三五年远景目标。

三、努力构建新发展格局，为建设幸福漳卫南运河提供坚实保障

面对当前严峻的水资源形势，漳卫南局应以新发展理念作为“指挥棒”和“红绿灯”，全面贯彻落实习近平总书记“节水优先、空间均衡、系统治理、两手发力”的治水思路，坚持问题导向，找准水资源工作的关键点和着力点，增强水忧患意识、水危机意识，积极破解水资源难题和问题，全面构建水资源集约安全利用新格局，满足新发展阶段对建设幸福河提出的新需求。

一是围绕“合理分水”，把水资源承载力作为刚性约束上限，坚持量水而行、节水为重、还水于河，科学确定水资源管理管控目标，坚持“有多少汤泡多少馍”，坚决抑制不

合理用水需求。在海河流域水资源开发利用控制指标的基础上，以取水许可管理为抓手，积极推进漳卫南运河水量分配工作，统筹生产、生活和河流生态需要，实施漳卫南局管辖范围取水总量、河段取水总量控制，推进实施超取水总量河段和超用水总量区域限批，避免“竭泽而渔”。

二是围绕“管住用水”，坚决落实最严格的水资源管理制度，持续加大水资源监管力度，全面监管水资源的节约、开发、利用、保护、配置、调度等各环节工作，加快推进用水方式由粗放低效向节约集约转变，特别是抓实抓细取用水监督管理，规范取用水行为，严格执行取水许可制度和计划用水管理，加强依规取水、计量取水，严厉打击违法取水、超量取水等行为。夯实节水基础，积极推动落实水资源论证和节水评价制度，以市场手段促进节水。大力提升漳卫南运河水资源管理信息化、智能化水平，抓好水资源监控监测体系，着力构建全方位数据支撑。

三是围绕“科学调水”，提高供水保障能力，科学拦蓄和调配水资源，推动建立完善的水资源供水保障体系。坚持“开源”“节流”并进，坚持分类施策、循序渐进，缓解水资源短缺形势，推进实现漳卫南运河“不断水”的目标。对内要做好岳城水库、枢纽、水闸水量联合调度管理工作，努力实现漳卫南运河统一调度，充分挖掘本流域的水资源潜力；对外要强化流域与区域协调与合作，推动建立引黄、引江等跨流域调水协商沟通机制，探索引黄、引江调水实施途径和生态补水长效机制，持续提升漳卫南运河水资源承载力。

四是围绕“科学治水”，进一步提升水生态文明理念，提高水资源集约安全利用标准，系统推进水生态治理与保护，牢牢守住水安全底线。强化风险意识，推动建立污染事故信息共享和联防机制，提高突发性水污染预测预警能力，推进水源地长效管护与标准化管理，不断提高水资源可持续利用水平。因地制宜推动确定岳城水库和各河道生态流量，积极参与大运河文化带河道水系治理管护、华北地区地下水超采综合治理等工作，有序开展新时代漳卫南运河水安全保障、河湖健康评价、生态调度、生态监测和水生态修复评估等关键技术研究，不断改善河湖生态环境，维护河湖健康生命。

新时代的号角已经吹响，新的征程已经扬帆起航，漳卫南局将以更饱满的热情和昂扬的斗志，坚决贯彻落实党中央、水利部、海委决策部署，开拓进取，大胆创新，科学谋划好“十四五”时期漳卫南运河水资源布局，锻长板、补短板、固底板，管好水、用好水、留住水，为建设幸福漳卫南运河提供坚实保障。

年度综述

2021 年漳卫南局水利发展综述

2021 年，漳卫南局各部门、单位认真贯彻水利部、海委决策部署，全面落实局党委“一个中心，四个保障”基本工作思路，全局干部职工真抓实干、克难奋进，迈出了水利高质量发展的坚定步伐，实现了“十四五”良好开局。

一、全力以赴战胜罕见夏秋连汛，确保安全度汛

深入学习贯彻习近平总书记关于防汛救灾工作的重要指示精神，坚持“人民至上、生命至上”，认真落实水利部、海委工作部署。全面分析漳卫南运河水旱灾害防御工作形势，压实防汛责任，抓牢预报、预警、预演、预案的“四预”措施，锚定“人员不伤亡、水库不垮坝、重要堤防不决口、重要基础设施不受冲击”的“四不”目标，落实各项责任制，强化组织协调，超前部署超标准洪水预案编制、防汛检查指导、险情隐患排除等各项前期防御准备，为防汛工作顺利开展奠定了坚实基础。

面对漳卫河系 2 次编号洪水，局领导靠前指挥，率河系（水库）组赶赴一线协助指导防汛工作。强化会商研判，共开展 74 次防汛会商，启动调整 10 次应急响应。加密雨水情监测，报送接收水雨情信息共计 47 万余份，下发或转发各类通知文件 140 余份。严格执行上级调度指令，精准控制岳城水库蓄泄，共下发调度令 35 份，充分发挥了拦洪削峰作用。全局干部职工风雨兼程、顽强奋战，携手各方力量全力保障水利工程安全。汛情最严峻时，大堤上的巡查队伍扩大到 6 万余人，预置大型机械设备 1300 余台，齐心协力最终赢得了防汛抗洪的决定性胜利。

二、工程建设顺利推进，工程管理水平稳步提升

卫河干流（淇门—徐万仓）治理工程正式开工建设，克服洪水和疫情影响，全力推进工程建设目标任务，工程进度和支付进度得到有效保障。四女寺北闸除险加固工程顺利通过竣工验收，经受住了洪水检验，并发挥了显著的防洪减灾效益。

加强对所辖工程的全面检查，建立工作台账，制订整改计划，并按期完成整改。抓实主管单位和水管单位责任制，逐步建立工程检查巡查监督监管的长效机制，切实把一线养护队伍职能落到实处。南皮河务局成功通过海委水利工程管理示范单位考核验收，成为 2013 年以来海委系统首次首家申报并通过海委水利工程管理示范单位考核验收的水管单位。馆陶、临清、盐山河务局与吴桥闸管理所顺利通过海委水利工程管理示范单位复核验收。清河河务局保持国家级水管单位。

三、科学谋划“十四五”规划　加快推进前期工作

制定印发《漳卫南局“十四五”发展规划》，明确了“十四五”期间全局发展总体思路、发展目标、主要任务和保障措施，确立了 2025 年 5 个近期目标和 2035 年 6 个远景目

标，为推进漳卫南局水利高质量发展确定了路线图、时间表和任务书。

漳卫河“21·7”洪水后，按照水利部、海委工作部署，及时成立漳卫河系“21·7”洪水灾后重建实施方案工作组，参与编制完成《漳卫河“21·7”洪水灾后重建实施方案》并报送水利部审查，召开漳卫河灾后重建工程前期工作部署会，印发工作方案，明确工作任务和时间安排，落实有关部门、单位职责，加快推进灾后重建项目设计报告编制及要件办理，组织开展现场查勘，各项工作有序推进。

超前谋划，认真梳理建设需求，积极争取漳卫南局项目列入海委“十四五”规划。庆云闸和辛集闸除险加固工程可研编制、漳河干流（岳城水库—徐万仓）治理规划审批圆满完成，漳卫新河河口治理前期工作持续推进，四女寺南闸、节制闸除险加固项目和数字漳卫河防洪保障能力提升工程有序启动。

四、加强水资源监督管理，提升水资源管理保护能力

全面摸清取水口底数，全局298处取水口、412个取用水管理问题全部整改销号，取用水管理专项整治行动圆满收官。开展2021年度取用水监督检查，实现发证取水口监督检查全覆盖。全力推进取水许可证电子化工作，顺利完成118处存量取水口的纸质取水许可证转换。

完成岳城水库年度供水工作。积极配合开展南水北调东线一期工程北延应急供水，多措并举确保了调水工作安全平稳开展，穿漳卫新河倒虹吸工程累计输送长江水3490万m^3，南运河第三店断面累计输送长江水3270万m^3。积极配合开展引黄入冀调水工作，已开展潘庄线路引黄输水工作1次、位山线路引黄输水3次，四女寺倒虹吸工程断面累计过水1.755亿m^3，南运河第三店断面累计过水1.650亿m^3，穿卫枢纽断面累计过水2.97亿m^3。

切实保障岳城水库饮用水水源地安全，探索建立与沿河地方的合作机制，加强入河排水（污）监管，密切关注漳卫南运河水质变化和污染事件进展，持续加大水资源保护力度。推进节水型单位建设，组织全局47家单位对节水型单位创建情况进行自查，持续巩固提升节水型单位建设成果。

五、强化河湖管理，持续改善河湖面貌

坚持问题导向，深入总结分析洪水暴露出的河湖管理问题，多次召开会议对河道清障工作进行再强调、再部署、再推进，现场督导检查直管河道“清四乱”工作。首次联合山东、河南、河北3省10市河长办召开联席会议，共商共谋共推“清四乱”工作，形成工作合力。全年共集中清理整治各类“四乱”问题146个，清除违章建筑约9.4万m^2，树障约294万m^2，生活建筑垃圾约1万m^3，河湖管理面貌和水生态环境得到显著改善。

严格采砂管理，坚持对直管河道非法采砂高压严打态势，不断强化日常巡查管控，依法依规处置河道管理范围内各类非法采砂问题。印发了《漳卫南局打击非法采砂专项整治行动实施方案》，明确采砂管理“四个责任人”。加强开展日常巡查和专项检查，定期开展联合执法，建立长效管控机制，不断压实责任，强化监督问责。强化涉河建设项目事中事后监管，开展在建涉河建设项目现场监督检查，督促整改落实到位。全面排查涉河建设项

目，严厉打击侵占水域岸线等破坏河湖生态环境违法行为。

六、立足高质量发展要求，提升治水管水能力

开展水行政执法监督检查，规范水行政执法行为，坚持做好执法巡查，严厉打击各类水事违法行为。全局各级队伍累计出动执法人员 6212 人次，车辆 1590 车次，巡查河道长度 49360km，出动船只 10 次，巡查水域 223km^2，现场制止水事违法行为 55 起，查处水事违法案件 1 起。

扎实做好卫河左堤彭村段决口调查发现问题整改，制定整改清单，明确时间表、任务书，漳卫南局党委成立彭村决口问题整改领导小组，约谈卫河局党委班子，对相关责任人进行问责处理，并召开专题会议，要求局属各单位举一反三、吸取教训、自查自纠，扎实推进相关问题整改到位。按照水利部、海委部署，开展 6 批次水利专项督查，派出督查组 8 组次、督查暗访人员 143 人·天，检查工程 122 处，发现各类问题 305 项，复查问题 36 项，为工程安全运行提供了坚实保障。

七、加强经济工作，增强经济保障能力

加强预算管理，增强经济保障能力。树牢“过紧日子”的思想，优化预算支出结构，切实保障重点支出，大力压减一般性支出。修订印发了《漳卫南局经济责任考核暂行办法》，完成了 2020 年度经济责任落实情况考核工作，进一步激发各单位的创收积极性、主动性。积极推动辛集浮桥建设与运营管理，组织完成辛集浮桥建设项目验收，优化运营管理工作方案，加强对浮桥公司运营的指导监督，为全局经济创收开辟了新的增长点。

强化财务监管，确保资金资产安全。配合山东省监管局完成了驻鲁单位 2020 年决算情况的检查工作，配合完成审计署进驻漳卫南局审计检查工作。按照水利部、海委部署要求，组织开展了全局系统对外委托经费和会议费管理情况专项检查工作。组织开展了漳卫南局内部控制建设情况自查工作，切实提高内控管理水平。进一步加大对基层单位预算执行、财务管理、资金支付等监督检查力度，防范化解基层财务风险，确保资金资产安全。

八、优化内部管理，提升水利行业发展能力

加强综合管理，确保机关高效运转。强化政务督办，印发漳卫南局 2021 年度重点工作督办事项清单，督促有关部门、单位按照时间节点报送工作成果，按计划完成工作任务。深入开展档案规范化管理评估工作，完成 22 家申报单位档案规范化评估工作，实现漳卫南局档案规范化评估工作全覆盖。

聚焦两大阵地抓宣传。漳卫南局官网河系要闻发稿 500 余篇、微信公众号 300 余篇，在海河水利公众号发布信息 60 篇，《中国水利报》31 篇。制作了“漳卫南局宣传册”“漳卫南局宣传片”“2021 年漳卫南局防汛抗洪《图说》《文说》”“漳卫南局抗御 2021 年洪水纪实片”等，其中宣传片《奋楫“运河人” 筑梦“幸福河”》，在共产党员网进行了专题展播。

持续优化干部队伍结构。加强领导班子和人才队伍建设，严格干部选拔任用，加强干部队伍建设，制定《漳卫南局党委关于贯彻落实领导班子建设规划纲要实施方案》，落实

处级领导干部任期与交流规定，2021 年调整处级领导干部 22 人，完成 14 名处级领导干部任职试用期满考核工作。制定了《关于贯彻落实〈2019—2023 年全国党政领导班子建设规划纲要〉的实施方案》，进一步优化干部队伍结构，加快推进干部队伍年轻化。做好职务与职级并行常态化管理工作，注重发挥职级并行制度的正向激励作用，鼓励和引导干部职工干事创业、担当作为。

大力推进文化建设。《漳卫南运河管理局局史》《岳城水库志》《四女寺水利枢纽工程志》《水资源管理概论》《河道管理通论》《漳卫南运河防汛抢险引论》编纂工作进展顺利。

九、加强党的建设，推进全面从严治党向纵深发展

制定了局党委全面从严治党主体责任清单，明确履行“一岗双责”总体要求。积极组织开展意识形态相关工作，落实党委意识形态工作责任分工。认真开展廉政警示教育活动，不断提升全局干部职工遵纪守法自觉性。强化监督执纪问责，加强与局纪委沟通协作，全局给予 33 人党纪政纪处分或组织处理，对多个单位领导班子进行集体约谈，形成了有力震慑。加强党支部标准化、规范化建设，清河局党支部荣获“水利先锋党支部”荣誉称号，全局党支部标准化、规范化先进达标率为 73.5％。

认真贯彻落实水利部和海委党史学习教育的部署要求，紧抓“学党史、悟思想、办实事、开新局”主题，扎实开展党史学习教育。局党委完成了 5 个专题的学习研讨，发放 1000 余本学习书籍，领导班子成员带头讲授党史学习教育专题党课，赴革命教育基地参观学习，并参加所在党支部专题组织生活会。召开庆祝建党 100 周年表彰大会，先后组织开展庆祝建党百年红歌展演、第一届河道修防工技能竞赛、党史知识竞赛等系列特色活动。扎实推进“我为群众办实事”活动，70 余项实事清单已全部完成。

开展“三对标、一规划”专项行动。制定印发了“三对标、一规划”专项行动工作方案和工作配档表，按照全员覆盖、分步实施要求，织集体学习 424 次，交流研讨 4223 人次。

大事记

2021 年漳卫南局大事记

1 月

8 日　漳卫南局党委委员、副局长李瑞江赴穿卫枢纽检查冬季输水及安全生产工作。

11 日　漳卫南局召开经济工作座谈会，围绕局党委“一个中心，四个保障”基本工作思路，分析经济发展面临的新形势、新问题，安排部署今后一个时期经济发展任务。局党委书记、局长张永明主持会议并作总结讲话，局党委委员、副局长李瑞江、杨士坤、张永顺、付贵增，局党委委员、纪委书记王鹏出席会议并讲话，一级巡视员徐林波，二级巡视员姜行俭、李学东出席会议，出席会议的还有二级巡视员张朝温、张启彬。本次会议采用视频会议的形式召开，局机关设主会场，局属各单位设分会场，局副总工，机关各部门、各直属事业单位主要负责人在主会场参加会议。

20 日　漳卫南局党委书记、局长张永明主持召开党委扩大会议，传达学习水利部直属系统警示教育视频会议精神，进一步部署安排全面从严治党各项工作。局党委委员、副局长李瑞江、杨士坤、张永顺、付贵增，局党委委员、纪委书记王鹏出席会议。会议传达了水利部、海委廉政警示教育会议精神，通报了水利部近期查处的典型违纪违法案例和巡视发现的共性问题，并对漳卫南局警示教育工作进行了安排部署。

岳城水库管理局荣获“2018—2020 年河北省文明单位”荣誉称号，邯郸河务局继续保持“河北省文明单位”荣誉称号。

漳卫南局选送节水宣传短视频作品《别让水从你手中流走》在中国水利报社组织的“保护水资源　建设幸福河”短视频征集活动评选中荣获三等奖。

漳卫南局“十大优秀青年”评选活动圆满落幕，马国宾、许琳、朱俊、刘晓青、李海峰、张明月、张俊美、张伟华、张轶天、贺小强（按姓氏笔画排序）被授予漳卫南局“十大优秀青年”荣誉称号。

清河河务局获水利部党建工作领导小组“水利先锋党支部”荣誉称号。

2 月

5 日　漳卫南局召开 2021 年工作会议，局党委书记、局长张永明出席会议并讲话，局党委委员、副局长李瑞江主持会议并作会议总结，局党委委员、副局长杨士坤、张永顺、付贵增，局党委委员、纪委书记王鹏，一级巡视员徐林波，二级巡视员姜行俭、李学东出席会议，出席会议的还有二级巡视员张朝温、张启彬。根据新冠肺炎疫情防控要求，本次会议采取视频会议形式召开，局机关设主会场，局属各单位设分会场，局副总工，机关各部门副处级以上领导干部，机关各事业单位主要负责人在主会场参加会议。会议表彰了 2020 年度先进单位、先进集体，以及 2020 年度工程管理先进单位、工程管理先进水管单位；水文处、邯郸局、邢衡局、沧州局、水闸局进行了工作交流。

水利部下达卫河干流（淇门—徐万仓）治理工程初步设计报告准予行政许可决定书，标志着该工程前期工作全部完成，正式进入建设实施阶段。

23日　漳卫南局召开卫河干流（淇门—徐万仓）治理工程建设管理局（以下简称“卫河建管局”）成立会议，漳卫南局党委书记、局长张永明出席会议并讲话，漳卫南局党委委员、副局长兼卫河建管局局长杨士坤主持会议。卫河干流（淇门—徐万仓）治理工程正式进入实施阶段。

20日　卫河河务局职工李佩瑶荣获“濮阳市河长制工作表现突出个人”称号。

3月

1日　漳卫南局召开党委会议，专题研究部署落实水利部党组巡视整改“三对标、一规划”专项行动工作。局党委书记、局长张永明主持会议并作总结讲话，局党委委员、副局长李瑞江、杨士坤、张永顺、付贵增，局党委委员、纪委书记王鹏出席会议。

5日　漳卫南局召开2021年党风廉政建设工作会议。局党委书记、局长张永明出席会议并讲话，局党委委员、副局长李瑞江主持会议，局党委委员、副局长张永顺传达海委2021年党风廉政建设工作会议精神，局党委委员、纪委书记王鹏通报2020年水利系统违纪违法典型案例并讲话。局党委委员、副局长杨士坤、付贵增，一级巡视员徐林波，二级巡视员姜行俭、李学东出席会议，出席会议的还有二级巡视员张朝温、张启彬。漳卫南局副总工，机关各部门、机关各事业单位副处级以上领导干部，局属各单位主要负责人、党风廉政建设分管负责人参加会议。

9日　漳卫南局党委、纪委召开会议，沟通研究2021年局系统全面从严治党工作。局党委书记、局长张永明主持会议并讲话，局党委委员、纪委书记王鹏出席会议并讲话。局党委委员、副局长李瑞江、张永顺、付贵增出席会议。

19日　漳卫南局召开党史学习教育动员部署会议。漳卫南局党委书记、局长张永明出席会议并做动员讲话，局党委委员、副局长杨士坤主持会议并作总结讲话，局党委委员、副局长张永顺传达《漳卫南局党委开展党史学习教育实施方案》。局党委委员、副局长付贵增，局党委委员、纪委书记王鹏，一级巡视员徐林波，二级巡视员姜行俭、李学东参加会议，参加会议的还有二级巡视员张朝温、张启彬。漳卫南局副总工，机关各部门、机关直属事业单位领导班子成员，漳卫南局纪委有关负责人，局属各单位主要负责人、分管党建工作负责人、党建部门负责人参加会议。

22日　德州市委常委、常务副市长、市副总河长刘长民带队赴岔河、南运河开展巡河工作。德州河务局主要负责人、德州市水利局主要负责人等参加检查。

25日　漳卫南局党委委员、纪委书记王鹏到基层党支部工作联系点冠县河务局党支部列席督导2020年度组织生活会。

30—31日　漳卫南局党委委员、副局长李瑞江率队调研辛集闸浮桥运营准备工作。

4月

6日　漳卫南局印发《漳卫南局水量调度管理办法（试行）》（漳资源〔2021〕10号）。

12 日　漳卫南局修订印发《漳卫南局经济责任考核暂行办法》(漳财务〔2021〕16 号)。

13 日　四女寺枢纽北进洪闸除险加固工程通过竣工环境保护验收。

15 日　漳卫南局党委委员、副局长张永顺主持召开文明创建工作推进会，传达《德州市文明单位动态管理办法》《德州市创建全国文明城市工作问责暂行办法》等相关文件精神，并对文明创建工作进行安排部署。漳卫南局机关各部门、机关各事业单位主要负责人，文明创建联系人参加会议。

15—16 日　漳卫南局在岳城水库举办 2021 年水源地突发水污染事件应急监测演练。

21 日　漳卫南局党委书记、局长张永明赴基层一线蹲点联系单位魏县河务局开展工作调研。

22—23 日　漳卫南局党委委员、副局长李瑞江率队赴基层蹲点联系单位临西河务局开展工作调研。

27—28 日　漳卫南局在四女寺枢纽举办首届河道修防工技能竞赛。局党委书记、局长张永明，局党委委员、副局长、局工会主席张永顺，局党委委员、副局长李瑞江、杨士坤，局党委委员、纪委书记王鹏出席开幕式，并为获奖选手颁奖。经过理论考试和实际操作，卫河河务局呼雄、德州河务局伊清岭、沧州河务局曹吉霖分别荣获个人一、二、三名，卫河河务局、德州河务局、沧州河务局分别荣获团体一、二、三名。

29 日　四女寺枢纽北进洪闸除险加固工程水土保持设施通过验收。

28—29 日　漳卫南局党委委员、副局长付贵增赴基层蹲点调研联系点穿卫枢纽管理所开展工作调研。

□邯郸河务局职工路涛荣获“河北省脱贫攻坚先进个人”称号。

5 月

2 日　德州市委书记田卫东赴四女寺枢纽工程管理局调研。

7—30 日　岳城水库管理局完成大坝部分测压管冲洗校验工作，共冲洗校验测压管 38 根。

10 日　16 时，位于山东省德州市武城县的六五河节制闸开启，南水北调东线一期工程北延应急供水工程正式启动首次向河北、天津供水工作，至 5 月 31 日 16 时引江调水结束，穿漳卫新河倒虹吸工程累计输送长江水 3490 万 m^3，南运河第三店断面累计输送长江水 3270 万 m^3。

11 日　漳卫南局组织机关各部门、机关各事业单位党员干部赴山东渤海军区教导旅革命传统教育基地开展学习教育活动。局党委委员、副局长李瑞江、杨士坤、张永顺参加活动。

18 日　中国水利报社综合专题部一行三人赴漳卫南局开展“‘防汛备汛问工程’记者行”调研采访活动，并就四女寺枢纽北进洪闸除险加固完工后防汛度汛准备、运河文化建设等情况开展调研。

水利部南水北调司和海委检查指导漳卫南局南水北调东线一期工程北延应急供水工程 2021 年 5 月调水输水管理情况，漳卫南局副局长付贵增参加检查。

18—19 日　漳卫南局副局长付贵增率组调研黄委山东黄河河务局工程管理工作。

24—25日　漳卫南局举办2021年水利科技系列活动，邀请珠江水利科学研究院副院长亢庆博士作题为“3S和无人机技术在水利工作中的应用”的讲座。由海委和漳卫南局科技进步奖获得者结合“漳卫南局水资源承载能力和生态修复研究”“漳卫南运河水系洪水预报调度一体化研究”和“漳卫南运河供水水量水质模型”做专题讲座。

31日至6月1日　漳卫南局举办“共忆百年党史、奋进崭新征程”党史知识竞赛。局领导张永明、李瑞江、杨士坤、张永顺、付贵增现场观看比赛并为获奖队伍颁奖。局机关代表队获一等奖，邯郸河务局、德州水电集团公司代表队获二等奖，水文处、卫河河务局、邢衡河务局代表队获三等奖。

6月

2日　山东省人大常委会副主任王随莲赴四女寺枢纽工程管理局视察有关工作。

10日　卫河干流（淇门—徐万仓）治理工程在河南省鹤壁市浚县开工。水利部水利工程建设司一级巡视员赵卫出席开工动员会并讲话，海委主任王文生宣布开工。

7—8日　漳卫南局副局长付贵增率组开展岳城水库水量水质保障工作调研。

海委副主任翟学军一行赴岳城水库管理局（以下简称“岳城局”）检查指导岳城水库工程管理及水利部督查反馈问题整改工作。漳卫南局副局长付贵增参加检查。

16日　海委印发《四女寺北闸除险加固工程竣工财务决算审计意见》，四女寺北闸除险加固工程竣工财务决算通过海委组织的审查和审计。

17日　人民日报、新华社、农民日报、中国青年报、中国财经报、新华网、海报新闻等多家中央主流媒体赴漳卫南局开展“海河流域发展的水力量”调研采访活动。

漳卫南局2021年第二次位山线路引黄入冀输水正式启动，至7月9日上午10时结束。经河北省、山东省有关单位与穿卫枢纽水文站三方代表确认，本次输水穿卫枢纽累计过水量10036.4万m^3。

17—18日　四女寺枢纽北进洪闸除险加固工程通过档案专项验收。

22日　漳卫南局党委委员、副局长张永顺率队赴基层蹲点联系单位庆云河务局开展工作调研。

23—24日　漳卫南局党委委员、副局长杨士坤带队检查卫河水旱灾害防御工作，二级巡视员李学东参加检查。

24日　漳卫南局党委书记、局长张永明赴无棣河务局，检查指导辛集浮桥安全生产和运营管理工作，局党委委员、副局长张永顺参加检查并对贯彻落实本次检查有关精神提出具体要求。

26日　德州市委书记田卫东带队调研漳卫河防汛工作，漳卫南局党委委员、副局长杨士坤参加调研。

27日　漳卫南局党委委员、副局长付贵增带队检查指导漳卫新河生态补水工作。

30日　漳卫南局召开庆祝建党100周年表彰大会，局党委书记、局长张永明出席会议，并以“从党史中汲取前进的力量　在实践中把握努力的方向”为题，讲授党史学习教育专题党课。局党委委员、副局长李瑞江、付贵增出席会议，局党委委员、副局长张永顺主持会议，一级巡视员徐林波，二级巡视员姜行俭、李学东出席会议，出席会议的还有二级巡视员张朝温、张启彬。大会向戚天成、王金玉、苑志荣、于龙和、刘炳常等5位老同志颁发“光荣在党50年”纪念章，对获得海委表彰的漳卫南局46名优秀共产党员、14名优秀党务工作者和7个先进基层党组织以及获得漳卫南局表彰的全局53名优秀共产党员、14名优秀党务工作者和8个先进基层党组织进行通报表彰。

7月

1日 漳卫南局组织党员干部职工收听收看庆祝中国共产党成立100周年大会实况直播。

5—6日 漳卫南局党委委员、副局长付贵增率组检查卫运河防汛工作。

漳卫南局党委委员、副局长张永顺率组检查漳卫新河（含四女寺枢纽）防汛工作，二级巡视员姜行俭参加检查。

8日 德州市委市直机关工委召开市直机关“两优一先”表彰大会。漳卫南局后勤服务中心主任、党支部书记何宗涛同志荣获“优秀党务工作者”荣誉称号，综合事业处综合科副科长、机关团委书记张伟华荣获“优秀共产党员”荣誉称号。

6—8日 漳卫南局党委委员、纪委书记王鹏带队分别赴四女寺枢纽工程管理局、邯郸河务局开展调研并检查督导工程管理、防汛备汛等工作。

8日 漳卫南局副局长、卫河建管局局长杨士坤到河南省水利厅就卫河干流治理工程建设项目和有关防汛工作进行对接。

11—12日 漳卫河流域出现强降水过程。清漳河下游、浊漳河下游至岳城水库坝上区间降大到暴雨，局部大暴雨；卫河山区降暴雨到大暴雨。漳河24小时平均雨量48mm、卫河113mm，最大点雨量是淇河桥上站279mm。降雨过后，漳河、卫河均出现明显涨水过程，其中观台站12日0时30分出现洪峰，流量154m^3/s，截至12日11时，岳城水库入库水量450万m^3，预计入库总水量约1000万m^3。7月11日15时，漳卫南局启动防汛Ⅲ级应急响应。

12日 上午，漳卫南局召开水旱灾害防御会商会议，分析研判漳卫河雨情、水情和防汛形势，安排部署下一阶段水旱灾害防御工作。局党委委员、副局长裴杰峰主持会议并讲话。

耿李杨（倒虹吸出口）断面、第三店断面先后停止过水，历时67天的潘庄线路引黄输水工作正式结束。自5月7日起，四女寺倒虹吸工程累计输水1.75亿m^3，第三店断面（鲁冀省界）累计输水1.65亿m^3，圆满完成既定目标和任务。

13日 漳卫南局党委委员、副局长杨士坤到基层蹲点调研联系点滑县河务局调研指导工作。

海委调研组赴漳卫南局开展取用水管理工作调研。漳卫南局党委委员、副局长裴杰峰参加座谈。

14—15日 漳卫南局党委委员、副局长付贵增就切实做好水利部5月堤防工程险工险段专项检查发现问题整改工作督导约谈德州河务局、卫河河务局。

16日 漳卫南局党委委员、纪委书记王鹏带队赴岳城水库管理局开展调研并检查防汛备汛、党风廉政建设工作。

17 日　17 时，漳卫南局启用Ⅲ级应急响应。

18 日 8 时至 22 日 8 时　卫河地区累积平均降水量 451.2mm，最大点雨量石门河石门水库 815.0mm。由于遭遇持续强降雨，淇门、修武、合河、黄土岗、汲县、刘庄（二）等 6 站超警戒水位 1.34～2.09m，马鞍石水库、宝泉水库、石门水库、塔岗水库、陈家院水库、三交口水库、弓上水库、盘石头水库、小南海水库、小河子水库、琵琶寺水库、双泉水库等 12 座水库超汛限水位 0.29～5.35m。漳卫南局党委委员、副局长杨士坤带领卫河河系工作组上午抵达卫河河务局。

19—20 日　漳卫南局党委书记、局长张永明检查指导岳城水库、漳河水旱灾害防御工作。

21 日　漳卫南局组织会商，研判雨情水情，部署防大汛、抗大洪工作。漳卫南局党委书记、局长张永明参加会商并讲话，局党委委员、副局长付贵增，局党委委员、纪委书记王鹏参加会商并提出具体要求，局党委委员、副局长裴杰峰主持会商。11 时，海委启动水旱灾害防御Ⅳ级应急响应。12 时，岳城水库启动防汛Ⅱ级应急响应。漳卫南局党委委员、副局长李瑞江进驻岳城水库，参加岳城水库管理局防汛会商，并检查指导岳城水库防汛备汛工作。漳卫南局党委委员、副局长杨士坤按照海委部署代表海委工作组协助河南省赴一线开展口抗洪抢险工作。

山东省副省长汲斌昌赴漳卫河冠县段检查防汛工作。

22 日　2 时，海委启动水旱灾害防御Ⅲ级应急响应。6 时，受流域强降雨影响，岳城水库入库流量 2640m^3/s，超过 3 年一遇洪水标准，达到编号洪水标准（2200m^3/s），编号为“漳卫河 2021 年第 1 号洪水”，卫河部分河段发生超警洪水。漳卫南局自 7 月 22 日 7 时启动防汛Ⅱ级应急响应。17 时，卫河部分河段水位超过保证标准，广润坡、共渠西、崔家桥等蓄滞洪区已运用分洪。卫河河务局自 7 月 22 日 18 时将防汛Ⅱ级应急响应提升至Ⅰ级。19—20 时，卫河新镇镇包括彭村段在内的多处低洼堤段开始漫堤，20 时 40 分，浚县新镇镇彭村新镇桥下约 400m 处卫河左堤出现满溢决口。漳卫南局及卫河河务局主要领导及相关人员赶赴抢险现场，与地方政府共同会商，指导抢险工作。

山东省副省长汲斌昌率队到四女寺枢纽工程检查漳卫南运河（山东段）防汛备汛工作；漳卫南局党委委员、副局长付贵增参加检查。

受水利部委派，海委党组成员、副主任刘学峰率水利部防汛指导组对岳城水库的防汛备汛工作进行检查指导；漳卫南局党委委员、副局长李瑞江参加检查。

23 日　受暴雨洪水影响，卫河广润坡、崔家桥、共渠西、良相坡、柳围坡、长虹渠等滞洪区先后启用，卫河堤防出现险情。漳卫南局自 17 时起将防汛Ⅱ级应急响应提升至Ⅰ级。

23—24 日　国家防汛抗旱总指挥部（以下简称“国家防总”）副总指挥、水利部部长李国英赴漳河、子牙河防汛抗洪一线现场指导防汛抗洪工作。

23—25 日　漳卫南局党委书记、局长张永明赶赴卫河浚县段和岳城水库检查指导防汛抗洪工作；局党委委员、副局长李瑞江、杨士坤参加检查。

24—29 日　漳卫南局一级巡视员张永顺率领南运河、漳卫新河（含四女寺枢纽）河系组检查指导四女寺枢纽、漳卫新河防汛抗洪工作；二级巡视员姜行俭参加检查。

25 日　9 时 30 分，四女寺枢纽北进洪闸开始拦蓄上游洪水。26 日上午 8 时 32 分，四女寺枢纽北进洪闸开启 4 孔闸门泄洪，四女寺北闸除险加固工程完工后首次拦泄上游洪水，开始发挥防洪减灾效益。

26 日　2 时 27 分，卫河左堤浚县新镇彭村决口抢护完成，决口封堵成功合拢。

漳卫南局党委书记、局长张永明主持召开专题会议，全面回顾李国英部长近期对漳卫河系防汛工作的有关要求，贯彻落实李国英部长视察岳城水库重要讲话精神，深入分析当前防汛形势，研究部署落实措施；局党委委员、副局长李瑞江、付贵增，一级巡视员徐林波、张永顺，二级巡视员姜行俭、李学东参加会议，参加会议的还有二级巡视员张朝温、张启彬。

26—27 日　漳卫南局党委委员、副局长付贵增率领卫运河河系组检查指导卫运河防汛抗洪工作。

27 日　漳卫南局党委书记、局长张永明赴卫运河防汛一线检查指导防汛工作；局党委委员、纪委书记王鹏参加检查。

28 日　23 时，岳城水库闭闸错峰。

31 日　漳卫南局党委委员、副局长杨士坤带队检查指导冠县防汛工作。

8 月

1—6 日　水利部河湖管理司副司长刘六宴率工作组督导检查漳卫南局河道清障和防汛工作；漳卫南局党委书记、局长张永明，局党委委员、副局长付贵增参加检查。

2—6 日　根据水利部部长李国英、副部长刘伟平指示，水利部成立卫河左堤彭村段决口调查组，现场调查决口原因。

3 日　漳卫南局决定自该日 13 时起将防汛Ⅰ级应急响应调整为Ⅱ级。

4 日　20 时 43 分，卫河干流最后一个超警水文测站——合河（共）站水位退至 74.00m（警戒水位 74.00m）；至此，漳卫河系全线退出警戒水位。

漳卫南局水资源监测能力建设初步设计报告获海委批复，核定工程总投资为 2510 万元，该工程为《全国水文基础设施建设“十四五”规划》重点建设内容之一。

6 日　漳卫南局决定自该日 21 时起将防汛Ⅱ级应急响应调整至Ⅲ级。

11—12 日　山东省委书记刘家义到漳卫河督导检查防汛工作；山东省副省长汲斌昌、李猛，漳卫南局局长张永明、副局长裴杰峰参加检查。

13 日　漳卫南局召开防汛工作专题视频会议，漳卫南局党委书记、局长张永明主持会议；局领导李瑞江、杨士坤、付贵增、王鹏、裴杰峰，一级巡视员徐林波、张永顺，二级巡视员姜行俭出席会议；出席会议的还有二级巡视员张朝温、张启彬。

16 日　海委水政监察基础设施建设（三期）漳卫南局视频监控工程第一次工地会议召开，标志着该工程正式开工；漳卫南局党委委员、副局长付贵增出席会议并讲话。

17 日　漳卫南局印发《漳卫南局“十四五”发展规划》。

18 日　根据中央气象台降雨预报和海委有关通知要求，按照《漳卫南局防汛应急响应工作规程》，漳卫南局决定自该日 20 时起启动防汛Ⅲ级应急响应。

山东省委书记刘家义主持召开漳卫河（山东段）防洪综合治理专题会议，研究部署漳卫河（山东段）防洪综合治理工作；省领导李干杰、王书坚、刘强、汲斌昌、李猛出席会议；漳卫南局党委书记、局长张永明，局党委委员、副局长裴杰峰在德州分会场参加会议。

19 日　德州市政协主席、大运河保护利用指挥部指挥长翟长生调研漳卫南局管辖的南运河和四女寺枢纽工程；德州市委常委、政法委书记杨玖庆，德州市副市长马俊昀参加调研。

海委一级巡视员刘学峰率水利部防汛工作组检查指导漳卫南局防汛工作；山东省水利厅二级巡视员贾乃波，德州市副市长董绍辉，漳卫南局党委委员、副局长李瑞江等参加检查。

漳卫南局党委书记、局长张永明主持召开防汛会商会，分析研判新一轮降雨情况，安排部署防范应对工作；局党委委员、副局长裴杰峰参加会商。

20 日　水利部办公厅印发《卫河左堤彭村段决口调查报告》（办监督函〔2021〕755 号），分析认定了决口发生原因、存在的问题，提出了下一步工作建议。

23 日　漳卫南局决定于自 20 时解除防汛Ⅲ级应急响应。

27 日　16 时，四女寺枢纽北进洪闸 12 孔闸门全部关闭，圆满完成控泄任务，累计泄洪 6.46 亿 m^3。

29 日　四女寺枢纽北进洪闸除险加固工程完成竣工验收技术鉴定工作。

9 月

3 日　漳卫南局组织召开 2021 年河湖管理工作视频会议，全面再推进河湖“清四乱”工作；漳卫南局党委委员、副局长付贵增出席会议并讲话。

8 日　山东省文化和旅游厅党组书记、厅长王磊到四女寺枢纽工程管理局开展调研。

9 日　海委总工梁凤刚率组调研卫河河务局管辖范围内涉河建设项目事中事后监管工作。

9—10 日　漳卫南局党委委员、副局长李瑞江带队赴卫河干流治理工程现场检查指导工程建设工作；局党委委员、副局长，卫河建管局局长杨士坤参加检查。

14 日　漳卫南局党委委员、副局长李瑞江检查指导辛集浮桥安全生产和运营管理工作。

17 日　海河下游局职工屈海晨将其精心收集的与岳城水库、四女寺枢纽早期建设和管理有关的书籍、照片、图纸、奖状、票据等 41 件文史资料无偿捐赠给漳卫南局；漳卫南局二级巡视员李学东代表漳卫南局接受捐赠，并为屈海晨颁发捐赠证书。

18 日　漳卫南局召开专题防汛会商会，研究部署新一轮强降雨防范工作；局党委书记、局长张永明主持会商，分析研判当前雨情、水情、工情，安排部署应对新一轮强降水重点环节有关工作；局党委委员、副局长裴杰峰参加会商。

22 日　漳卫南局决定于 9 月 22 日 11 时启动Ⅲ级防汛应急响应；漳卫南局党委书记、局长张永明主持召开会商会，分析研判漳卫河流域雨情、水情、汛情，部署近期强降雨防范应对措施；党委委员、副局长裴杰峰参加会商。

22—23 日　漳卫南局在山东德州组织召开漳卫南运河 2021 年河湖长制工作联席会

议，研究解决漳卫河“21·7”洪水暴露出的河湖管理相关问题，全面再推进河湖“清四乱”工作，努力提升漳卫南运河河湖管理水平；漳卫南局党委书记、局长张永明出席会议并致辞，海委河湖处主要负责人到会指导，漳卫南局党委委员、副局长付贵增出席会议并作总结讲话。

28日　漳卫南局召开卫河左堤彭村段决口问题整改工作领导小组（扩大）会议，传达贯彻海委主任王文生重要讲话精神，部署加快推进水利部关于卫河左堤彭村段决口问题的整改落实工作，听取相关责任部门、单位问题整改工作进展及计划，并对当前秋汛防御工作进行安排部署；漳卫南局党委书记、局长张永明主持会议并作总结讲话，局领导李瑞江、杨士坤、王鹏、裴杰峰出席会议并讲话。

29日　漳卫南局党委委员、副局长李瑞江率组检查指导岳城水库防汛工作。

10月

1日　8时，漳卫河系共产主义渠合河、黄土岗至刘庄段及卫河淇门段超警0.36～1.21m。

德州市委书记田卫东一行赴四女寺枢纽检查防汛工作；德州市常务副市长刘长民，德州市委秘书长张安民，漳卫南局党委委员、副局长裴杰峰参加检查。

1—2日　漳卫南局党委书记、局长张永明率队检查漳卫河防汛抗洪工作。

1—7日　漳卫南局一级巡视员张永顺率领南运河、漳卫新河（含四女寺枢纽）河系组检查指导四女寺枢纽、南运河、漳卫新河防汛工作；二级巡视员姜行俭参加检查。

2日　漳卫南局党委委员、副局长裴杰峰率组进驻岳城水库，检查指导水库高水位运行情况下的防汛工作。

3日　德州市委书记田卫东现场检查漳卫河防汛工作，德州市委秘书长张安民、副市长董绍辉参加检查。

4日　山东省委副书记、代省长周乃翔赴漳卫河检查指导防汛工作，漳卫南局党委书记、局长张永明参加检查。

海委总工、水旱灾害防御专家组组长梁凤刚带队赴漳河馆陶段检查指导漳河左堤险情处置工作；漳卫南局党委委员、纪委书记王鹏参加检查。

5—6日　海河防总常务副总指挥、海委主任王文生深入岳城水库检查指导防汛工作，就防范本次强降雨，做好水库调度与安全工作提出明确要求。

漳卫南局党委委员、副局长付贵增率领卫运河河系组检查指导卫运河防秋汛工作。

6日　海委主任王文生在岳城水库管理局与水利部视频连线会商漳卫河系秋汛防御工作，随后组织召开防汛工作专题会，听取漳卫南局及岳城水库管理局关于当前防汛工作情况的汇报，现场查看了溢洪道、进水塔、泄洪洞出口，检查了防办、水文站值班室，详细询问了解了出入库流量、库区水位和大坝安全监测、巡查值守、库区安全管理等情况，并慰问了值班值守人员；漳卫南局局长张永明、副局长李瑞江参加检查。漳卫南局决定自该日19时起将防汛Ⅲ级应急响应提升为Ⅱ级。

6日　国家防总副总指挥、水利部部长李国英主持防汛会商，视频连线海委和岳城水库管理局，听取秋汛防御工作汇报，进一步分析研判秋汛洪水形势，对下一步漳卫河系秋汛防御工作进行重点部署。

7 日　11 时，海河流域漳卫河系漳河岳城水库入库流量为 2010m^3/s，达到洪水编号标准，依据《全国主要江河洪水编号规定》，确定此次洪水编号为“漳卫河 2021 年第 2 号洪水”。

漳卫南局迅速组织召开专题视频会议，传达贯彻落实李国英部长针对漳卫河系秋汛防御工作的重要指示精神，进一步研究部署漳卫河系秋汛防御工作。漳卫南局党委书记、局长张永明主持会议；局党委委员、副局长李瑞江、杨士坤、付贵增，局党委委员、纪委书记王鹏，局党委委员、副局长裴杰峰，一级巡视员徐林波、张永顺，二级巡视员姜行俭、李学东参加会议；参加会议的还有二级巡视员张朝温、张启彬。

9 日　漳卫南局党委书记、局长张永明到卫河建管局检查指导工作；漳卫南局党委委员、副局长，卫河建管局局长杨士坤参加检查。

山东省水利厅党组书记、厅长刘中会到辛集闸、漳卫新河冯家湾险工段督导防汛工作。

10 日　5 时，岳城水库水位上涨至 152.30m，是建库以来最高蓄水位；15 时，岳城水库通过正常溢洪道泄洪，这是岳城水库自建库以来第二次启用溢洪道。

12 日　18 时，漳卫河秋汛最大洪峰通过四女寺枢纽，闸前最高水位达 23.94m，四女寺南进洪闸、北进洪闸、节制闸合计泄洪流量达到 1132m^3/s。

13 日　德州市直机关工委在四女寺枢纽工程现场举办授旗授牌活动，向漳卫南局规计处党支部、水政处党支部、水资源处党支部、建管处党支部、河湖处党支部等 5 个驻守一线的河系（水库）组党支部授予漳卫南局防汛抗洪党员突击队队旗，漳卫南局防御处、水文处、德州局工管科、四女寺局工管科、水闸局工管科等 5 个业务部门被授予漳卫南局防汛抗洪党员先锋岗；漳卫南局党委委员、副局长裴杰峰出席活动。

14—15 日　海河防总常务副总指挥、海委主任王文生带队到漳河检查指导秋汛防御工作，漳卫南局局长张永明、纪委书记王鹏参加检查。

15 日　4 时，洪峰平稳通过漳卫河辛集闸，顺利入海，洪峰流量为 947m^3/s。

26 日　漳卫南局召开河道清障工作专题视频会议，漳卫南局党委书记、局长张永明出席会议并讲话，党委委员、副局长付贵增主持会议。

漳卫南局纪委召开局系统 2021 年纪检工作座谈会，局党委委员、纪委书记王鹏出席会议并讲话。

27 日　漳卫南局与沧州市水务局，吴桥县水务局、东光县水务局、盐山县水务局开展工作座谈，全面对接取用水管理专项整治行动整改提升工作。

11 月

6 日　卫河建管局召开项目法人安全生产标准化一级达标建设启动会，水利部监督司副司长钱宜伟、海委副主任翟学军出席会议并讲话，漳卫南局副局长李瑞江主持会议，漳卫南局副局长、卫河建管局局长杨士坤作动员讲话。

7 日　海委副主任翟学军调研卫河干流治理工程建设工作，漳卫南局副局长、卫河建管局局长杨士坤参加调研。

9—13 日　漳卫南局现场督导检查直管河道“清四乱”工作。

11 月 9 日至 12 月 2 日　受水利部、海委办公室委托，海河档案馆组织海委下属单位专家组成评估组，先后对 2021 年漳卫南局 22 个档案规范化管理综合评估申报单位进行评估，工作全部结束。浚县河务局、滑县河务局、汤阴河务局、内黄河务局、刘庄闸所、魏县河务局、大名河务局、冠县河务局、穿卫闸所、临西河务局、故城河务局、武城河务局、宁津河务局、乐陵河务局、庆云河务局、吴桥河务局、南皮河务局、海兴河务局、王营盘闸所、罗寨闸所、庆云闸所、无棣河务局等 22 个申报单位全部通过评估，达到水利部水利档案规范化管理三级标准。

12 日　漳卫南局召开水资源调度工作座谈会，漳卫南局党委委员、副局长裴杰峰出席会议并讲话。

16 日　海委漳卫南局水资源监测能力建设项目第一次工地会议在德州召开，标志着该项目正式开工；漳卫南局党委委员、副局长裴杰峰出席会议并讲话，海委监督处、海委水文局有关负责人莅会指导。

22 日　漳卫南局召开河道清障工作推进会，专题研究部署推进下一阶段河道清障工作；漳卫南局党委书记、局长张永明出席会议并讲话，局党委委员、副局长付贵增主持会议。

22—27 日　海委组织专家先后对南皮河务局、盐山河务局、吴桥闸管理所、临清河务局、馆陶河务局进行海委水利工程管理示范单位（复核）验收，南皮河务局、盐山河务局、吴桥闸管理所、临清河务局、馆陶河务局分别以 896.9 分、867.4 分、925 分、885.4 分和 906.3 分的成绩顺利通过（复核）验收；漳卫南局副局长付贵增参加验收。

29 日　“宪法宣传周”期间，经海委授予，漳卫南局首个普法基地——四女寺水法治文化广场正式揭牌；海委副主任翟学军，总工梁凤刚，漳卫南局局长张永明、副局长付贵增出席揭牌仪式。

12 月

1 日　海委在山东德州召开四女寺枢纽北进洪闸除险加固工程竣工验收会议，四女寺枢纽北进洪闸除险加固工程通过竣工验收；海委副主任翟学军出席并讲话，总工梁凤刚主持竣工验收，漳卫南局局长张永明、副局长付贵增出席。

8 日　漳卫南局党委委员、副局长李瑞江带队赴衡水市开展衡水湖保护和水资源保障工作调研；衡水市副市长胡克明，衡水滨湖新区管委会、衡水市水利局负责人参加调研。

张明月、宋庆宇、刘晓青、张亚东、杜晓娜、邱慧刚、翟淑金、李洋光、王圣涛、张辉等 10 名职工被授予漳卫南局第一届“节水之星”荣誉称号。

13 日　漳卫南局党委委员、副局长杨士坤督导检查聊城河务局全面从严治党工作落实情况、班子成员履行“一岗双责”职责情况等相关工作。

20 日　漳卫南局完成取用水管理专项整治行动，298 处取水口、412 个取用水管理问题全部整改销号。

21—22 日　漳卫南局副局长付贵增带领考核组对卫河干流（淇门—徐万仓）治理工程项目法人——卫河建管局进行年度考核，漳卫南局副局长、卫河建管局局长杨士坤出席考核会并讲话；这是漳卫南局首次开展水利工程建设项目法人考核。

22 日 漳卫南局完成《卫河干流（淇门—徐万仓）治理工程初步设计修编报告》编制工作。

漳卫南局公布了第一批达标取水户；吴桥县水务局等 10 家遵法守规、管理规范、支持管理工作的取水单位荣获“达标取水户”称号。

29 日 海委党组成员、纪检组组长秦海鹏带队赴沧州河务局调研基层党建工作，并看望慰问东光河务局全体职工；漳卫南局党委委员、纪委书记王鹏，党委委员、副局长裴杰峰参加调研。

30 日 漳卫南局党委委员、副局长裴杰峰检查指导海委漳卫南局水资源监测能力建设项目建设管理工作。

2021 年夏秋连汛

【雨情水情】

2021年汛期（6月1日至10月20日），漳卫南运河流域面平均降雨量为880mm，其中6月56mm、7月391mm、8月115mm、9月233mm。6月1日至10月31日，漳河、卫河地区面雨量为996mm，较多年平均水平偏多近1倍。7月17—23日，卫河淇门以上流域平均最大3日雨量为518.8mm，是淇门以上流域有实测资料以来的最大暴雨。9月1日至10月31日，漳卫河系累计降雨量为368.4mm，远超历史同期水平99.2mm。连续强降雨形成夏秋连汛，漳卫南运河共发生2次编号洪水。

汛期，漳河观台水文站最大流量出现在7月22日8时，为2780m^3/s；卫河元村水文站最大流量出现在7月25日14时，为947m^3/s；卫运河临清水文站最大流量出现在10月11日22时，为1180m^3/s。岳城水库最高水位出现在10月10日5时，为152.30m，相应蓄水量为8.40亿m^3；最低水位出现在7月11日8时，为126.17m，相应蓄水量为0.525亿m^3。

（安艳艳　尹璞）

【洪水过程】

受台风“烟花”“查帕卡”影响，自7月16日夜间开始，漳卫河系出现持续强降雨过程。7月17日河系降雨以中到大雨为主。自18日起降雨强度开始加大，至19日降雨强度略有下降。自20日降雨开始增强，至21—22日河系降雨强度最大，淇河新村站最大1日降水量达614.5mm，安阳站最大1小时降雨量达105mm。暴雨中心位于卫河中游至岳城水库一带。22日下午降雨逐渐减小，至23日降雨基本结束。

此次降雨主要集中在卫河及漳河地区。覆盖范围广、强度大、历时长，落区重叠，卫河地区降水量明显大于漳河地区。

卫河暴雨中心在合河至五陵一带，石门河、黄水河、沧河、淇河、安阳河等支流均出现强降雨，合河、新村—淇门区间面雨量达592.5mm；卫河流域面雨量约517.6mm，漳河地区面雨量138.5mm，最大点雨量为河南新乡辉县龙水梯的1158.5mm。漳河暴雨中心在天桥断、匡门口—岳城水库区间，特别是岳城水库附近。观台站降雨量619.8mm。卫河地区面雨量517.6mm，漳河地区面雨量138.5mm。最大降雨量为黄水河龙水梯站的1158.5mm。

受强降雨影响，卫河、共渠及其各支流发生20～30年一遇洪水，卫河老观嘴以上、共渠超保证标准行洪，淇门站23日0时达到最高水位68.03m，超过保证水位1.93m。随着降雨的持续，卫河各支流上水库陆续开始加大泄洪。5座水库最大泄流均超过500m^3/s，其中岗塔水库最大泄流1734m^3/s、石门水库最大泄流1585m^3/s。水库泄流叠加河系产流，共渠及卫河干流河道水位流量持续上涨。7月22日19时30分卫河淇门、共产主义渠刘庄闸出现组合洪峰944m^3/s。7月25日8时54分元村站出现洪峰流量947m^3/s。卫河干支流9处蓄滞洪区8处运用，滞洪量7亿m^3。其中鹤壁市涉及6处、滞洪5亿m^3，转移滞洪区及其他受灾群众超过40万人，无一人伤亡、失踪。

漳河暴雨集中在7月21日至22日凌晨。由于前期露水河降雨量较大，南谷洞水库自19日17时加大泄流，至22日3时达最大泄流量459m^3/s。南谷洞水库泄流20日22时

48 分到达观台站。7 月 22 日 6 时，岳城水库入库站观台流量达 2640m^3/s，发生“漳卫河 2021 年第一号洪水”。22 日 8 时达最大入库流量 2780m^3/s，22 日 9 时反推坝前洪峰流量为 4860m^3/s。22 日 6—11 时，岳城水库水位上涨速度持续超过 0.5m/h。23 日 16 时水位达 140.26m，入库水量为 2.94 亿 m^3。至 30 日 14 时岳城水库总入库水量为 4.45 亿 m^3。7 月 23 日 17 时，岳城水库开始提闸泄洪，流量达 100m^3/s，27 日 9 时达最大下泄流量 700m^3/s，28 日 23 时关闸停止泄洪，水库泄流总量为 2.03 亿 m^3。

卫河、漳河洪水汇合后向下游推进，7 月 20 日 20 时，卫运河南陶站水位流量开始出现明显上涨，之后水位流量持续保持缓慢上涨。至 30 日 14 时，出现洪峰 1100m^3/s，水位 41.53m。31 日 12 时临清站出现最大洪峰流量 953m^3/s，水位 35.09m。四女寺枢纽 7 月 26 日相继开启节制闸、南闸、北闸向南运河、漳卫新河泄洪，漳卫新河各拦河闸闸门全部提出水面。

9 月 18 日至 10 月 7 日的 20 天时间共发生 3 次强降雨过程，前两次降雨卫河流域大于漳河流域，第三次降雨持续时间长，主雨区北移，主要覆盖漳河流域。降雨主要集中在 9 月 18—20 日、9 月 25—26 日、10 月 2—7 日，3 次降雨累计面雨量 280.8mm，其中漳河地区 270.1mm，卫河地区 301.6mm。最大点雨量为思德河夺丰站的 488.5mm。此次降雨强度明显低于 7 月，但呈现出持续时间长、洪水量级大、河道行洪较夏汛畅通的特点。

受强降雨影响，漳卫河系发生了自 1951 年有记录以来罕见秋汛，据初步统计岳城水库 15 日洪量接近 30 年一遇。漳河上游水库相继泄洪，岳城水库 10 月 7 日 11 时入库流量达到 2010m^3/s，发生“漳卫河 2021 年第 2 号洪水”；7 日 12 时岳城水库最大入库流量 2150m^3/s；10 日 5 时达到建库以来最高水位 152.30m。水库 9 月 18 日 18 时开始泄洪，其间最大下泄流量为 850m^3/s。截至 11 月 9 日 8 时共下泄水量 16.81 亿 m^3。库区共转移安置 217 人，淹没耕地 7580 亩，漳河下游滩区共转移群众 21649 人，淹没耕地 5.3 万亩。漳河蔡小庄站 10 月 12 日 15 时出现洪峰流量 819m^3/s。

卫河淇门站 10 月 4 日 9 时洪峰流量 220m^3/s，共渠刘庄站 10 月 4 日 8 时 30 分洪峰流量 334m^3/s。元村站 10 月 5 日 10 时洪峰流量 804m^3/s。卫运河、漳卫新河各水文站洪峰流量超过“21·7”洪水。其中，卫运河南陶站洪峰流量 1220m^3/s、临清站洪峰流量 1180m^3/s；四女寺枢纽洪峰流量 1132m^3/s，经节制闸向南运河最大分洪流量 120m^3/s，向漳卫新河最大泄洪流量 1015m^3/s；漳卫新河辛集闸 10 月 15 日 4 时最大过闸流量 947m^3/s，相应水位 6.19m，10 月 21 日 8 时降至警戒水位 5.81m，至此漳卫河全线各站低于警戒水位。

（安艳艳　尹璞）

【水情和洪水预报】

2021 年 7 月 22 日至 8 月 4 日，漳卫南局水文处及时成立了水文应急监测队伍，携带电波流速仪、全站仪、ADCP、测距仪、无人机等应急监测设备，前往卫河、漳河、卫运河和漳卫新河进行水文应急监测，行进约 2300km，取得 37 组数据，以测补报，推演洪水演进过程和洪峰入海时间，增加预报的精度，为漳卫河水文预测预报和防洪调度决策提供信息支撑。漳卫南局水文处建立水文情报群，实时发布河系水雨情信息，实现了三级管理单位信息共享机制。及时开展滚动洪水预报，通过对实时雷达信息、水雨情及工情等综合分析，及时调整洪水预报。同时，漳卫南局水文处积极与海委水文局、漳卫南局防御处开展联合会商，主动与河系内各省、市水文业务主管部门建立信息共享机制，进一步提升洪水预报精度。预报漳河观台站洪峰流量 2700～3200m^3/s（实际洪峰流量 2780m^3/s），元村站洪峰流量 950m^3/s（实际洪峰流量 947m^3/s）。

夏秋连汛期间，共报送接收水雨情信息共计 47 万余份，参加各类防汛会商超过 60 次，编制发布《漳卫南运河水情简报》142 期，发布《洪水预报》90 余次、《岳城水库纳雨能力分析》1 次，为河系防洪部署和水库调度提供决策依据。中央报汛站岳城水库、穿卫枢纽到报率达 100%。截至 2021 年 12 月 31 日，向水利部和海委报送 2 个国家基本水文站水情信息 1855 条，30 分钟内信息到达率为 100%。

（安艳艳）

【应对措施】

1. 召开水旱灾害防御工作会议，研究部署防汛工作

2021 年 6 月 21 日，漳卫南局召开 2021 年水旱灾害防御工作会议，深入学习贯彻习近平总书记关于防灾减灾救灾工作的重要论述精神，传达学习水利部、海委工作部署，分析 2021 年水旱灾害防御工作形势，安排部署重点任务。7 月 17 日，召开全局防汛工作视频会，安排部署防范强降雨工作。8 月 13 日，召开防汛工作专题会议，贯彻落实海委防汛工作专题会议精神，分析总结“21·7”漳卫河洪水防御工作。9 月 18 日，召开秋汛专题会，研究部署秋汛强降雨防范工作。

2. 及时会商研判，启动应急响应

漳卫南局认真贯彻落实水利部、海委洪水防御安排部署，全力做好预测预报、值班值守、隐患排查、险情抢护技术支撑等重点工作。7 月 16 日以来，漳卫南局与有关单位共开展会商 74 次，研判洪水发展趋势，明确防御重点环节。根据汛情发展和会商研判，夏汛期间 7 月 17 日 17 时启动防汛Ⅲ级应急响应，22 日 7 时升级为Ⅱ级，23 日 17 时提升至Ⅰ级。秋汛期间 9 月 22 日 11 时启动Ⅲ级应急响应，10 月 6 日 19 时提升至Ⅱ级，21 日 8 时辛集闸上水位降至警戒水位 5.81m，漳卫河全线各站低于警戒水位，漳卫南局终止防汛应急响应。全年共启动Ⅰ级应急响应 1 次，Ⅱ级应急响应 3 次，Ⅲ级应急响应 6 次。

3. 加强堤防巡查防守，及时抢护险情

7 月 23 日，李国英部长赴岳城水库防汛一线现场指导防汛抗洪工作，10 月 6 日又视频连线海委和岳城水库管理局对秋汛防御工作进行部署，明确提出“高度重视、高度警惕，毫不松懈、毫不轻视，强化岗位、强化责任，精准调度、精准防御”的要求和“人员不伤亡、水库不垮坝、重要堤防不决口、重要基础设施不受冲击”的防御目标；海委主任王文生先后到岳城水库、漳河、卫河指导防汛抗洪，安排部署水库调度、巡堤查险、清除树障等工作，确保行洪安全；海委副主任韩瑞光检查指导岳城水库、漳河、卫河防汛工作；总工梁凤刚率工作组前往防汛一线指导抗洪抢险工作。上级领导的指示和要求高位推动了预测预报、值班值守、隐患排查、险情抢护等重点工作，给漳卫南局防汛抗洪工作带来巨大支持和鼓舞，为抗洪全面胜利提供坚实保障。

强降雨发生后，漳卫南局局领导率河系（水库）组立即分赴所包河段，督促指导抗洪抢险工作。局党委书记，局长张永明先后5次现场检查指导漳卫河和卫河建管局防汛工作，副局长李瑞江驻守岳城水库；副局长杨士坤、一级巡视员张永顺先后带队，作为海委卫河防汛工作组开展工作；副局长付贵增带领卫运河组赴卫运河；局纪委书记王鹏带领漳河组赴漳河；副局长裴杰峰坚守防汛会商室，协调指挥全河抗洪抢险；一级巡视员张永顺、二级巡视员姜行俭共同带领漳卫新河组赴漳卫新河。

洪水来临之前，督促地方及时拆除浮桥、违章建筑等阻水障碍，对有问题的穿堤建筑物进行了封堵；向沿河地方防指和局属各单位下发或转发各类通知文件140余份，督促行洪期间共同做好巡堤查险和险情抢护，有效处置各类险情共计146处。大流量行洪期间，漳卫南局所辖堤防最多时有6万余人巡查值守，其中漳卫南局工作组及各级技术人员343人、沿河落实巡查人员59513人、专业抢险队伍6349人，预置大型机械设备最多时1300余台。

4. 加强水情监测，强化预报预警，严格执行调度令，做好工程调度

水文部门密切监视河系水雨情，加强与海委水文局及河系内相关地方水文部门进行会商，滚动预报预测。2021年汛期共报送和接收水文信息近50万份，发布水情简报142期，洪水预测分析80余次。派出水文应急监测队实施“以测补报”和洪水期间水质监测工作，设置监测断面28个，开展测验40次；完成监测项目24项，累计出具水质数据1300余个。

严格执行上级调度指令，做好岳城水库调度，期间共下发调度令35份。岳城水库2次拦蓄编号洪水，其中7月22日9时坝前洪峰流量4860m^3/s，岳城水库闭闸，削峰率100%；10月7日12时坝前洪峰流量2150m^3/s，岳城水库控泄700m^3/s，削峰率67.4%，充分发挥了水库拦蓄削峰作用。截至11月10日8时，岳城水库累计向漳河泄水20亿m^3。

加强与地方沟通协调，做好四女寺枢纽调度。洪水到来前，及时与沧州市、德州市沟通，提出调度计划；泄洪期间根据来水情况，及时调整闸门开度，并建议德州市启用漳卫新河右岸三座引水闸向马颊河分流，保证了下游水势稳定。截至11月9日9时，四女寺枢纽共调整闸门113次，过水总量达46.66亿m^3。

行洪期间各拦河闸提出水面，确保洪水下泄。夏汛秋汛期间辛集闸最大入海流量为947m^3/s，截至11月9日8时，辛集闸共下泄水量约33.18亿m^3。

5. 全局全员上岗，及时处置险情、统计上报水雨毁，强化宣传报道，营造防汛氛围

预报发生强降雨时，漳卫南局卫河组、岳城水库组即奔赴工程一线协助指导强降雨防范工作。随着大名县部分河滩地上水，漳河右堤出现横缝及渗水点，以及馆陶县左堤徐万仓段出现渗水等险情，水利部、海委和漳卫南局迅速派出工作组和专家组指导抢险工作，及时研判水情、工情、险情，现场开展联合会商，凭借过硬的专业技术提出应对处置方案，有效控制险情发展，赢得防汛工作的主动权。漳卫南局全体干部职工以饱满的精神状态投入到此次防汛抗洪工作中，发扬连续作战的优良作风，克服困难，不计报酬、不计得失，勇挑重担，为防汛抗洪胜利提供了有力支撑。

洪水过程中，全面做好隐患排查和险情处置，全河系共出现各类险情146处，其中涵闸管漏水38处，水闸险情3处，堤防及防护工程水毁或险情86处，险工险段19处，均已处理或上报海委。

及时统计上报水雨毁情况，截至2021年年底，漳卫南局通过水规总院审核的水毁项目总经费为2983.37万元，分别涉及卫河局、邯郸局、聊城局、邢衡局、德州局、沧州局、水文处。项目经费分两个年度实施，其中2021年实施项目金额为390.47万元。

汛期，局属各单位充分利用电视、网络、条幅和展板等手段，对沿河县、乡、村干部群众加强防汛教育。中央电视台、中国水利报及沿河各省市新闻媒体、海委门户网站先后对漳卫河防汛进行了现场采访和及时报道。漳卫南局宣传部门与局属各单位积极行动，及时宣传报道防汛工作中涌现出的优秀人物与典型事迹，大力弘扬漳卫南局抗洪精神，展现水利人的良好形象。抗洪期间，漳卫南局先后在《中国水利报》发表抗洪纪实文章7篇，在漳卫南局门户网站编发稿件225篇，通过漳卫南运河公众号发布稿件176篇、制作 发布视频27个。

6. 海河防总充分发挥流域职能，落实防汛行政首长负责制

海河防总立足流域单元，统筹谋划、主动担当，积极协调山西省、河北省、河南省、山东省、天津市，开展精细调度、协调联动，充分发挥作用，保证了漳卫河平稳度汛。山西省、河南省科学调度漳河上游和卫河上游水库群，减少岳城水库入库流量和卫河行洪压力；河北省全力做好漳河堤防巡查防守、岳城水库库区和漳河滩区群众转移工作，确保人民群众生命财产安全；山东省抓住有利时机向马颊河分洪，尽力降低漳卫新河河道水位；天津市调引南运河洪水资源补充北大港水库和沿线生态用水，既减轻上游洪水压力又充分实现洪水资源化，协同守护了流域安澜。在漳河汛情最紧张的时候，海委紧急组织引滦工程管理局、海河下游局、漳河上游局火速增援漳河防御秋汛，举全委之力保障漳河堤防防洪安全，50名防汛骨干与漳卫南局职工一道，昼夜奋战，巡堤查险、抢护险情、技术指导，有力保障了漳河大堤的防洪安全。

全面落实以地方行政首长负责制为核心的各项防汛责任制，使得重大问题随时得到地方领导的支持和帮助。水库泄洪前，邯郸、安阳两市防汛抗旱指挥部第一时间发布泄洪信息，及时通知下游施工方、南水北调、高铁、天然气公司等单位，避免了人员伤亡和不必要的财产损失。河道行洪期间，地方各级政府落实群防队伍和防汛物料巡堤抢险，配备公安干警维持秩序，实行道路交通管制，关键部位实行戒严，组织清除树障、违章建筑，及时组织蓄滞洪区、水库库区及漳河滩区人口安全转移，没有出现人员伤亡。这些都为漳卫南局防汛抗洪工作顺利进行提供了有力保障。

（尹璞）

卫河干流（淇门—徐万仓）治理工程

【工程概况】

卫河干流（淇门—徐万仓）治理工程（以下简称“卫河干流治理工程”）是国家150项重大水利工程之一，也是海委、漳卫南局成立以来规模最大的投资项目。2021年2月1日，水利部印发《卫河干流（淇门—徐万仓）治理工程初步设计报告准予行政许可决定书》（水许可决〔2021〕9号）批复卫河干流治理工程初步设计报告。工程治理范围为卫河干流淇门—徐万仓段，河道长度为183km；共产主义渠淇门—老观嘴段，河道长度44.2km。工程总投资107528万元，总工期36个月。工程治理任务为对卫河干流淇门—徐万仓段和共产主义渠进行防洪治理，恢复河道设计行洪与排涝能力，完善流域防洪工程体系，保障卫河两岸防洪安全。

卫河干流治理工程主要建设内容为河道清淤2段，长60.64km；加培堤防100.12km，加固堤防7.06km，新筑堤防0.78km；新筑马头村围村埝2.9km；治理险工68处，总长17.57km；新建水闸（堰）10座，其中河道节制闸2座、蓄滞洪区分洪堰2座、退水闸1座、箱涵2座、排涝涵闸3座；修建穿堤建筑物445座，其中拆除重建61座，维修加固307座，拆除封堵77座；修建桥梁6座，其中新建1座，拆除重建5座；修建堤顶道路沥青混凝土路面291.37km，其中新建279.68km、拆除重建11.69km；修建上堤坡道430条、长21.5km。

卫河干流治理工程建设标准：卫河干流淇门—徐万仓段防洪标准为50年一遇，河道设计行洪流量卫河干流淇门—老观嘴段为400m^3/s、老观嘴—安阳河口段为2000m^3/s、安阳河口—徐万仓段为2500m^3/s；共产主义渠盐土庄节制闸以下段为1600m^3/s。排涝治理标准为恢复卫河干流和共产主义渠的原设计排涝能力，设计排涝流量卫河淇门—老观嘴段为130～150m^3/s，老观嘴—徐万仓段为700～1000m^3/s；共产主义渠排涝流量为250m^3/s。工程区地震基本烈度为7～8度。

（黄风光）

【项目法人】

2021年2月22日，漳卫南局根据《海委关于成立卫河干流（淇门—徐万仓）治理工程项目法人的批复》（海人事〔2021〕7号），成立卫河干流（淇门—徐万仓）治理工程建设管理局（以下简称“卫河建管局”）为卫河干流治理工程项目法人，法人代表为杨士坤。

卫河建管局下设综合处、计划处、财务处、质量与安全处等4个职能部门，机构和人员全部为专职。卫河建管局为临时机构，工程结束后，该机构自行撤销。卫河建管局机构设置及人员组成情况详见表1。

表1　卫河建管局机构设置及人员组成情况

机构	职务	人员姓名	职责分工
卫河建管局	局长	杨士坤	主持建管局全面工作
	副局长	张同信	负责建管局综合政务管理、征地及移民、财务管理工作；分管综合处、财务处
	副局长	赵宏儒	主持建管局全面技术工作，负责招标管理、合同管理、质量管理、安全生产、水土保持及环境保护等工作；分管计划处、质量与安全处
	总工程师	赵宏儒（兼）	

续表

机构	职务	人员姓名	职 责 分 工
综合处	处长	查希峰	负责行政管理、党建、思想教育、党风廉政建设、征地移民、档案管理等工作
	副处长	黄风光	
	成员	张卫平、张凯、尹元森	
计划处	处长	刘跃辉	负责年度投资计划执行、招投标、合同管理、造价管理、计划统计、设计变更等工作
	副处长	白俊良	
	成员	直万里、陈扬	
财务处	处长	王建辉	负责财务管理、资金管理、会计核算、年度部门预算和决算编报等工作
	成员	刘滋军、杨照美	
质量与安全处	处长	戴永翔	负责工程质量管理、验收、安全生产管理、环境保护、水土保持等专项工作，以及工程技术资料、文件、材料归档等工作
	副处长	杨利江	
	成员	陈正山、赵彤、雷利军、黄明君、任天翔、魏玉涛、于晓青	
人员变动情况	2021年，卫河建管局陈扬、尹元森调出，调入于延成、张勇、潘云峰、阮士斌、邓广军、成培国、李超、宋建国、宁聪（海委规计处干部交流），截至2021年12月31日，全局人员总计31人		

（黄风光）

【综合管理】

1. 制度建设

卫河建管局成立之后，将健全各项规章制度放在各项工作的首位。2021年内先后组织制定了各种规章制度550余项，包括制定印发《卫河建管局“三重一大”议事规则实施办法》《卫河建管局会议制度》《卫河建管局车辆管理办法》《卫河干流治理工程档案管理办法》等15项内部管理制度，《卫河建管局差旅费管理办法》《卫河建管局资金使用及财务报销管理办法》等5项财务管理制度，以及17项质量管理制度和18项安全生产管理制度；同时，建立健全议事规则、考勤管理、保密工作、公务用车、档案管理、防汛值班等制度建设。

2. 政务管理

2021年编辑《建管信息》34期报送海委和漳卫南局有关领导和部门。加强信息化建设，制作“卫河建管局信息、会议”二维码在漳卫南局门户网站开设“卫河干流治理工程建设”专题。

统筹工程建设和新冠肺炎疫情防控工作，8月13日，印发《卫河干流治理工程新冠肺炎疫情防控工作方案》（卫建管质安〔2021〕34号），成立卫河干流治理工程新冠肺炎疫情防控工作领导小组，全面领导疫情防控工作。结合疫情防控形势，及时下发疫情防控通知，部署疫情防控工作。要求参建单位主体工程开工前向领导小组办公室报送《卫河干流治理工程施工现场疫情防控工作方案》。

3. 财务管理及会计核算

完善财务管理制度体系，加强预算执行管理，认真落实国库集中支付各项工作要求，严格按照财政部有关规定确定支付方式，切实做好用款计划编报、调整工作，全力做好资金支付工作。严格执行国家财政纪律，规范办理资金支付和价款结算业务，确保资金资产安全。加强会计基础工作，会计核算准确、规范，预算决算编报及时、完整；强化固定资产管理，做到账账、账实相符，固定资产台账管理规范；进一步规范农民工工资支付管理工作，切实维护农民工劳动报酬权益。

4. 教育培训

5月16—18日，组织全体人员以视频会议形式参加海委举办的水利工程建设项目法人管理第八期培训班。

2021年，卫河建管局共举办项目法人、征地与移民、施工合同管理、防汛业务知识等培训班5个。

（黄风光）

【前期工作】

2021年10月13日，河南省林业局以《使用林地审核同意书》（豫林资许〔2021〕286号）批复河南省境内工程占用林地许可。12月23日，国家文物局出具《关于卫河干流（淇门—徐万仓）河南省段治理工程方案的批复》（文物保函〔2021〕1437号），批复工程文物保护方案。

（黄风光）

【招标投标】

卫河干流治理工程具备招标条件后即开始招标工作，卫河建管局委托山东招标股份有限公司代理工程招标工作，采用公开招标方式进行招标。工程招标包括服务标5个、招标金额2071.18万元，施工标16个、招标金额73766万元。

2021年2月23日，卫河建管局在中国政府采购网公开卫河干流治理工程2021年政府采购意向。

4月，完成建设监理、建设征地与移民安置监督评估、水土保持监测、环境监测4个服务标段招标工作，签订工程监理合同；与中水北方勘测设计研究有限责任公司签订勘察设计合同补充协议书；5月，签订移民监督评估、环境保护监测、水土保持监测、工程保险等服务标合同，完成工程保险标段、施工标1～6标段招标工作；6月上旬，签订施工1～6标合同；8月，完成施工7～13标段和15～16标段招标工作；9月，签订施工7～16标合同，完成施工14标段招标工作。卫河干流治理工程招标工作全部完成。

（黄风光）

【工程进度】

1. 工程开工

2021年6月10日，卫河干流治理工程开工。水利部水利工程建设司一级巡视员赵卫出席卫河干流治理工程开工动员会并讲话，海委主任王文生宣布开工。河南省鹤壁市委书记马富国出席，市长郭浩致辞。海委副主任翟学军讲话，河南省水利厅副厅长吕国范，鹤壁市人大常委会副主任肖海水出席。

9月20日，卫河干流治理工程监理处向施工1标段签发开工令（监理〔2021〕合开工第1号），卫河干流治理主体工程开工建设。

2. 资金支付

3月31日，漳卫南局以漳规计〔2021〕3号文下达工程年度投资计划35000万元，8月中旬资金到位（海财务〔2021〕18号）。2021年累计支付资金34197万元，占全年预算的97.71%。

3. 建设进度

该年度主要工程量完成情况：完成刘庄闸防汛仓库建设，共产主义渠拦河围堰和导流工程，盐土庄节制闸基础土方开挖和部分桩基础，卫河老观嘴以下1500m防浪墙工程，完成20处穿堤涵管（洞）拆除复堤工程。开工建设共产主义渠穿堤涵闸、穿堤涵管（洞）、堤防加高，卫河穿堤涵闸、涵管（洞）拆除重建和维修加固工程，老观嘴以上部分卫河穿堤涵闸和穿堤涵管（洞）拆除重建、维修加固、拆除复堤工程。

工程开工后，6月22日，鹤壁市委书记马富国检查浚县卫河、共产主义渠防汛工作，鹤壁市副市长孙栋参加检查；10月9日，漳卫南局党委书记、局长张永明到卫河建管局调研指导工作；10月21日，海委副主任韩瑞光到卫河建管局检查指导工作；11月7日，海委副主任翟学军调研卫河干流治理工程建设工作；11月30日，漳卫南局党委委员、纪委书记王鹏到卫河建管局调研建设管理工作；12月27—29日，海委党组书记、主任王文生现场督导检查卫河干流治理工程，漳卫南局党委书记、局长张永明，党委委员、副局长杨士坤、付贵增参加检查，河南省水利厅党组成员申季维，鹤壁市委副书记冯芳喜参加检查。

（黄风光）

【质量管理】

卫河建管局完善质量管理体系，建立质量管理网络，实行网格化管理。先后成立了卫河干流治理工程质量管理领导小组（卫建管质安〔2021〕9号），印发《卫河干流治理工程质量管理责任制度》（卫建管质安〔2021〕12号）、《卫河建管局关于印发卫河建管局人员岗位职责的通知》（卫建管综〔2021〕10号），建立质量管理责任制，配备专职质量管理员。同时，制定并印发《卫河干流治理工程质量目标》（卫建管质安〔2021〕30号）、《卫河干流治理工程质量管理工作计划》（卫建管质安〔2021〕31号）。编制《卫河干流治理工程质量控制要点》《卫河干流治理工程质量通病防控措施》，按照监督检查问题清单、稽察常见问题清单，与各参建单位签订工程质量管理责任书，明确质量责任。各参建单位主要负责人签署工程质量终身责任承诺书。

（黄风光）

【安全生产】

成立卫河干流治理工程安全生产领导小组（卫建管质安〔2021〕2号）、卫河干流治理工程安全度汛领导小组（卫建管质安〔2021〕3号）、卫河干流治理工程疫情防控工作领导小组（卫建管质安〔2021〕34号）；先后印发《卫河干流（淇门—徐万仓）治理工程安全生产责任制度》（卫建管质安〔2021〕5号）、《卫河干流（淇门—徐万仓）治理工程安全生产总体目标和2021年年度目标》（卫建管质安〔2021〕19号）、《卫河建管局关于印发卫河建管局人员岗位职责的通知》（卫建管综〔2021〕10号）、《卫河干流（淇门—徐万仓）治理工程安全生产目标管理计划》（卫建管质安〔2021〕22号）；建立安全生产责任制，配备专职安全生产员。2021年，卫河干流治理工程安全生产领导小组先后两次召开专题会议，研究部署安全生产工作。先后印发《安全生产手册》《安全生产操作要领》，组织开展主题宣讲、观看事故警示教育片等活动。组织卫河建管局全体人员通过网络答题竞赛等多种方式积极开展2021年“安全生产月”活动。7月9日，举办了2021年防汛业务知识培训班。9月6日，成立卫河干流治理工程安全生产标准化建设领导小组（卫建管质安〔2021〕43号）。9月14日，与京水江河工程咨询有限公司签订协议，委托其协助卫河建管局完成项目法人安全生产标准化建设（一级）及危险源辨识与风险评价相关工作。11月6日，召开卫河干流治理工程项目法人安全生产标准化（一级）达标建设启动会暨宣贯培训会，安全生产标准化建设活动正式启动。

（黄风光）

【党建工作】

1. 党群工作

2021年3月10日，成立卫河建管局临时党支部，全面负责建管局党建工作。建设党建活动室，主题文化墙等党建工作阵地。开展“一个座右铭，一面党旗红”岗位建功行动。落实“三会一课”制度，定期开展主题党日活动。开展“三对标、一规划”专项行动，开展党史学习教育，按要求组织开展党史学习教育专题组织生活会。

2. “党建进工地”试点工作

8月24日，成立卫河干流治理工程工地党建工作领导小组（卫建管质安〔2021〕37号），搭建党建工作网络，通过党建工作联席会推进“党建进工地”试点工作落实。制作试点工作牌和纪实簿，向各参建单位分发，明确工作目标、任务、要求，实时记录工作开展情况。7月，牵头组织多支技术专家组，深入“21·7”洪水抗洪抢险一线，指导协助地方处理险情10处。11月5日，以《卫河建管局关于“党建进工地”试点工作开展情况的报告》（卫建管综〔2021〕14号）上报漳卫南局。

（黄风光）

【党风廉政建设】

2021年5月18日，印发《卫河干流治理工程建设管理廉政风险防控手册》（卫建管质安〔2021〕1号）。7月15日，印发《领导干部插手干预卫河干流治理工程重大事项记录报告制度》（卫建管质安〔2021〕21号）。与漳卫南局签署《工程建设项目廉政责任书》；同漳卫南局下属各部门签订党风廉政风险责任书，卫河建管局全员签订党风廉政承诺书；与参建单位签署廉政协议、承发包廉政承诺书。6月6日，卫河建管局主要领导同全员进行集体廉政约谈，落实廉政责任。利用党日活动常态化开展廉政法规、党章党规学习，开展廉政警示教育，加强节日廉政提醒。8月，实行特约监督员制度，聘请4名特约监督员，接受民主监督、社会监督、舆论监督。

（黄风光）

规 划 计 划

【漳卫南局“十四五”发展规划】

2021年8月18日，漳卫南局印发《漳卫南局“十四五”发展规划》（以下简称《规划》），对“十四五”期间全局发展的总体思路、发展目标、主要任务和保障措施做出全面部署。

《规划》以习近平新时代中国特色社会主义思想为指导，坚持人民至上、问题导向、节水优先、系统观念、改革创新的原则，立足新发展阶段、贯彻新发展理念、构建新发展格局，积极践行习近平总书记“节水优先、空间均衡、系统治理、两手发力”的治水思路，全面贯彻党的十九届五中全会精神和《中华人民共和国国民经济和社会发展第十四个五年规划和2035年远景目标纲要》，深入落实《海河流域“十四五”水安全保障规划》《海委直属单位基础设施建设“十四五”规划》和“三对标、一规划”专项行动方案要求，紧密结合漳卫南运河和漳卫南局实际，紧紧围绕服务保障沿河经济社会高质量发展、全面提升河系水安全保障能力，提出到2025年实现水旱灾害风险防控能力明显提升、水资源配置格局明显优化、河湖生态环境明显改善、水文化建设不断加强、智慧化监管水平明显提高的近期目标；到2035年实现可控水灾害、优质水资源、健康水生态、宜居水环境、先进水文化、智慧水管理的远景目标，为漳卫南局当前和今后一个时期各项事业高质量发展提供了明晰的任务书、时间表和路线图。

（吕笑婧）

【漳卫河“21·7”洪水灾后重建实施方案】

2021年7月，漳卫河流域持续遭遇强降雨，多地发生严重洪涝灾害，水利工程设施损毁严重，为人民群众生命财产造成巨大损失。按照水利部和海委工作要求，漳卫南局组织经验丰富、技术过硬的精干力量，成立了漳卫南局漳卫河系“21·7”洪水灾后重建实施方案工作组。9月中旬，四女寺局工作组会同相关省水利厅人员赴中水北方公司集中办公半月余，编制完成了《漳卫河“21·7”洪水灾后重建实施方案》，并报送水利部审查。实施方案包括四女寺局卫河、漳河、卫运河和漳卫新河及河口段的灾后恢复及系统治理，涉及防洪薄弱环节治理、水毁工程修复、智慧水利、河道岸线管理、工程建设与管理、水文设备设施配置和基层管理能力提升等多个方面，为完善流域防洪体系，保障流域水安全提供了有力支撑。

10月29日，漳卫南局组织召开漳卫河灾后重建工程前期工作部署会，印发工作方案，明确工作任务和时间安排，落实了各有关部门和单位的责任分工。按照项目轻重缓急，制定了进度推进计划表，挂图作战，实时督导协调设计报告编制和要件办理节点任务，做到项目事事有人管、件件有人抓、项项有落实。11月上旬，漳卫南局组织中水北方勘测设计研究有限责任公司和相关部门（单位）先后对卫河、漳卫新河河口、漳卫新河（四女寺—辛集闸）、漳河干流（岳城水库—徐万仓）、四女寺南闸和节制闸等进行现场查勘，并组织召开交流座谈会，着重推进灾后重建项目设计报告编制和要件办理对接工作。

（吕笑婧）

【前期工作】

1. 庆云拦河蓄水闸、辛集挡潮蓄水闸除险加固工程

2021 年 11 月，漳卫南局全力配合海委完成了庆云闸和辛集闸可行性研究报告编制工作，协助设计单位收集工程资料，对接有关地方部门，积极争取项目立项。

2. 漳河干流岳城水库至徐万仓段治理

5 月 24 日，水利部印发《漳河干流岳城水库至徐万仓段治理规划审查意见》（办规计函〔2021〕433 号）。

11 月 17 日，水利部组织完成了漳河干流可行性研究任务书的审查；18—24 日，漳卫南局规划计划处组织设计单位，开展项目现场查勘和调研，并召开座谈会进行工作部署，开展漳河干流治理可行性研究报告编制和前置要件办理工作。

3. 漳卫新河河口治理

根据海委的统一部署，漳卫南局及时组织中水北方勘测设计研究有限责任公司开展漳卫新河河口治理复核和可行性研究报告修改工作。同时与地方政府开展有效沟通，组织地方水利、自然资源等相关部门和沿河各乡（镇）召开座谈会，落实实物量复核和对接前置要件办理工作。

4. 四女寺枢纽南进洪闸和节制闸除险加固

按照海委工作安排，漳卫南局积极配合海委启动四女寺枢纽南进洪闸和节制闸除险加固项目，编制完成项目任务书并上报。11 月中旬，配合水利部完成任务书审查并组织设计单位完成了现场查勘调研。

5. 数字漳卫河防洪保障能力提升工程

按照海委统一部署，漳卫南局积极配合启动数字漳卫河防洪保障能力提升工程项目，该项目以提升漳卫洪水“四预”能力为目标，以数字化、网络化、智能化为主线，以网络安全作为底线，拟构建数字漳卫河智慧水利体系。

（吕笑婧）

【在建项目】

1. 四女寺枢纽北进洪闸除险加固工程

四女寺枢纽北进洪闸除险加固工程于 2019 年 8 月 26 日开工建设，工程总投资 9940 万元，工期 14 个月。工程主要建设内容包括：原中 8 孔一联反拱底板闸室拆除重建；左右各 2 边孔闸室改造加固；全闸机架桥、排架柱、检修桥、交通桥等上部结构拆除重建；闸上铺盖、护底和闸下消力池、海漫、防冲槽加固；两岸护坡加固；下游河道清淤；混凝土防腐、防碳化处理；安全监测设施修复；闸门及启闭设备更换、增设检修门；供电线路更新改造等。2020 年 6 月 28 日闸门具备启闭条件，7 月 20 日部分工程通过投入使用验收，8 月 15 日首次拦蓄上游来水，10 月 28 日交通桥恢复通车。2020 年 11 月 26 日工程全部完工，进入试运行阶段。

2021 年 4 月，四女寺北闸除险加固工程竣工财务决算通过海委组织的竣工财务决算审查。6 月，四女寺北闸除险加固工程竣工财务决算通过海委审计，四女寺枢纽北进洪闸除险加固工程档案通过了海委组织的专项验收。7 月 25 日上午 9 时 30 分，四女寺枢纽北进洪闸开始拦蓄上游洪水。7 月 26 日上午 8 时 32 分，四女寺枢纽北进洪闸开启 4 孔闸门泄洪，标志着四女寺北闸除险加固工程完工后首次拦泄上游洪水，开始发挥防洪减灾效益。夏秋连汛期间，四女寺枢纽北进洪闸累计启闭闸门 62 次，过流超过 25 亿 m^3，切实保障了上游洪水及时宣泄入海，充分发挥了防洪、排涝作用。8 月 29 日，四女寺枢纽北进洪闸除险加固工程完成竣工验收技术鉴定工作。12 月 1 日，海委在山东德州召开竣工验收会议，海委副主任翟学军出席并讲话，总工梁凤刚主持竣工验收，漳卫南局局长张永明、副局长付贵增出席。四女寺枢纽北进洪闸除险加固工程通过竣工验收。

2. 海委水政监察基础设施建设（三期）漳卫南局视频监控工程

海委水政监察基础设施建设（三期）漳卫南局视频监控工程涉及河南、河北、山东等 3 省，建设项目包括漳卫南局监控中心、卫运河（含南运河）水行政执法视频监控系统和卫河水行政执法视频监控系统建设。主要建设内容包括：在卫河、卫运河（含南运河）建设 3 个区域中心（卫河局、聊城局、邢衡局）及 17 个基层单位用户端（浚县、滑县、汤阴、内黄、清丰、南乐、刘庄闸、馆陶、临西、清河、故城、临清、冠县、穿卫枢纽、武城、夏津、四女寺）；建设漳卫南局局级水政执法视频监控中心 1 处；在卫河、卫运河（含南运河）新建 165 个重点区域视频监控点。

2021 年 1 月 18 日，水利部印发《水利部关于海委水政监察基础设施建设（三期）可行性研究报告的批复》（水规计〔2021〕21 号）。4 月 6 日，海委以《海委关于海委水政监察基础设施建设（三期）初步设计报告的批复》（海规计〔2021〕8 号）批复项目初步设计报告，批复投资 1030 万元，总工期为 3 年。4 月 22 日，漳卫南局以《漳卫南局关于下达 2021 年海委水政监察基础设施建设（三期）漳卫南局视频监控工程中央预算内水利投资计划的通知》（漳规计〔2021〕5 号）下达项目投资 2021 年度投资 300 万元。4 月 30 日，漳卫南局委托山东天罡建设项目管理有限公司对海委水政监察基础设施建设（三期）漳卫南局视频监控工程进行公开招标，在中国政府采购网、中国招标投标公共服务平台、海委门户网站同时发布招标公告。6 月 8 日开标，按照法定评标程序确定项目施工的中标单位。6 月 29 日，漳卫南局水政监察基础设施建设项目建设管理办公室与施工单位签订项目施工合同。工程于 9 月 1 日正式开工，9 月 17 日完成前端 57 处点位的立杆工作，11 月 16 日完成 57 处前端监控点位及客户端（临西、清河等）设备安装工作，11 月 26 日完成聊城局、邢衡局区域中心设备安装及调试工作。项目 2021 年度施工计划正式完成。

3. 海委漳卫南局水资源监测能力建设

2021 年 5 月 26 日，水利部以《水利部关于海委漳卫南局水资源监测能力建设可行性研究报告的批复》（水规计〔2021〕158 号）批复项目可研。2021 年 7 月 23 日，漳卫南局以《漳卫南局关于下达 2021 年海委漳卫南局水资源监测能力建设中央预算内水利投资计划的通知》（漳规计〔2021〕11 号）下达项目 2021 年度投资计划 1600 万元。7 月 28 日，海委以《海委关于海委漳卫南局水资源监测能力建设初步设计报告的批复》（海规计〔2021〕29 号）批复了项目初步设计报告，批复投资 2510 万元，批复工期 16 个月。工程主要建设内容包括：改建实验室 1500m^2，新建生物洁净室 1 处，新建实验室给排水系统、电气系统、排风系统、气路系统等附属设施，配置实验室台、柜等专用附属设施，购置气相色谱仪、离子色谱仪、原子荧光分光光度计等仪器设备 46 台（套）。8 月 26 日，漳卫南局水资源监测能力建设项目建设管理办公室委托山东鲁德项目管理有限公司代理进行公开招标，在中国招标投标公共服务平台、山东省公共资源交易网、海委官方网站上同时发布招标公告。工程于11月16日开工建设，截至2021年12月，项目完成投资计划1600万元，年度投资计划完成率为100%。

（吕笑婧）

工程建设与管理

【建设项目管理】

督促指导四女寺北闸建管局严格按照程序完成四女寺北闸除险加固工程质量抽检、环境影响评价、水土保持和档案的专项验收、自验等工作，四女寺北闸除险加固工程完工后第一年即经受住了历史罕见夏秋连汛洪水考验，发挥了显著的防洪减灾效益，2021 年 12 月 1 日，四女寺北进洪闸除险加固工程顺利通过竣工验收。

督促指导卫河建管局严格按照程序高效地完成卫河干流（淇门—徐万仓）治理工程服务标、施工标的招标工作。卫河干流治理工程自开工动员会后，为做好在建水利工程的安全度汛工作，科学编制了《漳卫南局关于卫河干流（淇门—徐万仓）治理工程和四女寺枢纽北进洪闸除险加固工程 2021 年安全度汛方案和超标准洪水应急预案的报告》（漳建管〔2021〕24 号），上报海委；督导检查水利工程建设质量提升专项行动及对工程现场和年度建设任务完成情况，督促项目法人及各单位做好保障农民工工资支付的相关工作，依据项目法人考核办法，组织项目法人考核。卫河干流治理工程开工建设，克服罕见夏秋连汛和新冠肺炎疫情影响，全力推进工程建设，工程质量、安全、预算执行情况良好。

（范张衡）

【确权划界与水闸安全鉴定】

督促卫河局、邯郸局、德州局完成 2021 年度工程划界工作，至此，工程管理与保护范围划界工作已全部完成，大部分单位已完成工程管理范围确权；完成王营盘闸、罗寨闸、西郑庄分洪闸的安全鉴定及庆云闸安全鉴定报告复核工作。编写《漳卫南局“十四五”水闸安全鉴定计划》并上报海委，将继续组织各单位开展 18 座水闸工程安全鉴定工作。具体安排为：2021 年 3 座，2022 年 4 座，2023 年 3 座，2024 年 2 座，2025 年 6 座。

（范张衡）

【示范单位创建及复核】

按照考核办法细化工作计划，抓好工作落实，2021 年 11 月 22—27 日，海委组织专家先后对南皮河务局、盐山河务局、吴桥闸管理所、临清河务局和馆陶河务局进行海委水利工程管理示范单位（复核）验收，这 5 个单位分别以 896.9 分、867.4 分、925 分、885.4 分和 906.3 分的成绩顺利通过（复核）验收，南皮河务局成为 2013 年以来海委系统首次首家申报并通过海委水利工程管理示范单位考核验收的水管单位，清河河务局继续保持国家级水管单位。

（范张衡）

【工程运行管理及维修养护】

2021 年 3 月底，漳卫南局局属各单位按照水利部堤防工程险工险段检查标准完成对所管辖工程的全面检查，梳理工程存在的问题，建立工作台账，并制定问题整改计划，对已完成整改的问题，由各二级局组织验收总结，形成相应验收总结材料；抓实主管单位和水管单位责任制，建立工程检查巡查监督监管的长效机制；修订完善工程维修养护、工程考核、工程检查巡查、闸门启闭机操作运行、学习培训、岗位职责等规章制度；落实一线养护队伍职能；完成 2021 年度水利工程维修养护项目，并顺利通过验收。

完成四女寺局、岳城水库管理局2021年度维修养护技术实施方案的批复工作和2022年维修养护项目、水闸安全鉴定、堤防安全评价等项目的预算入库储备工作；6月，按照最新发布的《水利工程维修养护定额标准》（修订征求意见稿）完成局属水利工程维修养护经费测算，并上报海委。

5月12日，面向三级局主要负责人组织2021年工程运行管理培训班，分析水利部检查组2020年发现工程存在问题产生的原因，总结经验；对《水利部关于修订印发水利工程管理考核办法及其考核标准的通知》（水运管〔2019〕53号）、《漳卫南局水利工程管理考核办法》（漳建管〔2021〕56号）和堤防水闸工程安全运行专项检查内容进行详细讲解，并邀请清河局负责人对基层工程管理的要点进行讲解。

卫河遭遇历史罕见洪水考验，造成左堤彭村段决口。在检查中发现存在的问题包括：检查记录填写不完善、不规范；发现的缺陷问题未及时整改；堤防管理不到位，存在的问题未及时发现、处理。进行了针对性的整改处理。

（范张衡）

【堤防绿化】

持续推进“防护型、生态型、景观型、效益型”工程绿化体系建设，积极探索切实有效的绿化经营和管理模式，采取自营、承包户经营、与相关公司联营、结合地方政府绿化工程的管理模式，探索绿化管理工作长效机制。要求在堤肩和重要路口、沿城镇堤段种植具有观赏性、价值高、生长周期长的树种，其他可种植经济林。督办德州局四女寺枢纽至南连接线岔河左堤7km堤防绿化及整修事项，共种植国槐2669棵、杨树1200棵，成活率高，效果较好；完成标志标牌增设、堤肩修复，路口整修。对十八大以来漳卫南局开展义务植树及堤防绿化规范种植管理工作进行总结，并上报海委。

（范张衡）

【督查工作】

2021年9月和11月，分别完成海委交办的对河北省小型水库除险加固项目和中小河流治理项目的督查工作，编写《河北省2021年第3季度小型病险水库除险加固工程进度报告》《河北省流域面积200～3000km^2中小河流治理督导工作报告》和《河北省流域面积3000km^2以上中小河流治理督导工作报告》（漳建管〔2021〕51号），并上报海委。

（范张衡）

【科技管理】

完成2020年漳卫南局第三届科技进步奖评选工作；按照2021年水利科技活动周要求，5月24日，漳卫南局开展2021年水利科技活动，邀请水利领军拔尖人才就“3S和无人机技术在水利工作中的应用”开展专题讲座；开展2020年科技进步奖成果宣讲活动，组织职工参观水利部科技示范基地；开展2021年漳卫南局专项科技项目的研究讨论；积极组织职工参与海委水利科技活动周系列活动；组织职工参加海委组织召开的智慧河流技术成果推介会；组织职工参加第二届“节水在身边”全国短视频大赛；积极组织职工参与2021年海委优秀科技论文评选活动，有5篇论文获得优秀科技论文奖。

根据《漳卫南运河管理局优秀科技论文评选办法》（漳建管〔2020〕23号），9—12月完成论文征集评选工作，评出优秀科技论文15篇，评选结果详见表1。

表1　漳卫南局第十七届优秀科技论文评选结果

序号	论文题目	论文作者	作者单位
1	“21·7”洪水对岳城水库水质影响的研究	李志林	水文处
2	漳卫南运河四女寺枢纽水生态监测与分析	任重琳	水文处
3	卫河取水口“以电折水”计量方法研究	段信斌	水文处
4	岳城水库最低生态水位研究	高　翔	水文处
5	“21·7”洪水中暴露的问题与解决措施	李　超	南皮河务局
6	Excel软件在岳城水库防洪工作中的应用	蔡秀峰、杨云霄、于江怀	岳城水库管理局
7	挖掘、传承与弘扬河湖水文化的思考与建议——以海河流域岳城水库为例	郭恒茂	岳城水库管理局
8	四女寺枢纽工程调度运用与可持续发展	王　玲	四女寺枢纽管理局
9	单组份手刮聚脲在四女寺枢纽北进洪闸除险加固中的应用	魏玉涛、张森林	防汛机动抢险队
10	SKALAR SAN^{++}型连续流动分析仪硫化物测定方法的研究	李志林	水文处
11	漳卫河流域径流年际年内变化的量化分析	刘邑婷	四女寺枢纽管理局
12	VBA在EL03电子水准仪三、四等水准测量中的应用申报表	朱志强	水文处
13	电位滴定法与硝酸银滴定法测定水中氯化物的比较分析	杨苗苗	水文处
14	漳卫南运河水情信息移动查询系统设计与实现	孙雅菊	水文处
15	漳卫南局水文基础业务提升途径的思考	张　淼	水文处

（范张衡）

水 政 工 作

【水法律法规体系建设】

1. 配合水利部、海委开展规范性文件修订工作

按照水利部有关工作要求，配合开展了《水行政处罚实施办法》《水政监察工作章程》修订前期工作，梳理漳卫河系两项规章贯彻执行经验及成效，并针对有关问题提出修改意见及建议。会同水资源处、建管处、河湖处、防御处及相关基层单位对强化体制机制法治建设、行政执法平台建设、水政监察证件管理、公务船年检等规范性文件进行讨论研究，汇总有关意见建议并上报海委。

2. 完善漳卫南局水政监察制度体系

结合工作实际，对现行水政监察制度进行完善，按照水行政执法工作实际和重点，制定了《漳卫南运河管理局行政执法信息公示工作规定（试行）》《漳卫南运河管理局执法全过程记录工作规定（试行）》《漳卫南运河管理局重大执法决定法制审核工作规定（试行）》《漳卫南运河管理局水政监察工作考核实施细则（试行）》《漳卫南局关于水政监察人员标识管理的指导意见》等5项规定，为各级水政监察队伍依法行政、规范管理提供制度遵循。

（李文超）

【水法规宣传与普法】

2021年是“八五”普法开局之年，按照全国普法办及水利部有关规划，制定《漳卫南运河管理局法治宣传教育第8个五年普法规划（2021—2025）》。

第二十九届“世界水日”、第三十四届“中国水周”期间，漳卫南局围绕“深入贯彻新发展理念，推进水资源集约安全利用”的宣传主题，开展形式多样的宣传纪念活动。局水政监察总队在机关主楼大厅张贴主题宣传海报，摆放治水名人宣传挂图，订购并发放《世界水日·中国水周特刊》《长江保护法》等宣传材料440余份；水政处、水资源处联合开展节水宣传“进机关”“进学校”“进社区”活动，号召公众加入节水行动；3月22日，漳卫南局党委书记、局长张永明带领局机关全体职工开展节水签名承诺活动，100余名职工庄重签名。“中国水周”期间，全局出动宣传车辆9次，设置宣传台8个、宣传专栏9个，悬挂宣传横幅标语36条，张贴标语、宣传画306条（张），发放宣传材料、纪念品18380余份。

10月，按照水利部、海委部署，结合水利法治文化阵地建设，建设四女寺水法治文化广场。将法律法规、名人事迹、法治格言等内容与运河文化、历史事件、流域治理、水生态文明等元素融合，以“法治时空·学在其中”为主题，将法治与治水联动科普，持续提高法治理念和法治素养。

11月29日至12月5日第三个“宪法宣传周”期间，漳卫南局以“深入学习宣传习近平法治思想、大力弘扬宪法精神”为主题，联合四女寺局组织职工50余人共同参观了四女寺水法治文化广场和文物陈列馆，强化广大干部职工的法治意识。同时，邀请法律顾问以“民法典在生活中的应用”为主题开展专题讲座，通过法条释义和案例展示等方式，丰富职工法治视野。

（李文超）

【水行政执法与监督管理】

1. 开展专项执法行动

按照《海委2021年水行政执法监督实施方案》（海政法〔2021〕3号）要求，组织开展2021年度水行政执法监督检查活动，重点监督执法不作为、乱作为等问题。7月7—9日，漳卫南局总队（以下简称“局总队”）陪同海委政法处对邯郸支队、聊城支队和水闸支队监督检查工作开展情况进行抽查，并对临漳、魏县、冠县、穿卫枢纽、祝官屯、无棣等6支大队执法巡查、实施行政处罚、执法卷宗管理、执法信息统计及执法装备配置及使用情况进行现场检查。对检查中发现的问题和处理意见建议及时向基层单位进行反馈，收集整理水政执法过程中典型经验和做法并进行宣传推广。

2. 推进水行政执法“三项制度”落实

全面推行水行政公示制度、执法全过程记录制度、重大执法决定法制审核制度，对执法事项、行政程序、执法主体等内容进行梳理汇总，并在漳卫南局门户网站设置“水行政执法信息公示专栏”进行公示。针对年度执法数据、执法人员、行政处罚执行等信息定期进行公布，2021年累计发布执法信息3期；规范水政监察队伍执法、巡查音像记录，对现场执法、调查取证、举行听证、留置送达和公告送达等容易引发争议的水行政执法过程要求全过程音像记录，并在培训中针对配发的执法记录仪、单兵执法设备使用方法进行讲解；明确各级水政监察队伍法制审核机构，以水政处和局属各河务局、管理局水政水资源科为核心，建立两级执法决定审核体系，强化各单位执法决定及规范性文件制定监督，从严审查行政行为的合法性和适当性。

3. 坚持做好执法巡查

各级水政监察队伍严格落实执法巡查制度，按照规定频次开展水政执法巡查，并结合实际组织各类专项执法检查，通过执法巡查及时发现和处置各类水事案件，强化巡查制度的落实。同时，借助水行政执法视频监控系统，推进线上清查和线下整治相结合，及时发现违法问题，并做好相关取证工作。8月中旬至9月上旬，局总队开展了2021年年中执法检查，通过看现场、查案卷以及座谈交流等方式，对局属各水政监察支队、大队2021年度水政监察工作进行了检查，指导基层单位问题清理整治，推动落实执法监督职责。11月23—29日，局总队开展年终执法检查，重点围绕部分直管河道、堤防、重点取水工程等进行检查，并与各水政监察支队进行座谈。

2021年，全局各级队伍累计出动执法人员6212人次、车辆1590车次，巡查河道长度49360km；出动船只10次，巡查水域223km^2，现场制止水事违法行为55起。

4. 严厉打击各类水事违法行为

2021年，全局各级水政监察队伍共立案查处水事违法行为1起，为冠县班庄、乜村扬水站改建项目未批先建案；局总队及时跟进协调处理，多次与冠县水利局进行沟通，会同规计处、聊城局督促其补办水工程规划同意书；11月11日，海委以海许可决〔2021〕55号文、海许可决〔2021〕56号文下发准予水行政许可决定书，顺利结案。

2021年，漳卫南局水政监察总队共接到线索交办和群众举报漳河滩地违章建设、卫河故道驾校违章建设2起，针对上述水事违法行为，局总队高度重视，派员赴现场调查情况，并指导支队和大队依法依规处置各类违法行为。截至2021年年底，2起违法行为全部顺利解决。

（李文超）

【水政监察队伍建设】

1. 水政监察人员培训

2021年6月2—4日，举办2021年度水行政执法及河湖管理培训班，邀请相关专家就《中华人民共和国行政处罚法》、生态河湖建设等内容进行授课。授课结束后，参训人员开展水行政执法模拟办案，对立案审批、现场勘验、调查询问、行政处罚、行政强制、结案归档等执法全过程进行模拟演练，推进基层水政监察队伍严格规范公正文明执法，各级水政监察队伍60余人参加培训。局属各单位结合年度工作重点，以举办培训班、工作座谈、案例讲解、模拟办案等形式开展水行政执法人员培训工作，共组织14期、培训343人次。

2. 水政监察人员证件更新管理

按照水利部统一要求，对漳卫南局管辖范围内水政监察人员进行资格复审和统计上报，累计更换执法证件224件、注销31件，及时对证件信息进行更新。按照海委有关安排，组织59名新进水政监察人员进行岗前培训和资格考试，并进行水政监察证件申领。

3. 水政监察队伍考核

12月开展年度水政监察工作考核，对局属各水政监察支队本年度水法规宣传、水行政执法、队伍管理和执法保障工作开展情况进行考核，并对各支队推荐的优秀水政监察大队进行复核。根据考核结果，经局总队推荐、委总队复核，确定岳城支队、德州支队为2021年优秀水政监察支队，清丰大队、临清大队、临西大队、庆云大队和东光大队等5支水政监察大队为2021年度优秀水政监察大队。

4. 推进水政监察基础设施建设

按照《流域管理机构水政监察队伍执法能力建设规划（2020—2025年）》要求，2021年投资300万元建设卫运河水行政执法视频监控系统，主要建设内容包括：2个区域中心（聊城局、邢衡局），6个基层单位用户端（临西、清河、故城、临清、冠县、穿卫枢纽），57个重点区域视频监控点。在卫运河管理范围内初步形成一张全面覆盖、重点监控、反应迅速、监督到位的执法监控立体网络。

（李文超）

水资源管理与保护

【取水监督管理】

1. 扎实推进取用水管理专项整治行动

按照漳卫南运河取水总量控制方案，在尊重历史、尽量满足沿河群众农业灌溉用水需求的条件下，制定《漳卫南局管辖范围取用水专项整治行动取水口取水量优化配置方案》，实现 180 处无证取水口的“合理分水”。制定《漳卫南局取用水管理专项整治行动整改提升工作方案》（漳资源〔2021〕26 号），完成核查登记问题认定，建立“一口一策”整改台账。召开漳卫南局取用水管理专项整治行动整改提升工作推进会，全面部署整改提升工作，向用水户下达取用水管理专项整治行动责令整改通知书，要求各用水户按照整改类、退出类取水口的相关规定限期完成整改。印发《漳卫南局关于开展取用水管理专项整治行动整改提升监督检查工作的通知》（漳资源〔2021〕30 号），在全局范围内开展监督检查，分析研判各河务局、管理局整改工作进展并下发“一局一单”，提出明确整改要求。印发《漳卫南局关于加快推进取用水管理专项整治行动整改提升工作的通知》（漳资源〔2021〕36 号），对专项整治行动整改提升工作进行再部署、再督导，执行全局“周调度、日协调”工作制度，取得了专项整治行动整改提升工作的最终胜利。

据统计，在取用水管理专项整治行动中，漳卫南局范围内 298 处取水口、412 个取用水管理问题全部整改销号，整改完成率达 100%。其中，完成无证取水项目集中统一办证 140 个、落实取水计量方式 210 个、未按规定条件取水整改 17 个、落实退出处理措施 24 个、非取水许可审批权限范围取水口移交 7 个。

2. 完成 2021 年度取用水监督检查

按照《漳卫南局取水监督管理办法（试行）》（漳资源〔2020〕1 号），组织开展 2021 年度取用水监督检查，对 56 个取用水户取用水情况进行检查，实现 2019—2021 年管辖范围 118 个发证取水口监督检查全覆盖。印发《漳卫南局关于 2021 年度取用水监督检查工作的通报》（漳资源〔2021〕17 号），对检查结果进行通报。针对检查发现的问题制定“一户一单”问题清单，印发《漳卫南局关于取用水监督检查发现问题进行整改的通知》（漳函〔2021〕8 号）送达取水户，并要求取水户制订整改计划，明确整改措施和整改时限，落实整改责任，推进取水监管水平不断提升。

3. 严格执行计划用水管理

按照《取水许可和水资源费征收管理条例》《取水许可管理办法》和海委取水许可管理相关工作要求，组织完成漳卫南局管辖范围取水户 2020 年度取水总结和 2021 年度取水计划申报工作，及时将漳卫南局初核、海委批复的 2021 年度取水计划下达各取水户，并监督取水户严格按照取水计划取水。印发《漳卫南局关于开展 2021 年度取水总结和 2022 年度取水计划申报工作的通知》（漳资源〔2021〕40 号），组织开展漳卫南局管辖范围取水户 2021 年度取水总结和 2022 年度取水计划申报工作。

4. 全力推进取水许可证电子化工作

组织局属单位收集整理历史资料、反复核对填报数据，秉承便民利民的服务宗旨，根据实际情况和取水权人申请，顺利完成 118 处存量取水口的纸质取水许可证转换，实现取水许可电子证照全覆盖。

5. 配合海委开展取水许可审批管理

指导管辖范围大中型灌区开展水资源论证工作，按照《漳卫南局管辖范围取水总量控制方案》（漳资源〔2020〕33号），科学核定各灌区需水量，协助海委完成吴桥县蒋家崄引水闸、滑县道口泵站、大名县龙王庙取水项目、馆陶县卫运河取水项目、南皮县水务局漳卫新河灌溉取水项目的水资源论证审查工作和冠县班庄、乜村扬水站、临清市头闸口扬水站、武城县头屯泵站、南皮县前罗寨取水口、故城县青年闸、芦庄闸、清河县南焦庄扬水站的现场核验工作。11—12月，根据海委工作安排，组织有关二级局代表管辖范围内取水户参加水资源论证审查会议，完成河南省42处、河北省65处、山东省32处新申请办证取水口水资源论证表的审查工作。

6. 坚决制止非法取水和不按照规定条件取水行为

河北省馆陶县路庄扬水站无证取水和魏县军留扬水站超许可取水问题最为严重，严重影响漳卫南局取水管理秩序。通过采取现场制止、书面通知、以《漳卫南局关于督促馆陶县路庄扬水站等引水工程违法违规取水问题整改的函》（漳函〔2021〕3号）通报其上级水行政主管部门、以《漳卫南局关于馆陶县路庄扬水站未经批准擅自取水、魏县军留扬水站超许可取水情况的报告》（漳资源〔2021〕9号）上报海委等多种手段制止其违法行为。

7. 开展达标取水户和先进水资源管理单位建设

组织开展达标取水户和先进水资源管理单位建设，明确局属各河务局、管理局的监管职责和达标取水户的评定标准，并结合日常工作向各取水权人针对达标取水户建设工作进行广泛宣传，不断推进取水管理科学化、规范化、标准化。通过制定达标标准、取水户积极创建、二级局评选推荐、漳卫南局审核等程序，以《漳卫南局关于公布第一批达标取水户的通知》（漳资源〔2021〕48号）文件公布第一批遵法守规、管理规范、支持管理工作的达标取水户，示范引领广大取水户依法依规取水。此外，对各水资源管理单位工作任务落实情况、工作目标完成情况和工作成效进行监督考核，作为2021年度漳卫南局先进水资源管理单位的评选依据。

8. 为流域水资源监管工作提供支撑

按照海委授权，开展非直管范围取水许可日常监管工作，完成河北省石家庄市京昆高速公路石太管理处等取水项目技术审查，指导取水户提交核发取水许可证申请材料，参加邢台市沙河市某项目水资源论证技术审查工作。根据水利部、海委部署安排，派员组成水资源管理监督检查工作组，采取“四不两直”的方式对河北邢台、衡水、邯郸等3市6县进行监督检查，提交河北省2021年度水资源管理监督检查工作报告，圆满完成此次监督考核任务。

（张明月）

【水资源优化调度】

1. 加强水资源调度管理制度建设

在充分调研、广泛征求意见的基础上，制定印发《漳卫南局水量调度管理办法（试行）》（漳资源〔2021〕10号），确定统一调度、分级管理、合理配置、生态保护、效率效益兼顾的调度原则，明确水资源调度管理权限、程序和工作要求。组织召开漳卫南局水资源调度工作座谈会，学习传达水利部《水资源调度管理办法》，通报漳卫南局近期水资源调度工作进展和重点工作安排，总结交流水资源调度工作成效和经验。

2. 严格执行岳城水库水量调度计划

进一步加强《国务院批转水利部关于漳河水量分配方案请示的通知》（国发〔1989〕42号）的贯彻落实，执行《岳城水库水量调度方案》（漳资源〔2020〕44号），按照向海委报备的《岳城水库2020—2021年度水量调度计划》（漳资源〔2021〕3号）完成年度供水工作。挖掘漳卫南运河当前水资源优势，科学拦蓄和调配水资源，按照统筹兼顾、节约用水的原则，根据上游来水、水库蓄水及地方用水需求等实际情况，组织编制并审查批复《岳城水库2021—2022年度水量调度计划》（漳资源〔2021〕47号）。

3. 加强引黄引江跨流域输水管理工作

按照水利部、海委部署安排，在潘庄线路引黄入冀同步进行的条件下，协调河北省水利厅、南水北调东线总公司、德州市水利局等相关单位，克服引江引黄水互相顶托、渠首闸门调度频繁等困难，反复开展断面比选和流量比测，合理分配引江引黄水量；采用无人机跟踪、人工观测等多种手段，加大管水护水力度，多措并举确保调水工作安全平稳开展，圆满完成南水北调东线一期工程北延应急供水2021年5月调水工作，积累了引江引黄联合调度的宝贵经验。

配合开展引黄入冀调水工作，为改善河道水生态环境、促进华北地区地下水超采综合治理发挥了重要作用。2021年，共开展潘庄线路引黄输水工作1次、位山线路引黄输水3次，四女寺倒虹吸工程断面累计过水1.755亿m^3，南运河第三店断面累计过水1.650亿m^3，穿卫枢纽断面累计过水2.970亿m^3。

牵头实施穿漳卫新河倒虹吸工程维修项目，针对倒虹吸工程出口闸东孔闸门损坏、严重变形等问题，多次开展现场调研和查勘咨询，明确工程问题。牵头协调规计处、财务处、建管处、四女寺局制定倒虹吸工程维修养护方案，经局长办公会和维修项目实施方案审查，印发《漳卫南局关于引黄倒虹吸工程进、出口闸维修的批复》（漳资源〔2021〕16号），组织完成倒虹吸出口闸换装和闸门喷砂除锈、防腐处理、电气化改造等工作。

4. 组织实施漳卫新河庆云至辛集段生态补水

协调河北省水利厅、黄委德州黄河河务局、德州市生态环境局、德州市水利局、沧州市水务局、沧州市生态环境局、河北水务集团等单位，创新性开展漳卫新河庆云至辛集段生态补水工作。统筹安排闸门调度、水文监测、河道巡查管护等工作，自李家岸引黄渠首闸引水约3000万m^3，改善了漳卫新河下游水生态环境，也为下一步实现漳卫新河常态化补水工作打下基础。

5. 全面摸清管辖范围非直管蓄水调水工程现状

印发《漳卫南局关于加强排水（污）口和蓄水调水工程监管的通知》（漳资源〔2021〕12号），组织局属各单位开展管辖范围非直管蓄水调水工程调查，查明管理单位、工程位置和规模、运行现状、蓄水能力、调度程序等具体情况，建立漳卫南运河蓄水调水工程管理档案。

6. 积极推进水资源优化利用工作

开展洪水后期水资源优化调度专题研究，精细谋划供水路线，为加强水资源优化利用、充分发挥水资源综合效益打下基础。印发《漳卫南局关于开展2021年汛期取水量统计和调度总结的通知》（漳资源〔2021〕32号），做好水资源利用与取水许可管理相关要求的衔接，详细调查取水口封堵情况和汛后取水口恢复情况，了解取用水户汛后用水需求和计划，做好2021—2022年水量调度计划编制准备。积极与沿河地方联系供水工作，协调邯郸市水利局、安阳市水利局等有关单位加强岳城水库蓄水保障力度，到衡水市开展衡水湖保护和水资源保障工作调研，持续加强流域区域合作，努力实现社会效益、经济效益和生态效益"三赢"。

7. 强化水资源调度管理基础工作

按照水利部调水管理司、海委关于规范水资源调度信息报送工作的要求，健全水资源调度信息报送机制，明确专人负责信息报送工作，提高工作质量和时效性，每日向海委报送岳城水库水量调度数据和跨流域输水信息，每月向海委报送漳卫南局水量调度月度报告，按要求向海委报送漳卫南局水量调度年度报告。对照《流域管理机构调水管理工作考核办法（试行）》（调管办函〔2021〕16号），协助海委开展调水管理工作考核，结合职能提供了评价指标填报内容和证明材料。

（张明月）

【水资源保护】

1. 切实保障岳城水库饮用水水源地安全

开展岳城水库水量水质保障工作调研，实地查看岳城水库、漳河上游河道和两岸蓄水、拦水、引水情况，加强岳城水库调度和供水管理，防范突发水污染事件。针对岳城水库库区内存在大量水面漂浮物等问题，积极向上级单位呼吁、协调地方有关部门共同应对洪水过境后水面漂浮物打捞有关工作，为饮用水水源地安全提供保障。持续推进岳城水库饮用水水源地安全保障达标建设，指导完成2021年度岳城水库饮用水水源地安全保障自评估报告，坚持问题导向和目标导向，切实保障岳城水库饮用水水源地安全。

2. 探索建立与沿河地方的合作机制

（1）协调解决岳城水库饮用水水源地撤销危机。向海委报送《漳卫南局关于岳城水库饮用水水源地保护工作有关情况的报告》（漳资源〔2021〕20号），与邯郸市生态环境局、邯郸市水利局、安阳市水利局等有关单位沟通协调，加强岳城水库蓄水保障、污染防治和生态保护力度，开展岳城水库上游取用水协调工作，团结应对岳城水库蓄水减少和水质波动危机。

（2）联合山东省德州市生态环境局、水利局分别与河北省邢台市、衡水市、沧州市生态环境局、水利（务）局签订《跨省流域上下游突发水污染事件联防联控三方协议》，确立联席会议、定期会商、信息通报、信息共享、联合开展应急演练等制度，为协同应对和处置山东省和河北省交界的卫运河—南运河突发水污染事件、有力化解环境风险、切实保障流域环境安全创造良好环境。

（3）积极参与德州市生态环境保护有关任务。参加山东省生态环境保护视频会议，积极配合德州市"十四五"生态环境保护规划编制工作，对《德州市各级党委政府及有关部门生态环境保护责任清单研究》提出意见建议并进行会签；按照德州市有关要求，研究提出“大运河生态环境保护修复面临的突出难题及对策建议”，为大运河文化带建设贡献智慧力量。

3. 加强入河排水（污）监管

印发《漳卫南局关于加强排水（污）口和蓄水调水工程监管的通知》（漳资源〔2021〕12 号），全面排查管理范围内入河支流、渠道、口门、涵闸、暗管等工程，查清排水（污）口的数量、所在位置、设置单位、运行现状、排放规模、排放物质、入河方式、流水来源等具体情况。

4. 密切关注漳卫南运河水质变化和污染事件进展

调查德州市污水改排工程北厂泵站向南运河排污情况，督促相关单位完成污水处理厂水管抢修工作。跟踪处理临清北大洼水污染事件，及时通报属地生态环境部门和河长办，现场监督临清市完成排污暗管封堵工作，向德州市政府函复卫运河水污染调查和处理情况，避免事态进一步扩大。行洪期间，组织开展汛期排污调查，发现部分河段存在利用排涝泵站或河道支流偷排污水现象，印发《漳卫南局关于全面加强入河排水、排污监管工作的通知》（漳资源〔2021〕29 号），为后续洪水资源利用和水资源调度工作的顺利进行奠定了基础。

受海委委托，协助生态环境部海河流域北海海域生态环境监督管理局开展岳城水库周边污染源联合调查，对河南省安阳市主焦煤业有限责任公司、红岭煤业有限责任公司的污水处理厂进行现场调查，对岳城水库周边污染源进行排查，并就水污染事件查处、水源地保护和突发水污染事件联合防控等方面的合作进行深入交流和探讨。

5. 启动生态流量研究工作

拟定《漳卫南运河生态流量保障实施方案工作大纲》，编制《漳卫南运河生态流量保障实施方案说明》，参加海河流域河湖保护及生态流量调查启动活动和南运河生态流量保障目标专家咨询会，对漳卫南运河生态流量保障工作提出建议。

（张明月）

【节水型单位建设】

1. 持续推进节水型单位建设

印发《漳卫南局关于持续推进高水平节水机关建设的通知》（漳资源〔2021〕6 号），要求各单位在实现节水机关建设全覆盖的基础上，进一步挖掘节水潜力，持续开展巩固提升。按照《海委办公室关于转发水利部办公厅关于开展水利行业节水型单位建设工作的通知》（办节保〔2021〕4 号）要求，组织漳卫南局 47 家单位对节水型单位创建情况进行自查，重点督促岳城水库管理局水库驻地、卫河建管局、山东江河水利科技有限公司无棣分公司完成节水型单位建设工作，及时向海委提交了《漳卫南局关于节水型单位建设工作总结的报告》（漳资源〔2021〕38 号）。

2. 积极开展“节水中国　你我同行”主题宣传联合行动

利用“世界水日”“中国水周”等重要节点，通过线上、线下多种形式，广泛联合其他行业，动员公众参与，开展丰富多彩的节水宣传活动。漳卫南局局机关的节水宣传活动先后被陵城新闻、陵城区文化和旅游局官方微信公众号、“中国火炬”官方微信公众号、

《德州晚报》、“教育文摘周报”官方微信公众号等多家媒体报道推介，相关工作报道在全国节约用水办公室官网、“海河水利”微信公众号、“漳卫南运河动态”微信订阅号等多个平台登载；在“节水中国　你我同行”专题网站发布系列活动8期，活动点赞量超过1万次，充分营造了人人爱水、人人节水的良好宣传氛围。漳卫南局荣获水利部全国节约用水办公室“节水中国　你我同行”主题宣传联合行动优秀组织单位。

3. 组织开展漳卫南局第一届“节水之星”评选活动

为充分调动广大水利职工参与节水行动、承担节水责任的积极性，引导广大干部职工参与节水活动，在民主推荐、广泛征求职工意见和申报材料严格审查的基础上，经漳卫南局节水型单位建设领导小组成员单位综合评议和投票评选，报节水型单位建设领导小组批准和公示，在全局范围内推选出10名节水工作优秀、贡献突出、具有影响力的职工代表作为漳卫南局第一届“节水之星”，并印发《漳卫南局关于表彰第一届“节水之星”的通报》（漳资源〔2021〕41号）。

4. 加强节水统计和总结工作

定期对各单位2021年用水计划与实际用水量、人均用水量等数据开展统计，督促落实各项节水制度，在全面统计、分析数据的基础上，印发《漳卫南局关于2021年上半年节水工作情况的通报》（漳资源〔2021〕31号），对漳卫南局局机关及局属各单位2021年上半年节水工作情况进行总结和评价，不断督促提高各单位节水工作水平。召开漳卫南局节水工作视频会，对全局节水型单位建设和节水管理、节水宣传工作进行再落实、再加力，确保完成各项节水工作任务。据统计，漳卫南局全局47家单位建成节水型单位后节水成效显著，人均用水量约为26.8L/(人·天)，全年节水量合计24042m^3，较建设前节水率达到30.7%，全部低于地方用水定额标准。

（张明月）

【水资源监控能力建设】

1. 强化取用水计量监控

协调地方水行政主管单位推动取水口取水监控设施建设工作，要求取水户按规定安装取水监控设施，并将取水口取水实时数据上传至漳卫南局水资源监控管理信息平台，为落实最严格水资源管理制度、掌握取水口取水量等资料打下基础。完成冠县乜村扬水站、临清郑厂泵站、魏厂泵站、杨烟店泵站、头闸口扬水站、夏津土龙头引水闸、安阳漳南渠等7处取水口的数据共享工作。

2. 争取2022年财政预算

按照财政部项目预算评审工作要求和海委统一部署，对国家水资源监控能力建设一期、二期项目资产进行梳理，对局机关及移交局属各单位的1875项资产设备进行逐一核对，按照相关标准完成设备运行维护费测算，提供评审所需资料和佐证材料并争取2022年财政预算，为漳卫南局水资源监控系统和岳城水库遥测系统稳定运行提供保障。

3. 开展取水量监测数据核实

配合海委完成对淇门南街扬水站、柴湾扬水站等10处取水口取水量监测数据的核实工作，逐口分析取水量监测数据失实的具体原因，协调有关单位对损坏取水口取水计量设施进行维修，向海委提交《漳卫南局关于取水户取水量监测数据核实情况的报告》（漳资源〔2021〕39号）。

4. 推进取水口监测计量体系建设

按照《水利部关于强化取水口取水监测计量的意见》，编制漳卫南局取水口监测计量体系建设实施方案，提出提升取水计量率、在线计量率的具体目标和任务；按照《海河流域水安全保障智慧监控工程》项目要求，提出漳卫南运河水资源实时监控与调度系统建设方案，为全面提升漳卫南运河水资源管理与统一调度能力提供技术支撑。

（张明月）

【水资源基础工作】

1. 制定印发漳卫南局2021年水资源管理工作要点

根据漳卫南局2021年工作会议精神和水资源管理相关制度，制定印发《漳卫南局2021年水资源管理工作要点》（漳资源〔2021〕7号），明确持续强化取水监管、加强水资源优化调度、加大水资源节约和保护力度等重点工作任务。

2. 按时完成水资源信息通报工作

2021年，完成《漳卫南运河水资源信息通报》月报12期、年报1期，全面、客观、及时地反映了漳卫南运河水资源信息和水资源工作动态。

3. 求真务实开展调查研究

采取先进理论经验吸收与实际情况梳理分析相结合的方式，开展建设幸福漳卫南运河的水资源保障实践与思考调研和漳卫南局管辖范围取水工程计量现状及落实计量难点调研，协助海委完成潘庄引黄德州段有关情况调研工作，并完成3个调研报告的撰写。

4. 强化水资源管理与保护队伍建设

制定专题培训计划，举办漳卫南局水资源管理与保护培训班，整理印发《漳卫南局水资源管理与保护制度汇编》，不断提升漳卫南局水资源工作人员业务能力和水平。

5. 踊跃参加水利科普宣传活动

在海委“水利科技活动周”期间，水资源处主要负责人作为专业技术领军人才，受邀参加了海委科技进步奖获奖成果集中宣讲，对漳卫南局“水资源承载力和生态修复”项目成果进行推广并受到广泛好评。

6. 积极配合漳卫河灾后重建工作

根据漳卫南局统一安排部署，配合开展卫河干流（淇门—徐万仓）治理工程穿堤建筑物核查确认工作，及时开展“21·7”水毁修复项目统计，积极配合漳卫河灾后重建工作，重点针对水资源监控系统水毁修复、管辖范围内废弃穿堤建筑物和排水（污）口拆除封堵、漳卫南运河与地方河系水网连通、取水监管信息化建设、管辖范围内河道拦蓄工程管理等方面提出工作需求及建议。

（张明月）

河湖管理

【河长制工作】

1. 河湖“清四乱”

2021年8月，印发《关于进一步做好河道“清四乱”工作的通知》（漳河湖〔2019〕2号），要求局属各级管理单位结合汛情雨情适时择机开展“清四乱”工作，全力消除河道行洪安全隐患。9月，制定印发《漳卫南局全面再推进河湖“清四乱”工作实施方案》（办河湖〔2021〕2号），并召开全局河湖管理工作视频会议，全面安排布置再推进河湖“清四乱”工作。要求严格依照水利部认定及清理整治标准，再次全面梳理排查管辖范围内“四乱”问题，经审核审定后向地方河长办移交；切实履行法定工作职责，充分发挥行政职能和管理手段，进一步强化与河长及河长办的沟通对接和协作配合，积极推动以影响河道行洪安全为重点的各类“四乱”问题的整改落实。10月，召开河道清障工作专题视频会议，梳理分析当前河道清障工作存在的问题，明确工作时间节点，研究加快推进河道清障工作思路和措施。11月，召开河道清障工作推进会，会议对下一阶段河道清障工作再研究、再推进、再部署，确保河道清障工作各项要求落到实处，要求加强与沿河各级河长及河长办的沟通协调力度，以河长制工作平台为主要抓手，坚决做到河湖“四乱”问题清存量、遏增量，并将河道清障工作纳入年度目标考核重点考核事项。

2021年共集中清理整治各类“四乱”问题235个，清除违章建筑近10万m^2，树障近450万m^2，生活建筑垃圾约1万m^3，河道行洪空间得到进一步恢复，河湖管理面貌和水生态环境得到显著改善。

2. 河湖长制协作机制

9月6日，漳卫南局分别向河北、山东、河南等3省河长办发送《漳卫南局关于促请推动开展漳卫南运河“四乱”问题全面清理整治的函》，要求各省责成有关市县尽快开展河道树木清理，全面清理河道管理范围内大棚、禽畜养殖及其他生产经营活动，调整滩地种植结构，消除高杆作物；逐步迁退滩地、堤防村居，尽快按行政许可批复完成涉河建设项目河道防护及配套设施建设。9月22—23日，组织召开漳卫南运河2021年河湖长制工作联席会议，研究解决漳卫河“21·7”洪水暴露出的河湖管理相关问题，全面再推进河湖“清四乱”工作，进一步完善党政主导、水利牵头、部门协同、社会共治的河湖管理保护工作格局，加强协作配合、优势互补，实现流域与区域联防、联控、联治，妥善解决好漳卫南局直管河湖“四乱”问题，努力提升漳卫南运河河湖管理水平。

2021年汛后，配合水利部海委以及协调山东、河北、河南等3省河长办，开展漳卫河系“清四乱”现场督查10次，对漳卫南局直管的重点河段组织开展多频次专项督查，全力打好今年汛后河湖管理攻坚战。

3. 督查暗访

2021年，共派出2个督查组7人次，采取“四不两直”、暗访与明察相结合的方式，先后对河北省6个市31个县（区）的73条（个）河段（湖）开展河湖管理督查，共排查发现各类问题30个，通过河湖管理督查系统下发，并跟踪整改落实和审核销号，截至2021年12月全部督查发现问题已整改完成。按照《2021年山东省河湖“四乱”问题和水污染水生态水环境隐患排查整治情况检查工作方案》要求，共派出4个督查组8人次，对卫运河、四女寺枢纽工程、南运河、漳卫新河开展隐患排查，共排查各类隐患问题86个，全部通过督查系统报山东省河长办。

4. 履行山东省河长办成员单位职责

3月，向山东省河长办报送河长办成员单位职责征求意见和2021年度工作要点。7月，协助山东省河长办做好省级河长河流“一河一策”修编调研工作。8月，就《建立跨地区联动工作机制》进行充分研讨并提出意见。9月，就《漳卫南运河山东段“一河一策”综合整治方案（2022—2024年）》进行充分研讨并提出意见，组织局属相关单位开展论证调查，参加综合整治方案设计审查会。

（张轶非）

【涉河建设项目管理】

2021年，配合海委审查漳卫南局管辖范围内涉河建设项目4个。5月和10月，漳卫南局组织开展两轮在建涉河建设项目建设方案、防治与补救措施、度汛方案及施工安全方案等落实情况现场监督检查。6月，组织全局开展管辖范围涉河建设项目全面自查，形成自查报告行文并报海委。下发《关于进一步加强管辖范围内涉河建设项目监管的通知》（办河湖〔2021〕1号），要求各单位加强涉河建设项目监管，压实监管责任。7月，重点督导检查京台高速扩建减河桥临时交通设施及保通桥拆除现场，确保在建项目和河道行洪安全。督促各河务局（管理局）确认浮桥及附属设施拆除情况和在建涉河建设项目安全度汛措施及清障工作落实情况，下发《关于加强涉河建设项目巡查确保度汛安全的通知》（漳传发〔2021〕2号），要求各单位加强高水位运行下涉河建设项目监管和相关水利工程安全巡查、观测工作，共同确保漳卫南局直管水利工程和涉河建设项目安全度汛。10月，下发《关于进一步加强浮桥安全度汛管理的通知》（漳传发〔2021〕10号），确保管辖范围内浮桥度汛安全。

2021年，协助海委完成《涉河建设项目事中事后监管指南》制定工作，并在安罗高速卫河大桥项目开展监管试点。

（张轶非）

【采砂管理】

2021年4月，牵头组织卫河局、邯郸局、岳城局赴黄委焦作黄河河务局进行采砂管理调研，并把调研成果积极转化为思路举措，提出了岳城水库清淤、漳河岳城水库—京广铁路桥段河道生态景观治理、漳河陈村段河道整治等工程与砂石资源利用相结合的设想并积极推动。8月，邯郸河务局牵头组织海委、漳卫南局、邯郸市河长办、磁县人民政府、临漳县人民政府开展联合打击漳河非法采砂专项行动。11月，制定印发《漳卫南局打击非法采砂专项整治行动实施方案》（漳河湖〔2021〕12号），要求有关单位有序开展直管河道非法采砂专项整治，制订本单位非法采砂专项整治工作计划，做好管辖范围内工作安排部署，组织开展整治范围内非法采砂全面排查，明确采砂管理“四个责任人”，认真梳理排查发现的问题，建立问题台账。同时要加强开展日常巡查和专项检查，定期开展联合执法，建立长效管控机制，不断压实责任，强化监督问责。

（张轶非）

【水域岸线管理】

2021 年 4—6 月，积极协助配合自然资源部派驻漳卫南运河确权试点工作组开展现场调查和资料收集工作，并将漳卫南局直管工程和河道管理范围内土地性质问题向工作组和海委进行沟通、汇报。

2021 年，漳卫南局局属各级管理单位联合各级地方人民政府及河长办，通过现状调查、界限确定、测量绘图、数据统计、成果公告、“水利一张图”标记等完成中央直管河湖管理范围划定和上图工作，漳卫南局所辖 10 个市 27 个县（区）的 814km 河道、1536km 堤防及全部枢纽、水闸等水利工程完成管理范围划定公告，解决了直管河湖及水利工程边界不清、权属不明的问题。

（张铁非）

【水利风景区管理】

配合指导沿河地区开展文化遗产保护传承、河道水系治理管护、生态环境保护修复、文化和旅游融合发展，指导沿河地区开展水利风景区规划编制和前期工作，积极推进漳卫南运河水利风景区建设。

2021 年 1 月，印发《漳卫南局关于报送漳卫南运河水利风景区建设与管理工作总结的报告》（漳河湖〔2021〕1 号）。7 月，印发《漳卫南局关于漳卫南运河水利风景区发展规划（2021—2025 年）的报告》（漳河湖〔2021〕10 号）。

规范漳卫南局局属各单位开展水利风景区的建设监管和日常管理，协助四女寺局做好德州市关于四女寺文化旅游开发利用涉及土地权属性质、相关规划、河道生态补水等工作；作为德州市大运河保护利用指挥部成员，积极配合开展德州段大运河保护传承利用等前期工作。

（张铁非）

水文工作

【应急监测】

2021年7月22日至8月4日，漳卫南局水文处及时成立了水文应急监测队伍，携带电波流速仪、全站仪、ADCP、测距仪、无人机等应急监测设备，前往卫河、漳河、卫运河和漳卫新河进行水文应急监测，密切监控河道行洪情况。

1. 卫河应急监测

7月22日，按照海委水文局安排，联合四女寺枢纽工程管理局成立水文应急监测队，赴卫河进行水文应急监测，在安阳河口洹河桥、卫河马固卫河大桥开展安阳河、卫河流量测验，其中7月22日17时20分实测卫河马固卫河大桥流量为586m^3/s，7月23日11时实测安阳河口洹河桥流量为303m^3/s。在沿途利用无人机拍摄相关洪水视频、照片，第一时间报送防汛、预报和宣传等相关部门，为防洪调度和洪水预报提供了第一手水文资料。

2. 漳河、卫运河应急监测

7月26日，为提高漳河洪水演进精度和准确把握漳河与卫河洪水汇流情况，按照海委水文局和漳卫南局要求，成立水文应急监测队，赴漳河临漳县张看台、大名县东李二庄、卫运河冠县秤钩湾等3个断面进行流量测验，取得了15测次流量监测成果，为防汛调度指挥决策提供了及时有效的信息支撑，其中28日18时20分实测漳河临漳张看台流量为552m^3/s；29日13时55分实测漳河大名县东李二庄流量为472m^3/s；29日15时40分实测卫运河冠县秤沟湾流量为1080m^3/s。

3. 漳卫新河应急监测

7月27—29日，为准确把握漳卫南局管辖范围水闸过水量，按照漳卫南局部署，成立水文应急监测队，出发前往祝官屯枢纽下游郑口运河大桥、岔河东方红路桥、减河三八路桥、岔河张集公路桥、漳卫新河沟店铺公路桥等5处进行流量测验。其中，7月27日9时30分实测东方红路岔河桥流量为210m^3/s，10时39分实测三八路减河桥流量为136m^3/s，14时18分实测郑口运河大桥流量为576m^3/s；7月29日15时55分实测三八路减河桥流量为223m^3/s，17时29分实测漳卫新河沟店铺公路桥流量为586m^3/s，18时39分实测岔河张集公路桥流量为409m^3/s。

7月30日至8月4日，按照漳卫南局部署，联合海委水文局应急监测队前往祝官屯枢纽下游郑口运河大桥、岔河张集公路桥、王营盘拦河闸下游1km处的生产桥、罗寨闸拦河闸交通桥、庆云拦河闸下游生产桥、辛集挡潮闸交通桥等6处进行流量测验，取得了15测次流量监测成果。其中8月2日14时10分实测岔河张集公路桥最大流量为516m^3/s，17时20分实测王营盘拦河闸下游1km处生产桥流量为717m^3/s，19时30分实测罗寨拦河闸流量为714m^3/s；8月3日11时8分实测庆云拦河闸流量为666m^3/s，14时25分实测辛集挡潮闸流量为693m^3/s；8月4日16时20分实测祝官屯枢纽下游郑口运河大桥最大流量为928m^3/s。

4. 水质监测

漳卫河系洪水期间，监测科分两次对洪水水质进行监测。7月29日，对漳卫新河的四女寺北闸、袁桥闸、沟店铺、张集闸、庆云闸和辛集等6个断面进行水质监测。8月3日，对卫运河的秤钩湾、临清大桥、祝官屯闸、四女寺闸（闸上）和漳卫新河的田龙庄桥、玉泉庄桥、袁桥闸、王营盘、辛集等9个断面进行水质监测。监测项目包括水温、pH值、溶解氧、高锰酸盐指数、化学需氧量、五日生化需氧量、氨氮、总氮、总磷、铜、锌、氟化物、硒、砷、汞、镉、铬（六价）、铅、氰化物、挥发酚、阴离子表面活性剂、硫化物、粪大肠菌群等共计23项。

（安艳艳）

【汛前准备】

为进一步落实海委系统汛前准备工作视频会议精神，切实做好2021年水文测验质量管理、汛前准备和安全生产工作，2021年3月24日，组织召开汛前准备工作视频会议，部署下一阶段漳卫南局水文监测监督重点工作任务。4月8日，印发《漳卫南局水文处关于开展2021年汛前准备和水文测验质量检查的通知》（水文综〔2021〕5号），部署检查评定工作。局直属各水文测站（中心）对水文测验质量、水文设施设备、水情报汛通信设施、水文巡测断面、水尺断面、安全生产等情况进行全面自查，及时完成水文设备设施、水文巡测断面的维修维护，对巡测设备进行保养和鉴定，保证水文测验质量，确保设施设备汛期高效、安全运行。4月，成立检查组，采用现场检查、查阅档案、交流座谈、贯标答题等方式，对测站汛前准备工作情况进行重点检查，并对存在的问题印发整改通知，限时整改。同时，按照《漳卫南局水文处关于开展2019年水文测验质量检查评定工作的通知》（水文综〔2019〕7号），对直属国家基本站进行水文测验质量评定。

（安艳艳）

【海委漳卫南局水资源监测能力建设项目】

1. 项目前期准备

海委漳卫南局水资源监测能力建设项目是《全国水文基础设施建设“十四五”规划》的重点建设内容之一。2021年5月26日，水利部印发《水利部关于海委漳卫南局水资源监测能力建设可行性研究报告的批复》（水规计〔2021〕158号），批复核定项目总投资2510万元。7月7日，水文处向漳卫南局上报《漳卫南局水文处关于成立海委漳卫南局水资源监测能力建设项目建设管理办公室的请示》（水文综〔2021〕21号）。7月12日，漳卫南局印发《漳卫南局关于成立海委漳卫南局水资源监测能力建设项目建设管理办公室的批复》（漳人事〔2021〕34号），同意成立海委漳卫南局水资源监测能力项目建设管理办公室（以下简称“项目建设管理办公室”）及相应人员设置。7月16日，项目建设管理办公室印发《建设管理办公室关于印发职能组工作职责的通知》（水监建〔2021〕1号）、《建设管理办公室关于主任分工的通知》（水监建〔2021〕2号），明确了职责分工。7月28日，海委印发《海委关于海委漳卫南局水资源监测能力建设初步设计报告的批复》（海规计〔2021〕29号），对海委漳卫南局水资源监测能力建设初步设计报告进行批复。8月10日，漳卫南局印发《漳卫南局转发关于水资源监测能力建设初步设计报告批复的通知》（漳规计〔2021〕13号），对设计报告进行批复并提出相关要求。

2. 项目招投标

2021年8月，项目建设管理办公室同时向各意向单位下发《海委漳卫南局水资源监测能力建设项目监理服务询价文件》，按照法定程序确定了项目监理单位。8—10月在中国招标投标公共服务平台、山东省公共资源交易网、水利部海河水利委员会网站上发布《海委漳卫南局水资源监测能力建设招标公告》，按照法定评标程序确定了1～5标段中标单位。10月，项目建设管理办公室完成5个施工标段的招投标工作，与7个参建单位签订服务合同。各职能组立足本职，进行建章立制、质量监督备案、安全生产报备等各项开工前期工作。

3. 项目建设

11月5日，海委漳卫南局水资源监测能力建设项目技术交底暨施工图纸审查会在山东德州召开。项目建设管理办公室各组成员，设计单位、监理单位及各施工单位代表参加会议。参建各方代表就各自组织实施情况进行简要汇报，设计单位代表就项目设计情况进行技术交底，各参建单位就技术细节进行问询和讨论，并对工程设计图纸进行细致审查。建设管理办公室对参建各方提出相关要求。

11月16日，海委漳卫南局水资源监测能力建设项目第一次工地会议在德州召开，标志着该项目正式开工。漳卫南局党委委员、副局长裴杰峰出席会议，海委监督处、海委水文局有关负责人莅会指导。会上，各参建单位分别汇报了施工计划、进度安排、安全保障等具体工作，监理工程师汇报了监理计划并对施工单位提出相关要求。会后，裴杰峰一行还到施工区现场进行实地查看，对项目下一步建设提出指导性意见。

11月18日，项目建设管理办公室召开项目进度推进会，加快推进项目建设目标进程。会上，质监组对各标段进度情况进行了汇报，各组就项目如何快速推进进行了讨论。监理工程师针对项目执行情况及支付进度问题提出意见和建议。

12月7日，项目建设管理办公室组织举办漳卫南局水资源监测能力项目档案培训，项目建设管理办公室各职能组成员、各参建单位及监理单位相关人员参加培训。

（安艳艳）

【水文测验】

按照水利部、海委对于汛前检查工作相关要求，为进一步落实海委系统汛前准备工作视频会议精神，切实做好2021年水文测验质量管理、汛前准备和安全生产工作。3月24日，组织召开漳卫南局水文汛前准备工作视频会议，传达海委汛前准备工作视频会议精神，听取局属水文测站汛前准备、示范站建设、防汛预案落实及2020年检查整改落实情况，交流超标洪水预案执行情况，对下一阶段漳卫南局水文监测监督重点工作任务进行安排部署。4月8日，印发《漳卫南局水文处关于开展2021年汛前准备和水文测验质量检查的通知》（水文综〔2021〕5号），部署检查评定工作；随后在各站自查的基础上进行重点抽查，并对检查情况进行通报，各水文测站提交了限时整改方案，对常规问题进行了立行立改。4月16日，完成水文测验质量、汛前准备和安全生产工作检查报告并报送海委水文局。

（安艳艳）

【水质监测】

根据水利部和海委要求，结合实际情况，依照海委水文局拟订的2021年水质监测工作方案，按月开展漳卫南局直管河流站20个断面、水库站2个断面的采样及监测工作并形成水质检测报告。全年累计出具 2774 个监测数据，形成水质检测报告 12 份。

为确保自动监测系统整体安全稳定的运行，3 月，漳卫南局水文处与天津市龙网科技发展有限公司签订观台、岳库坝上、龙王庙水质自动监测站运行维护合同。组织仪器设备采购合同签订、水质委托检测合同签订。4 月，组织开展观台、岳库坝上、龙王庙自动监测站开站前检查，确保设施设备安全运行，并将检查情况反馈至运维单位。

7 月 5 日，对漳卫新河庆云闸至辛集闸段进行生态补水水质监测，完成 3 个断面 5 频次监测，上报 75 个数据。

（安艳艳）

【水资源监测】

1. 引黄济冀

（1）位山线路。2021 年引黄济冀位山线路应急调水实施 3 期。

1）第一期调水为跨年调水，自 2020 年 12 月 18 日开始，至 2021 年 2 月 8 日结束，历时 53 天。穿卫枢纽站累计过水 1.266 亿 m^3，最大流量 49.0m^3/s；累计发报 57 次，开展水位观测 685 次、水温观测 51 次、流量测验 27 次、泥沙测验 21 次；水质监测共检测 17 次，取得数据 255 个。

2）第二期调水自 2021 年 3 月 9 日开始，至 2021 年 4 月 6 日结束，历时 29 天。穿卫枢纽站累计过水 1.12 亿 m^3，最大流量 63.8m^3/s；累计发报 34 次，开展水位观测 405 次、水温观测 29 次、流量测验 28 次、泥沙测验 29 次；水质监测共检测 12 次，取得数据 180 个。

3）第三期调水自 2021 年 6 月 18 日开始，至 2021 年 7 月 9 日结束，历时 22 天。穿卫枢纽站累计过水 1.00 亿 m^3，最大流量 72.5m^3/s；累计发报 25 次，开展水位观测 306 次、水温观测 20 次、流量测验 24 次、泥沙测验 21 次；水质监测共检测 11 次，取得数据 165 个。

（2）潘庄线路。引黄济冀潘庄线路应急调水自 2021 年 5 月 9 日开始，至 2021 年 7 月 12 日结束，历时 65 天。在耿李杨测验断面开展水位观测 775 次、流量测验 129 次、泥沙测验 62 次，耿李杨累计过水量 1.75 亿 m^3，日均流量为 31.2m^3/s；在第三店断面开展水位观测 709 次、流量测验 127 次、泥沙测验 60 次，累计过水量 1.65 亿 m^3，日均流量为 29.4m^3/s，发送水情信息 134 份。开展第九桥和第三店断面的水质监测工作，共检测 34 次，取得数据 510 个。

2. 南水北调东线一期工程北延应急供水工程调水

此次调水自 2021 年 5 月 11 日开始，至 2021 年 5 月 31 日结束，历时 21 天。在耿李杨测验断面开展水位观测 220 次、流量测验 41 次、泥沙测验 20 次，耿李杨过水量 3490 万 m^3，日均流量为 19.2m^3/s，发送水情信息 43 份。开展第九桥、第三店及九宣闸三个断面的水质监测，共监测 28 次，出具数据 420 个。

此次调水期间，恰逢引黄济冀潘庄线路输水。漳卫南局水文处组织力量开展第三店断面应急测验。引黄水量在头屯干渠刘茂庄后入六五河，与引江水量交汇，共同通过潘庄引黄穿漳卫新河倒虹吸向南运河演进。为准确计量调水水量和动态掌握水质情况，经细致踏勘和研究，增设六五河东张庄和头屯干渠大刘庄临时水文监测断面。通过分析河道地形、传播时间、蒸发下渗及工程情况，制定耿李杨、第三店站的引江、引黄流量和水量计算方法，经上下游水量关系验证，达到计量要求。

（安艳艳）

【水文情报预报】

1. 水情报汛

直属测站严格按照《海委办公室关于印发2021年报汛任务书的通知》（办水文〔2021〕4号）、《水文处关于下达2021年报汛任务的通知》（水文综〔2021〕13号）文件精神要求开展报汛工作。汛期，中央报汛站岳城水库、穿卫枢纽到报率为100%。截至2021年12月31日，向水利部和海委报送2个国家基本水文站水情信息1855条，30分钟内信息到达率为100%。

2. 水文预报

汛期，密切监视漳卫河系雨情、水情，关注台风信息，及时开展水情预报和洪水预报。共报送接收水雨情信息共计47万余份，参加各类防汛会商超过60次，编制发布《漳卫南运河水情简报》142期，发布《洪水预报》90余次、《岳城水库纳雨能力分析》1次，为河系防洪部署和水库调度提供决策依据。

3. 以测补报

4月，漳卫南局对卫运河南陶水文站、卫运河郭庄河段和江庄河段进行实地踏勘、测量，并走访相关单位及沿河村民调查历史洪水灾害。5月，踏勘漳河岳城水库以下河段、卫河，对蓄滞洪区及分洪口门、退水口门等进行调查和勘测，根据新出现的情况调整洪水预报调度方案，提高预报精度。

夏秋连汛期间，按照海委水文局和漳卫南局相关要求，漳卫南局水文处组织成立水文应急监测队，对漳河、卫河、卫运河和漳卫新河开展应急监测，日夜兼程，风雨无阻，行进2300多千米，取得37组数据，以测补报，推演洪水演进过程和洪峰入海时间，增加预报的精度，为漳卫河水文预测预报和防洪调度决策提供信息支撑。

10月，按照相关要求，开展卫运河、漳卫新河水文应急监测，推演洪水演进过程和洪峰入海时间，增加预报的精度。

（安艳艳）

【水文示范站建设】

按照《海委办公室关于开展新技术应用示范水文站创建工作的通知》（办水文〔2021〕2号）文件精神，本着服务基层、为基层办实事的原则，漳卫南局水文处多方筹措资金对穿卫枢纽水文站进行水文要素传输升级改造，使其水位、流量、水温、降水信息传输满足北斗卫星和4G网卡双备份的需求，测站水文要素实现可视化管理，圆满完成穿卫枢纽水文站新技术应用示范水文站创建任务。示范站的创建加快推进了水文测站提档升级，大大提高了水文测报现代化水平。

（安艳艳）

【水文应急演练】

2021 年 4 月 15—16 日，在岳城水库举办 2021 年水源地突发水污染事件应急监测演练。演练制定了详细的方案，成立了应急监测各职能小组，模拟观台上游某工厂生产废水泄露进入漳河威胁岳城水库水安全事件，演练了《漳卫南局突发水污染事件水质水量监测应急预案》的全流程要素。演练第一时间启动应急预案；30 分钟内完成水质监测设备和安全保障物资的准备；现场搭建水质应急实验室，开展重点指标测定和水质评价上报；调动采样运输车与局实验室全指标分析实现联动；对水质监测全过程进行质量控制，在线整汇编监测资料。此次演练突出实战化、快速化和精准化，演练过程环环相扣、紧张有序、结果准确，达到了预期目的。

5 月 21 日，在德州举办漳卫南局水文应急监测演练暨技术交流会议，海委水文局应邀参加联合演练。演练结合工作实际，针对水情应急监测、新设备流量监测等项目进行实际操作。在四女寺耿李杨测验断面进行地形勘查、测验断面布设等前期工作中，漳卫南局演示使用电波流速仪（SVR）进行流量监测；海委水文局展示无人机、遥控船和视频测流系统在水文测验上的应用，双方互相进行了技术交流与学习。通过实际操演和培训，检验了漳卫南局水文队伍应对超标洪水时的应急反应能力、技术保障能力，有效加强了水文从业人员对水文应急监测作业流程、仪器操作等技能的熟练程度，为进一步提升漳卫南局水文监测快速反应能力积累了实战经验。

6 月上旬，组织开展 2021 年漳卫河系洪水预报调度演练，模拟当前条件下发生“63・8”“96・8”洪水降雨时漳河地区洪水过程，提升应对大洪水的实战经验和水平。

（安艳艳）

【水文预报测报规范】

2021 年 3 月 23 日，完成直属岳城水库、穿卫枢纽和辛集等 3 个国家基本水文站的超标洪水测报预案编制工作，完善了国家基本水文站应急测报机制和作业流程。5 月 28 日，落实水文报汛任务，按照海委下达的具体报汛任务及漳卫南局实际情况，印发《水文处关于下达 2021 年报汛任务的通知》（水文综〔2021〕13 号），及时安排部署报汛任务。

（安艳艳）

【资料整编】

及时督促各局属水文测站开展水文资料在站整编工作，切实做到日清月结。2021 年 4 月 26—27 日，漳卫南局 2020 年度直属水文测站水文资料整编审查及技术交流会议在德州召开，对局属水文测站 2020 年度水文原始资料及整编成果进行审查，并针对整编工作情况开展技术交流。12 月 7—8 日，召开漳卫南局直属水文测站 2021 年 1—10 月水文资料整编审查会议，对局属水文测站 2021 年 1—10 月水文原始资料及整编成果进行审查。

6 月，完成 2020 年漳卫南运河流域水质资料的整编工作；完成《2020 年中国水资源公报》编制工作并上报。

（安艳艳）

【水文工作会】

2021 年 3 月 24 日，漳卫南局组织召开水文汛前准备工作视频会议，传达海委汛前准备工作视频会议精神，落实海委水文测验质量、汛前准备、安全生产检查等工作。会议听取了局属水文测站汛前准备、示范站建设、防汛预案落实及2020年检查整改落实情况，交流了超标准洪水预案执行情况，对下一阶段漳卫南局水文监测监督重点工作任务进行安排部署。

4月23日，漳卫南局召开2021年度水文工作会，回顾了“十三五”水文工作成绩，传达了全国水文水情工作视频会议精神、海委水文汛前准备会议精神、海委2021年汛期气象中长期预测结果，分析了当前水文发展面临的形势，科学谋划“十四五”时期主要任务，安排部署2021年重点工作。漳卫南局党委委员、副局长李瑞江出席会议并讲话。相关单位就汛前准备情况和下一步工作打算进行了交流汇报。

（安艳艳）

【水文统计】

截至2021年12月31日，核实统计水文固定资产总额1923.53万元，在职人员18人，离退人员6人。

（安艳艳）

【水文队伍建设】

2021年5月17日，举办声学多普勒流速剖面仪（ADCP）测验培训班，就声学多普勒流速剖面仪基本工作原理及使用方法、WinRiverⅡ软件操作介绍及水尺水位观测方法等内容进行培训。

5月19—20日，举办漳卫南局水文测报技术应用培训班，针对基层测站水文基本知识、基本业务能力较弱等薄弱环节，精心组织单位相关技术人员讲述水文观测基本知识，并邀请全国水利行业首席技师讲述水文测验相关知识，邀请水文局应急监测部门负责人讲述水文现代化视角下应急监测以及演练中展示的先进监测设备相关知识。

5月27日，举办水文防汛值班业务培训班，针对汛期值班流程、水文应用系统操作及值班注意事项进行讲解。

12月2日，召开2021年度质量体系管理评审会议，采用现场评审的方式，结合该年度质量管理体系内部审核结果，针对监测中心管理体系文件实施和改进措施落实进行评审。

（安艳艳）

监 督 审 计

【水利督查暗访】

为进一步落实水利行业强监管要求，按照水利部监督司关于做好年度水利监督检查计划统筹工作的要求，成立了漳卫南局水利督查工作领导小组，建立了沟通协调机制，每月统筹上报督查工作计划和统计成果，加强同督查片区内其他水利督查单位、部门的沟通协调，实现了同一地区一季度内只实施一次督查的要求。

按照《海委 2021 年堤防工程险工险段、水闸工程、小型水库安全运行专项监督检查任务单》（海督办函〔2021〕1 号）的要求，合理安排工作时间，细化工作任务。完成河北省沧州市的 10 座水闸、30 处堤防险工险段，以及内蒙古包头市、鄂尔多斯市和巴彦淖尔市的 8 处小型水库、5 座水闸、58 处堤防险工险段的安全运行专项监督检查工作。按照《海委关于下发水利工程安全隐患排查行动督导检查工作任务单的通知》（海督查办函〔2021〕7 号）的部署，完成河北省水利工程安全隐患排查行动督导检查，对邯郸市、邢台市的水利工程安全及防汛安全进行督查。年内共派出督查组 8 组次，派出督查暗访人员 143 人·天，检查工程 122 处，发现各类问题 305 项，复查历史问题整改 36 项，为相关地区的水利工程运行、防汛安全提供了保障。

按照《水利部办公厅关于对卫河左堤彭村段决口调查发现问题进行整改和实施责任追究的通知》（办督查〔2021〕783 号）要求，推动做好卫河左堤彭村段决口调查发现问题整改。对表《卫河左堤彭村段决口调查发现问题清单》，紧盯卫河局 11 项问题整改全过程，以 2021 年 10 月 30 日为控制节点制定时间表和作战图，对马上可以解决的问题立行立改，对于需要沟通协调、涉及地方的问题，落实承诺，做好整改跟踪；对标《水利工程运行管理监督检查办法问题清单（2020 版）》，督促局属各单位，举一反三、自查自纠，建立了全局工程隐患清单，推动问题能改全改、应改尽改；并按要求向海委提交整改报告，提前办结海委督办事项。

（阮芊乾）

【安全生产】

1. 安全生产责任制落实

面对新冠肺炎疫情防控常态化新形势，学习贯彻落实习近平总书记关于安全生产的重要论述，进一步推动落实“党政同责、一岗双责、齐抓共管、失职追责”和“管行业必须管安全、管业务必须管安全、管生产经营必须管安全”的要求。印发年度安全生产工作要点，细化明确 16 项年度安全生产重点工作。召开年度安全生产工作会议和安全生产领导小组会议，及时研判漳卫南局系统安全生产态势，研究存在问题，部署调整阶段重点工作。特别是针对西沟水库失事、湖北十堰燃气爆炸事故等事故教训，举一反三、压实责任，全面开展大检查、大排查工作。

2. 水利安全风险分级管控工作

对照《海委水利工程运行管理单位安全风险分级管控指导手册（水闸、堤防类）》，积极推动局属水闸、堤防管理单位开展安全风险分级管控工作，指导局属 35 家水管单位全部完成危险源辨识，并编制风险分级管控手册。全面总结四女寺北闸除险加固工程危险源辨识工作经验，督促指导卫河建管局全面开展风险分级管控工作。

3. 安全生产宣教活动

结合党史学习教育和“三对标、一规划”专项行动，深入推动学习习近平总书记关于安全生产重要论述精神见行见效。在漳卫南运河公众号刊登专题内容 1 期，组织开展习近平总书记关于安全生产重要论述专题集中学习 1 次，组织收看《生命重于泰山——学习习近平总书记关于安全生产重要论述》1105 人·次，发放《习近平总书记关于安全生产工作重要论述摘录》200 余册，实现学习教育全覆盖。

紧扣“落实安全责任，推动安全发展”主题，扎实开展“安全生产月”活动，印发“安全生产月”活动方案，组织干部职工开展了体验式警示活动、安全征文、安全展览、宣讲报告和知识竞赛等活动，全局共提交海委安全征文 38 篇；参加“水安将军”网络知识竞赛 445 人，取得全国第 53 名的优异成绩。

（阮荣乾）

【审计工作】

2021 年，组织完成卫河局主要负责人张如旭任中经济责任审计、聊城局原主要负责人张华离任经济责任审计工作；对邯郸局、邢衡局进行审计整改“回头看”抽查和单位内控制度、预算执行专项审计；按照《卫河干流（淇门—徐万仓）治理工程第一阶段跟踪审计实施方案》开展跟踪审计；全年完成审计总金额 67274.97 万元，发现各类问题 29 个。根据漳卫南局局领导安排，协调完成对四女寺北闸除险加固工程竣工决算和辛集浮桥结算审计工作。

（阮荣乾）

财 务 管 理

【财务收支】

2021 年漳卫南局决算收入 68070.42 万元，包括财政拨款收入 58942.22 万元、事业收入 8647.69 万元、其他收入 435.51 万元、上级补助收入 45.00 万元。决算支出 67979.14 万元，包括基本支出 23047.23 万元（人员经费 20602.51 万元、公用经费 2444.72 万元）、项目支出 44731.90 万元（基本建设类项目 35973.70 万元、行政事业类项目 8312.46 万元、自筹项目 445.74 万元）、上缴上级支出 200.00 万元。

2021 年全局决算收入比 2020 年增加 29307.65 万元，增幅达 75.61%，其中财政拨款增加 29890.76 万元，增幅达 102.89%，主要是基建项目的增加；创收收入比 2020 年减少了 628.11 万元，减幅达 6.00%，主要原因为夏秋连汛导致水费收入减幅较大。决算支出比 2020 年增加 29719.71 万元，增幅达 77.68%，其中基本支出比上年减少 816.20 万元，减幅达 3.42%，主要因为离退休人员经费减少（退休人员参加养老统筹）；项目支出比 2020 年增加 30615.91 万元，增幅达 216.89%，主要因为基建项目的增加；上缴上级支出减少 80.00 万元，减幅达 28.57%。

（田伟）

【国有资产管理】

2021 年漳卫南局资产总额 414747.65 万元，较 2020 年增长 10.13%。负债总额 11670.28 万元，较 2020 年增长 54.18%。净资产 403077.37 万元，较 2020 年增长 9.23%。

1. 总体构成情况

流动资产 38241.29 万元，占资产总额的 9.22%；固定资产 11584 万元，占资产总额的 2.79%，在建工程 11292.35 万元，占资产总额的 2.73%，长期投资 216.33 万元，占资产总额的 0.05%；无形资产 2054.97 万元，占资产总额的 0.50%；公共基础设施 351359.81 万元，占资产总额的 84.72%。

2. 固定资产构成情况

土地、房屋及构筑物 7503.35 万元，占固定资产的 64.77%（其中房屋 6582.55 万元，占固定资产的 56.82%）；通用设备 1997.21 万元，占固定资产的 17.24%（其中车辆 29.74 万元，占 0.26%；单价 50 万元以上设备 725.09 万元，占 6.26%）；专用设备 1827.4 万元，占固定资产的 15.78%（其中单价 100 万元以上设备 416.75 万元，占 3.60%）；文物和陈列品 3.7 万元，占固定资产的 0.03%；图书档案 3.41 万元，占固定资产的 0.03%；家具、用具、装具及动植物 248.93 万元，占固定资产的 2.15%。

3. 资产使用情况

2021 年全局出租资产 505.7 万元，全部为固定资产，收益 248.64 万元。全局对外投资净额 686.92 万元。新增对外投资 1 笔，综合事业处投资成立山东江河水利科技有限公司，年度内注资 10 万元。

4. 资产处置情况

2021 年全局处置资产 770.93 万元。其中，固定资产 761.27 万元，无形资产 9.66 万元，共取得收益 2.77 万元。

5. 重点资产情况

截至2021年12月，全局土地账面面积12956886.57m^2，账面原值2025.38万元。房屋账面面积93275.32m^2，账面价值11886.56万元。其中，办公用房面积56080.13m^2，占60.12%；业务用房面积1392.04m^2，占1.49%；其他用房面积35803.15m^2，占38.38%。从使用状况分析，在用86459.74m^2，占92.69%；出租出借6815.58m^2，占7.31%。

截至2021年年底，全局车辆账面数量55辆，账面原值1092.67万元；年度内处置车辆3辆，账面原值53.67万元。

截至2021年12月，全局账面在建工程11292.35万元。其中，在建11212.35万元，占99.29%；已投入使用80万元，占0.71%（未转固年限大于6个月）。2021年新增36900万元。

（田伟）

【财务管理】

1. 预算管理

结合“十四五”期间漳卫南局重点任务，完成2022年度项目建议及2022—2024年三年规划项目储备工作。完成2022年部门预算“一上”“二上”编报及2021年部门预算批复工作。针对“21·7”洪水，组织完成防汛费及水毁项目追加预算申报工作，年度内追加防汛费项目预算205.94万余元、水毁项目经费近390.47万元。完成卫河干流治理、水政监察建设（三期）、水资源监测能力建设等基建项目预算追加工作。完成2020年行政事业类项目绩效评价和总体验收工作。积极推进养老保险改革资金清算工作。

2. 资金支付

2021年，全局财政资金除卫河干流（淇门—徐万仓）治理工程项目因“21·7”洪水影响，资金结转980.99万元外，其他全部完成。

3. 财务监管

对照《审计署关于水利部2020年度预算执行等情况审计报告》开展了收费情况自查工作；配合财政部山东监管局完成对部分驻山东省单位2020年决算情况的检查工作；配合完成海委委托事务所对局本级2019—2020年预算执行情况检查工作；按照水利部、海委部署要求，组织开展全局系统对外委托经费和会议费管理情况专项检查工作，组织开展2020年度预算执行情况检查工作。针对2021年漳卫南局驻山东省、驻河南省单位被纳入财政部（监管局）实有资金动态监控扩大试点范围，印发《漳卫南局关于加强实有资金动态监控相关工作的通知》（漳财务〔2021〕33号），督促各单位做好实有资金动态监控扩大试点工作。

4. 基础工作

完成2020年各类财务决算、资产报表及企业报表的编制、汇总和上报工作。完成2021年各项经费的日常核算和日常报表工作。完成固定资产日常配置、使用、处置工作。完成新水利财务管理信息系统试运行工作。

5. 内控建设

根据《水利部关于进一步加强部属单位内部控制管理的意见》（水财务〔2020〕292

号）、《海委关于全面开展行政事业单位内部控制建设的通知》（海财务〔2021〕10 号）要求，组织开展漳卫南局内部控制建设情况自查工作，成立内控建设领导小组，印发实施方案。各单位认真梳理内部控制建设情况，编制完成 2020 年行政事业单位内部控制自评报告。对各单位内部控制体系建设和实施情况开展调查评估，形成调查评估报告。

6. 财务队伍建设

加强财务人员能力建设，通过视频形式举办一期财务人员履职能力提升培训班，全局 70 余人参加培训。组织完成会计人员 2021 年继续教育工作，提高财务人员专业水平和业务能力。

（田伟）

【经济管理】

2021 年 1 月，组织召开漳卫南局经济工作座谈会，围绕局党委“一个中心，四个保障”基本工作思路，分析经济发展面临的新形势、新问题，安排部署经济发展任务。根据《漳卫南局经济责任考核办法》（漳财务〔2020〕12 号），完成 2020 年度经济责任落实情况考核工作。修订印发《漳卫南局经济责任考核暂行办法》（漳财务〔2021〕16 号），并结合实际情况核定各单位 2021 年度经济责任考核指标。督促协调有关部门、单位完成辛集闸浮桥建设，进一步优化浮桥运营管理工作方案，加强对浮桥公司运营的指导监督。从辛集闸浮桥运营情况来看，达到了预期效益，为全局经济创收开辟了新的增长点。

（田伟）

人 事 管 理

【人事任免】

2021年1月7日，漳卫南局党委研究决定，李增强、王丽君任人事处（离退休职工管理处）二级调研员，免去两人原任职级，职级任职时间自2021年1月起算（漳任〔2021〕7号）；陈永瑞任德州河务局二级调研员，免去原任职级，职级任职时间自2021年1月起算（漳任〔2021〕8号）。

2021年1月27日，漳卫南局党委研究决定，聘任吴金星为后勤服务中心副主任（试用期1年）（漳任〔2021〕5号）；解聘孙雅菊水文处副处长职务，聘用其为水文处五级职员，聘期自研究之日起，至其法定退休年龄止（漳任〔2021〕6号）。

2021年2月20日，漳卫南局党委研究决定，李才德任水闸管理局二级调研员，免去其四女寺枢纽工程管理局局长职务（漳任〔2021〕58号、漳任〔2021〕59号）。

2021年6月1日，漳卫南局党委研究决定，免去杨百成、陈永瑞、肖玉根德州河务局副局长、党委委员职务（漳任〔2021〕12号、漳党〔2021〕27号）；免去刘洋沧州河务局副局长、党委委员职务（漳任〔2021〕13号、漳党〔2021〕28号）；任命刘洋为水闸管理局副局长、党委委员（漳任〔2021〕15号、漳党〔2021〕30号）。免去薛德训、水闸管理局副局长、党委委员职务，免去贾卫水闸管理局副局长、党委副书记职务（漳任〔2021〕14号、漳党〔2021〕29号）。

2021年4月2日，漳卫南局党委研究决定，任命万军为聊城河务局局长、党委书记，免去其聊城河务局副局长职务（漳任〔2021〕16号、漳党〔2021〕32号）。

2021年5月8日，漳卫南局党委研究决定，免去张朝温的漳卫南局副总工程师职务、张启彬的水政处（水政监察总队）处长职务（漳任〔2021〕17号）；免去张同信的沧州河务局局长、党委副书记职务（漳任〔2021〕18号、漳党〔2021〕33号）。

2021年6月1日，中共水利部党组决定任命裴杰峰为漳卫南局副局长（试用期1年）、党委委员（部任〔2021〕39号、部党任〔2021〕32号）；免去张永顺漳卫南局副局长、党委委员职务（漳任〔2021〕31号、漳党〔2021〕41号）。

2021年7月1日，经试用期满考核合格，漳卫南局党委研究决定，任命贾健、王颖为办公室（党委办公室）副主任，任命耿高峰为水旱灾害防御处副处长，任命李清为漳卫南局副处级领导干部（漳任〔2021〕20号）；任命段峰为卫河河务局副局长（漳任〔2021〕21号）；任命李修勤为岳城水库管理局副局长（漳任〔2021〕22号）；聘任辛全民为信息中心副主任（漳任〔2021〕23号）；聘任荆荣斌为综合事业处副处长（漳任〔2021〕24号）；聘任吕元伟为后勤服务中心副主任（漳任〔2021〕25号）；聘任王传云为防汛机动抢险队副队长（漳任〔2021〕26号）；聘任吴晓楷为水文处副处长（试用期1年），解聘其水文处行业管理科科长职务（漳任〔2021〕29号）；任命焦松山为邯郸河务局副局长（试用期1年）、党委委员（漳任〔2021〕30号、漳党〔2021〕37号）。

2021年7月9日，漳卫南局党委研究决定，免去裴杰峰的规划计划处处长职务、一级调研员职级；任命王斌为规划计划处处长，免去其工会副主席职务（漳任〔2021〕42号）。

2021年8月12日，经试用期满考核合格，漳卫南局党委研究决定，任命张华雷为沧州河务局副局长（漳任〔2021〕32号）；免去杨百成的德州河务局二级调研员职级，自2021年8月31日起退休（漳任〔2021〕43号）；刘培珍任监督处（审计处）二级调研员，李华任直属机关党委（工会）二级调研员，免去以上人员原任职级，职级任职时间自2021年8月起算（漳任〔2021〕54号）；李于强任武城河务局二级调研员，免去其武城河务局三级调研员职级，职级任职时间自2021年8月起算（漳任〔2021〕55号）。

2021年8月31日，漳卫南局党委研究决定，任命曹祎为聊城河务局副局长（试用期1年）、党委委员（漳任〔2021〕53号、漳党〔2021〕49号）；张润昌任漳卫南局副总工程师，免去其建设与运行管理处副处长职务、二级调研员职级，曹磊任水政处（水政监察总队）处长，免去其规划计划处副处长职务、二级调研员职级，王丽君任工会副主席，免去其人事处（离退休职工管理处）副处长职务、二级调研员职级，以上人员试用期1年（漳任〔2021〕70号）；陈俊祥任沧州河务局局长（试用期1年）、党委书记，免去其沧州河务局副局长职务、二级调研员职级（漳任〔2021〕71号、漳党〔2021〕65号）。

2021年9月26日，漳卫南局党委研究决定，免去张如旭的卫河河务局副局长、党委书记职务、一级调研员职级，任命张如旭为四女寺枢纽工程管理局副局长、党委书记、一级调研员（漳党〔2021〕73号、漳党〔2021〕74号，漳任〔2021〕76号、漳任〔2021〕77号）；免去刘晓光的办公室（党委办公室）主任职务，免去饶先进的监督处（审计处）处长职务，免去张晓杰的水旱灾害防御处处长职务（漳任〔2022〕2号，2022年1月19日）。

2021年10月18日，经试用期满考核合格，漳卫南局党委研究决定，任命王宇、刘红艳为德州水利水电工程集团有限公司副总经理（漳任〔2021〕61号，2021年10月18日）；孙雅菊自2021年10月31日起退休，其水文处不承担领导职责的五级职员相应解聘（漳任〔2021〕62号，2021年10月19日）；免去李华直属机关党委（工会）二级调研员职级，根据本人申请，自2021年10月31日起退休（漳任〔2021〕65号，2021年10月28日）。

2021年11月22日，漳卫南局党委研究决定，任命赵全洪为水利部海委漳卫南运河德州河务局副局长（试用期1年）、党委委员（漳任〔2021〕68号、漳党〔2021〕62号，2021年11月30日）；任命刘艳海为水利部海委漳卫南运河沧州河务局副局长（试用期1年）、党委委员（漳任〔2021〕69号、漳党〔2021〕63号，2021年11月30日）。

2021年11月26日，经试用期满考核合格，漳卫南局党委研究决定，任命潘岩泉为德州水利水电工程集团有限公司总经理（漳任〔2021〕67号）。

2021年12月9日，漳卫南局党委研究决定，免去郑萌的防汛机动抢险队副队长职务（漳任〔2021〕74号）。

（郭欣欣）

【机构设置与调整】

1. 成立卫河干流治理工程建管局

根据《海委关于成立卫河干流（淇门—徐万仓）治理工程项目法人的批复》（海人事〔2021〕7号），经研究，2021年2月成立卫河干流治理工程建管局（漳人事〔2021〕13

号），为卫河干流治理工程项目法人，项目法人代表为杨士坤。卫河干流治理工程建管局组成人员及变动情况详见“卫河干流（淇门—徐万仓）治理工程”栏目。

2. 成立漳卫南局内部控制建设领导小组（漳人事〔2021〕24号）

漳卫南局内部控制建设领导小组

组　长：张永明

副组长：李瑞江　杨士坤　张永顺

成　员：刘晓光　杨丹山　张　军　饶先进

漳卫南局内部控制建设领导小组负责漳卫南局内部控制的领导和管理工作，研究、协调、解决漳卫南局内部控制制度建设、内控体系运行等工作中的重大问题，负责漳卫南局内部控制风险评估工作。领导小组下设办公室，负责领导小组日常工作。办公室设在财务处，办公室主任由杨丹山兼任，办公室副主任由位建华担任。

领导小组及办公室成员因工作和职务变动不再担任成员的，由继任者担任，不再另行发文。

3. 调整漳卫南局2021年水旱灾害防御组织机构

2021年5月，漳卫南局印发《漳卫南局关于调整2021年水旱灾害防御组织机构的通知》（漳人事〔2021〕27号），对漳卫南局2021年水旱灾害防御组织机构进行调整，调整后的人员组成情况详见表1。

表1　漳卫南局2021年水旱灾害防御组织机构人员组成情况

名　称	职　务	姓　名	主要职责
漳卫南局水旱灾害防御工作领导小组			
组　长		张永明	负责局水旱灾害防御全面工作
副组长		李瑞江	负责局水旱灾害防御日常工作，分管岳城水库水旱灾害防御工作
		杨士坤	分管卫河水旱灾害防御工作（李学东协助）
		张永顺	分管漳卫新河、南运河（含四女寺枢纽）水旱灾害防御工作（姜行俭协助）
		付贵增	分管卫运河水旱灾害防御工作
		王　鹏	分管漳河水旱灾害防御工作
		徐林波	
		姜行俭	
		李学东	
成　员		李怀森　张朝温　刘晓光　裴杰峰　张启彬　杨丹山　张　军　于伟东　陈继东　李孟东　饶先进　张晓杰　尹　法　王　斌　任重琳　刘恩杰　李　靖　何宗涛	
河系（水库）组			
卫河组	组　长	陈继东	
	成　员	主要由建设与运行管理处人员组成	

续表

名称	职务	姓名	主要职责
漳河组	组长	裴杰峰	
	成员	主要由规划计划处人员组成	
卫运河组	组长	张启彬	
	成员	主要由水政处人员组成	
南运河、漳卫新河（含四女寺枢纽）组	组长	于伟东	
	成员	主要由水资源管理与保护处人员组成	
岳城水库组	组长	李孟东	
	成员	主要由河湖管理处人员组成	
职能组			
综合调度组	组长	张晓杰	负责组织、指导防洪预案的编制；负责局属工程的调度；负责组织防洪抢险演习和技术培训；负责灾情的统计上报；负责局属防汛物资的调度工作；负责局水旱灾害防御日常工作
	成员	主要由水旱灾害防御处人员组成	
情报预报组	组长	任重琳	负责雨水情测报及洪水预报工作；负责雨水情应用系统的运行维护；负责水文巡测及水质监测工作
	成员	主要由水文处人员组成	
通信信息组	组长	刘恩杰	负责防汛通信联络，保障通信畅通；负责计算机网络、水文遥测、工程视频、视频会商等系统的运行维护
	成员	主要由信息中心人员组成	
宣传报道组	组长	刘晓光	负责密切关注水旱灾害防御工作动态，做好有关信息发布和报道工作
	成员	主要由办公室人员组成	
人力组	组长	张　军	负责水旱灾害防御组织机构调整、人力资源配置
	成员	主要由人事处人员组成	
物资保障组	组长	杨丹山	负责全局水旱灾害防御资金的使用、检查和监督，负责防汛物资的储备管理
	成员	主要由财务处人员组成	
监督组	组长	饶先进	负责组织水工程度汛安全监督和检查工作，参与有关安全事故的调查处理。按照授权对水旱灾害防御经费的管理使用进行审计监督
	成员	主要由监督处（审计处）人员组成	
动员组	组长	王　斌	负责水旱灾害防御工作的思想动员及教育工作
	成员	主要由直属机关党委（工会）人员组成	

续表

名　称	职　务	姓　名	主要职责
后勤保障组	组　长	何宗涛	负责机关电力、车辆和餐饮等后勤服务保障工作
	成　员	主要由后勤服务中心人员组成	
督察组	组　长	尹　法	负责对各河系（水库）组、职能组水旱灾害防御工作开展及工作纪律执行情况等进行监督检查
	成　员	主要由局纪委人员组成	
专家组	组　长	徐林波	负责对预测预报、洪水调度、抢险避险等进行技术指导，对水利工程险情等突发情况进行会商研判，为水旱灾害防御决策提供技术支撑
	副组长	李怀森　张朝温　李　靖	
	成　员	主要由综合事业处人员组成	

注　若领导小组成员或河系（水库）组、职能组组长工作岗位发生变动，由其继任者担任。

4. 成立漳卫南局水利督查工作领导小组

为落实水利部和海委关于水利督查工作精神，加快建设专业、协调、统一的漳卫南局水利督查体系，根据《水利督查规定（试行）》，2021 年 5 月，经研究，决定成立漳卫南局水利督查工作领导小组（漳人事〔2021〕28 号），负责制定漳卫南局水利督查规章制度，研究部署漳卫南局水利督查重点工作，统筹管理水利督查队伍，汇总上报水利督查信息，协调解决有关重大问题。

组　长：张永明

副组长：张永顺

成　员：刘晓光　裴杰峰　张启彬　杨丹山　张　军　于伟东　陈继东　李孟东
　　　　饶先进　张晓杰　王　斌

以上领导小组成员若岗位发生变动，由其继任者担任。

领导小组下设办公室，承担领导小组的日常工作。办公室设在监督处，办公室主任由饶先进兼任，副主任由杜平担任。

5. 成立海委漳卫南局水资源监测能力建设项目建设管理办公室

2021 年 7 月，成立海委漳卫南局水资源监测能力建设项目建设管理办公室（漳人事〔2021〕34 号），作为海委漳卫南局水资源监测能力建设项目法人，项目法人代表为任重琳。建设管理办公室为临时机构，人员待遇不变。项目结束后，该机构自行撤销，其遗留责任由水文处承担。海委漳卫南局水资源监测能力建设项目建设管理办公室人员组成情况详见表 2。

表 2　　海委漳卫南局水资源监测能力建设项目建设管理办公室人员组成情况

名　称	职　务	姓　名
主　任		任重琳
副主任		吴晓楷　孙雅菊
综合组	组　长	唐曙暇
	副组长	朱志强
	成　员	魏荣玲　高　迪　安艳艳

续表

名称	职务	姓名
计划财务组	组长	吴晓楷（兼）
	副组长	徐宁
	成员	高翔 范馨雅 李洪盛
技术质监组	组长	李志林
	副组长	张淼
	成员	杨苗苗 段信斌 刘邑婷

6. 调整水政监察基础设施建设项目建设管理办公室

2021 年 7 月，经研究，决定对漳卫南局水政监察基础设施建设项目建设管理办公室（以下简称“建管办”）进行调整（漳人事〔2021〕39 号）。建管办内设综合部、计划部、财务部和技术（安全）部。综合部负责公文、宣传、工程档案、后勤保障及各部协调等工作；计划部负责工程招标、合同管理、工程结算、设计变更及预备费使用、工程进度及统计等工作；财务部负责资金支付、会计核算、财务报表及资产管理等工作；技术（安全）部负责项目划分、工程质量、安全生产及验收等工作；人员组成情况详见表 3。

表 3　漳卫南局水政监察基础设施建设项目建设办公室人员组成情况

主任	曹磊	计划部	吕笑婧 王旭
副主任	仇大鹏	财务部	张艳茹 李晓鑫
综合部	王淼 朱宝君	技术（安全）部	李文超 杨晶 张伟华

建管办受漳卫南局领导，代局行使项目法人职责，负责漳卫南局水政监察基础设施建设项目的建设管理。建管办为临时机构，项目完成后自行撤销。

7. 调整 2021 年水旱灾害防御组织机构

2021 年 7 月，根据水旱灾害防御工作需要及人事变动情况，对漳卫南局 2021 年水旱灾害防御组织机构调整（漳人事〔2021〕40 号），调整后的漳卫南局 2021 年水旱灾害防御组织机构人员组成详见表 4。

表 4　漳卫南局 2021 年水旱灾害防御组织机构人员组成情况（2021 年 7 月调整后）

名称	职务	姓名	主要职责
漳卫南局水旱灾害防御工作领导小组			
组长	张永明	负责局水旱灾害防御全面工作	
副组长		李瑞江	分管岳城水库水旱灾害防御工作（张朝温协助）
		杨士坤	分管卫河水旱灾害防御工作（李学东协助）
		付贵增	分管卫运河水旱灾害防御工作（张启彬协助）
		王鹏	分管漳河水旱灾害防御工作（姜行俭协助）

续表

名　称	职　务	姓　名	主　要　职　责
副组长		裴杰峰	负责局水旱灾害防御日常工作，分管漳卫新河、南运河（含四女寺枢组）水旱灾害防御工作（张永顺协助）
		徐林波	
		张永顺	
		姜行俭	
		李学东	
成　员		张朝温　张启彬　李怀森　张润昌　刘晓光　王　斌　曹　磊　杨丹山　张　军　于伟东　陈继东　李孟东　饶先进　张晓杰　尹　法　王丽君　任重琳　刘恩杰　李　靖　何宗涛	
河系（水库）组			
卫河组	组　长	陈继东	
	成　员	主要由建设与运行管理处人员组成	
漳河组	组　长	王　斌	
	成　员	主要由规划计划处人员组成	
卫运河组	组　长	曹　磊	
	成　员	主要由水政处人员组成	
南运河、漳卫新河（含四女寺枢组）组	组　长	于伟东	
	成　员	主要由水资源管理与保护处人员组成	
岳城水库组	组　长	李孟东	
	成　员	主要由河湖管理处人员组成	
职能组			
综合调度组	组　长	张晓杰	负责组织、指导防洪预案的编制；负责局属工程的调度；负责组织防洪抢险演习和技术培训；负责灾情的统计上报；负责局属防汛物资的调度工作；负责局水旱灾害防御日常工作
	成　员	主要由水旱灾害防御处人员组成	
情报预报组	组　长	任重琳	负责雨水情测报及洪水预报工作；负责雨水情应用系统的运行维护；负责水文巡测及水质监测工作
	成　员	主要由水文处人员组成	
通信信息组	组　长	刘恩杰	负责防汛通信联络，保障通信畅通；负责计算机网络、水文遥测、工程视频、视频会商等系统的运行维护
	成　员	主要由信息中心人员组成	
宣传报道组	组　长	刘晓光	负责密切关注水旱灾害防御工作动态，做好有关信息发布和报道工作
	成　员	主要由办公室人员组成	

续表

名　称	职　务	姓　名	主要职责
人力组	组　长	张　军	负责水旱灾害防御组织机构调整、人力资源配置
	成　员	主要由人事处人员组成	
物资保障组	组　长	杨丹山	负责全局水旱灾害防御资金的使用、检查和监督，负责防汛物资的储备管理
	成　员	主要由财务处人员组成	
监督组	组　长	饶先进	负责组织水工程度汛安全监督和检查工作，参与有关安全事故的调查处理；按照授权对水旱灾害防御经费的管理使用进行审计监督
	成　员	主要由监督处（审计处）人员组成	
动员组	组　长	王丽君	负责水旱灾害防御工作的思想动员及教育工作
	成　员	主要由直属机关党委（工会）人员组成	
后勤保障组	组　长	何宗涛	负责机关电力、车辆和餐饮等后勤服务保障工作
	成　员	主要由后勤服务中心人员组成	
督察组	组　长	尹　法	负责对各河系（水库）组、职能组水旱灾害防御工作开展及工作纪律执行情况等进行监督检查
	成　员	主要由局纪委人员组成	
专家组	组　长	徐林波	负责对预测预报、洪水调度、抢险避险等进行技术指导，对水利工程险情等突发情况进行会商研判，为水旱灾害防御决策提供技术支撑
	副组长	李怀森　张朝温　李　靖	
	成　员	主要由综合事业处人员组成	

注　若领导小组成员或河系（水库）组、职能组组长工作岗位发生变动，由其继任者担任。

8. 调整“信访工作领导小组”等 23 个临时机构

2021 年 9 月，漳卫南局印发《漳卫南局关于调整“信访工作领导小组”等临时机构成员的通知》（漳人事〔2021〕49 号），由于漳卫南局局领导分工调整和人员变动，经研究，决定对“信访工作领导小组”等 23 个临时机构进行调整，各临时机构调整后的人员组成情况详见表 5。

表 5　“信访工作领导小组”等 23 个临时机构调整后的人员组成情况

名称及组成	主要职责
1. 信访工作领导小组	
组　长：张永明 副组长：杨士坤　李学东 成　员：刘晓光　王　斌　曹　磊　杨丹山　张　军　于伟东　陈继东　李孟东　饶先进　张晓杰　王丽君　尹　法　任重琳　刘恩杰　李　靖　何宗涛	信访工作领导小组办公室设在局办公室，负责日常工作的组织开展，办公室主任由刘晓光兼任
2. 计划生育工作领导小组	
组　长：杨士坤 成　员：刘晓光　杨丹山　张　军　王丽君　何宗涛	计划生育工作领导小组办公室设在后勤服务中心，负责日常工作的组织开展，办公室主任由何宗涛兼任

续表

名称及组成	主要职责
3. 保密工作领导小组	
组　长：杨士坤 副组长：李学东 成　员：刘晓光　王　斌　曹　磊　杨丹山　张　军　于伟东 陈继东　李孟东　饶先进　张晓杰　王丽君　尹　法 任重琳　刘恩杰　李　靖　何宗涛	保密工作领导小组办公室设在局办公室，负责日常工作的组织开展，办公室主任由刘晓光兼任
4. 档案工作突发事件应急处置领导小组	
组　长：杨士坤 副组长：李学东 成　员：刘晓光　杨丹山　张　军　何宗涛	档案工作突发事件应急处置领导小组办公室设在局办公室，负责局档案工作突发事件处置指导工作，办公室主任由刘晓光兼任
5. 普法工作领导小组	
组　长：张永明 副组长：付贵增　姜行俭 成　员：刘晓光　曹　磊　杨丹山　张　军　王丽君　尹　法 李　靖	普法工作领导小组办公室设在水政处（水政监察总队），负责日常工作的组织开展，办公室主任由曹磊兼任
6. 预算管理领导小组	
组　长：张永明 副组长：李瑞江　杨士坤　付贵增　王　鹏　裴杰峰　张永顺 成　员：刘晓光　王　斌　曹　磊　杨丹山　张　军　于伟东 陈继东　李孟东　饶先进　张晓杰　王丽君　尹　法	预算管理领导小组办公室设在财务处，负责日常工作的组织开展，办公室主任由杨丹山兼任
7. 内部控制建设领导小组	
组　长：张永明 副组长：李瑞江　杨士坤　张永顺 成　员：刘晓光　杨丹山　张　军　饶先进	内部控制建设领导小组办公室设在财务处，负责日常工作的组织开展，办公室主任由杨丹山兼任
8. 供水工作领导小组	
组　长：李瑞江 副组长：裴杰峰 成　员：刘晓光　杨丹山　于伟东　张晓杰　任重琳　李　靖	供水工作领导小组办公室设在水资源管理与保护处，负责日常工作的组织开展，办公室主任由于伟东兼任
9. 应对突发水污染事件工作领导小组	
组　长：张永明 副组长：裴杰峰 成　员：刘晓光　曹　磊　杨丹山　于伟东　陈继东　李孟东 张晓杰　任重琳　刘恩杰　何宗涛	应对突发水污染事件工作领导小组办公室设在水资源管理与保护处，负责应对突发水污染事件工作的组织协调和管理，办公室主任由于伟东兼任
10. 节水型单位建设领导小组	
组　长：张永明 副组长：裴杰峰 成　员：刘晓光　杨丹山　于伟东　王丽君　任重琳　李　靖 何宗涛	节水型单位建设领导小组办公室设在水资源管理与保护处，负责日常工作的组织开展，办公室主任由于伟东兼任

续表

名称及组成	主要职责
11. 安全生产领导小组	
组　长：张永明 副组长：李瑞江　张永顺 成　员：刘晓光　王　斌　曹　磊　杨丹山　张　军　于伟东　陈继东　李孟东　饶先进　张晓杰　王丽君　尹　法　任重琳　刘恩杰　李　靖　何宗涛	安全生产领导小组办公室设在监督处（审计处），负责日常工作的组织开展，办公室主任由饶先进兼任
12. 安全生产标准化建设工作领导小组	
组　长：李瑞江 副组长：饶先进 成　员：任重琳　李　靖　刘恩杰　何宗涛　张如旭　王孟月　万　军　田术存　李　勇　陈俊祥　倪文战　师家科　刘敬玉　杨金贵　潘岩泉　杜　平	安全生产标准化建设工作领导小组办公室设在监督处（审计处），负责日常工作的组织开展，办公室主任由饶先进兼任
13. 安全事故应急救援指挥部	
总 指 挥：张永明 副总指挥：李瑞江　杨士坤　付贵增　王　鹏　裴杰峰　张永顺	安全事故应急救援指挥部办公室设在监督处（审计处），负责安全事故应急救援指导工作，办公室主任由饶先进兼任
14. 内部审计工作领导小组	
组　长：张永明 副组长：李瑞江 成　员：刘晓光　杨丹山　张　军　饶先进　尹　法	内部审计领导小组办公室设在监督处（审计处），负责日常工作的组织开展，办公室主任由饶先进兼任
15. 精神文明建设工作领导小组	
组　长：张永明 副组长：裴杰峰　姜行俭 成　员：刘晓光　王　斌　曹　磊　杨丹山　张　军　于伟东　陈继东　李孟东　饶先进　张晓杰　王丽君　尹　法　任重琳　刘恩杰　李　靖　何宗涛	精神文明建设工作领导小组办公室设在直属机关党委，负责日常工作的组织开展，办公室主任由王丽君兼任
16. 党建工作领导小组	
组　长：张永明 副组长：王　鹏　裴杰峰 成　员：刘晓光　张　军　王丽君　尹　法	党建工作领导小组办公室设在直属机关党委，负责日常工作的组织开展，办公室主任由王丽君兼任
17. 巡察工作领导小组	
组　长：张永明 副组长：王　鹏　裴杰峰 成　员：刘晓光　杨丹山　张　军　王丽君　尹　法	巡察工作领导小组办公室设在直属机关党委，负责日常工作的组织开展，办公室主任由王丽君兼任
18. 关心下一代工作委员会	
主　任：裴杰峰 副主任：姜行俭　王丽君 成　员：刘晓光　杨丹山　张　军　任玉华　金　晶　时素敏	关心下一代工作委员会办公室设在局工会，负责日常工作的组织开展，办公室主任由王丽君兼任

续表

名称及组成	主要职责
19. 党风廉政建设领导小组	
组　长：张永明 成　员：李瑞江　杨士坤　付贵增　王　鹏　裴杰峰	党风廉政建设领导小组办公室设在局直属机关党委，负责日常工作的组织开展，办公室主任由王丽君担任，办公室成员分别为刘晓光、张军、尹法
20. 网络安全和信息化领导小组	
组　长：张永明 副组长：李瑞江 成　员：刘晓光　王　斌　曹　磊　杨丹山　张　军　于伟东　陈继东　李孟东　饶先进　张晓杰　王丽君　尹　法　任重琳　刘恩杰　李　靖　何宗涛	网络安全和信息化领导小组办公室设在信息中心，负责日常工作的组织开展，办公室主任由刘恩杰兼任
21. 社会治安综合治理领导小组	
组　长：张永明 副组长：杨士坤 成　员：刘晓光　张　军　王丽君　尹　法　何宗涛	社会治安综合治理领导小组办公室设在后勤服务中心，负责日常工作的组织开展，办公室主任由何宗涛兼任
22. 爱国卫生运动委员会	
主　任：杨士坤 成　员：刘晓光　王　斌　曹　磊　杨丹山　张　军　于伟东　陈继东　李孟东　饶先进　张晓杰　王丽君　尹　法　任重琳　刘恩杰　李　靖　何宗涛	爱国卫生运动委员会办公室设在后勤服务中心，负责日常工作的组织开展，办公室主任由何宗涛兼任
23. 节能减排工作领导小组	
组　长：杨士坤 成　员：刘晓光　王　斌　曹　磊　杨丹山　张　军　于伟东　陈继东　李孟东　饶先进　张晓杰　王丽君　尹　法　任重琳　刘恩杰　李　靖　何宗涛	节能减排工作领导小组办公室设在后勤服务中心，负责日常工作的组织开展。主任由何宗涛兼任

注　以上临时机构领导小组及办公室成员因工作和职务变动不再担任成员的，由继任者担任，不再另行发文。

（郭欣欣）

【职工培训】

2021 年，漳卫南局全局共举办各类培训班 27 个，其中局机关各部门组织举办 15 个，局直属各单位举办 12 个（对各单位相同的培训班进行了归类合并）。全年累计参加培训人数达 1095 人，参加培训率为 97%，人均培训学时 188 学时，全年累计参加培训 6000 余人·次。处级以上干部或四级调研员以上干部人均培训总学时达 160 学时以上，其他人员人均培训总学时达 140 学时以上。

针对参照公务员法管理人员的培训，漳卫南局围绕建设高素质水行政管理干部的目标要求，结合工作实际，加大了对参照公务员法管理人员培训的力度。重点开展能力提升、专门业务和知识更新等方面的培训。2021 年选派 4 名局级干部参加部管干部任职培训班、2 名处级干部参加处级干部能力提升培训班。

针对各类技术干部的培训工作，结合现有各类专业技术人员的现状，漳卫南局在深入调查研究的基础上，有针对性地加强对专业技术人员的理论知识与实际技能的补充、更新、拓宽和提高的培训。相继举办河湖管理、水行政执法、安全生产、水资源管理与保护等 10 余个培训班，有 2000 余人次参加学习培训。

根据水利部、海委开展干部网络自主选学工作的要求，漳卫南局党委高度重视，局班子成员以身作则，带头投入到网络自主选学工作中，10 名局级干部、150 余名处级或四级调研员以上干部参加中国网络干部学院学习，全局 1000 多名干部职工参加中国水利教育培训网的网络学习。通过各种形式的学习和培训，进一步提升了干部队伍素质，有力促进了学习型干部队伍和学习型单位建设，对推动单位可持续发展提供了可靠的人才保证和智力支撑。

2021 年漳卫南局有 2 人完成后续本科学历教育，1 人完成后续研究生学历教育；2 人申请后续本科学历教育，1 人申请后续研究生学历教育。

（郭欣欣）

【人员变动】

漳卫南局行政执行人员编制 596 名。2021 年度新招录参公人员 19 人，从海委机关调入 1 人（邱炳谦），从漳卫南局防汛机动抢险队调入 1 人（郑萌）。2021 年 1—12 月，漳卫南局参照公务员法管理人员共减少 14 人，其中退休 11 人（李华、郑建平、杨治江、杨百成、纪化珍、肖云平、范书春、徐林波、唐绪荣、刘春华、李学东），调出 1 人（李明调系统外），辞去公职 1 人（林鸣宇），死亡 1 人（刘志军）。截至 2021 年 12 月 31 日，漳卫南局共有各级参照公务员法管理人员 463 人。

（郭欣欣）

【职称评定】

（1）2021 年 7 月，漳卫南局印发《漳卫南局关于公布、认定 2020 年度专业技术职务任职资格的通知》（漳人事〔2021〕44 号）。经海委《海委关于批准 2020 年度高级工程师、工程师任职资格的通知》（海人事〔2021〕35 号）批准，孙雅菊、刘继红、倪锡镇、张红霞、朱志强、王敏、刘桂英、杨金贵具备高级工程师任职资格，黄永刚、张涤卉、张涛、姜娟娟、崔战民、崔磊磊、黄婷、赵相月、任天翔具备工程师任职资格；经漳卫南局认定，魏韬具备工程师任职资格，梁贵红、郭庆凯、霍子龙、贾金涛具备助理工程师任职资格。

（2）2021 年 11 月，漳卫南局印发《漳卫南局关于认定专业技术职务任职资格的通知》（漳人事〔2021〕69 号）。经漳卫南局认定，李洪盛、鲁鹏辉、张志羽、赵心月、苗文博、张亚楠、胡雅丽、李乐水、杨蕊帆、许兴虎、宋佳、杨晓帅具备助理工程师任职资格。

（郭欣欣）

【表彰奖励】

（1）2021 年 3 月，漳卫南局印发《漳卫南局关于表彰 2020 年度优秀机关工作人员的决定》（漳人事〔2021〕15 号），根据《公务员奖励规定》，结合 2020 年度考核情况，经局党委研究决定，对以下年度考核等次为优秀的参照公务员法管理人员进行奖励（按部门排序）：李怀森、刘晓光、王颖、刘书兰、刘峥、裴杰峰、曹磊、王丽君、李晶、张明月、阮荣乾、杨照龙、田先云等人确定为优秀等次，予以嘉奖；吕笑婧、马国宾、张军等人连续3年年度考核等次为优秀，记三等功一次。

3月，漳卫南局印发《漳卫南局关于公布机关各事业单位2020年度考核优秀结果的通知》（漳人事〔2021〕16号），按照2020年度考核情况，经局党委研究决定，现将漳卫南局机关各事业单位处级领导班子、处级领导干部和职工年度考核等次为优秀的情况公布如下（按照单位排序）：水文处处级领导班子年度考核等次为优秀；任重琳、魏荣玲、朱志强、刘红武、贾文、谢玲、张伟华、刘全胜、纪喆、何宗涛、胡晓涓、唐文明等人年度考核等次为优秀。

3月，漳卫南局印发《漳卫南局关于公布局属各单位2020年度处级领导班子和处级干部考核优秀结果的通知》（漳人事〔2021〕17号），按照2020年度考核情况，经局党委研究决定，现将局属各单位处级领导班子和处级干部年度考核等次为优秀的情况公布如下（按单位排序）：卫河河务局、邯郸河务局、岳城水库管理局处级领导班子年度考核等次为优秀；张如旭、王孟月、于延成、万军、田术存、倪文战、何传恩、贾卫等人年度考核等次为优秀，根据《公务员奖励规定》，给予以上人员嘉奖；张君连续3年年度考核等次为优秀，记三等功一次；杨金贵年度考核等次为优秀。

（2）2021年5月28日，水利部印发《水利部关于表彰全国推行河长制湖长制先进集体和先进个人的决定》（水人事〔2021〕162号），漳卫南局李孟东荣获“全国推行河长制湖长制先进个人”荣誉称号。

（3）2021年8月9日，水利部印发《水利部关于表扬全国水利扶贫先进集体和先进个人的通报》（水人事〔2021〕242号），漳卫南局馆陶河务局路涛荣获“全国水利扶贫先进个人”荣誉称号。

（郭欣欣）

综合管理

【监督执纪问责】

1. 组织机构

漳卫南局本级的纪检机构由海委党组直接领导，业务上接受海委纪检组的指导。

漳卫南局纪委核定行政执行人员编制 6 名，内设纪检一室、纪检二室。漳卫南局纪委设纪委书记（副局级）1 名、纪委副书记（正处级）1 名，纪检一室、纪检二室分别设主任（正处级）1 名。截至 2021 年 12 月 17 日漳卫南局纪委编制人员全部任命上岗。

（1）主要职责。漳卫南局纪委首要任务是落实中央以及上级党组织全面从严治党决策部署，履职重点是加强对漳卫南局党委落实主体责任的监督。监督检查漳卫南局及所属系统贯彻执行党的路线方针政策和决议，遵守国家法律法规，执行上级党组织决定、命令和决策部署，履行职能等情况。监督检查漳卫南局党委和领导班子维护党的纪律，落实中央八项规定精神，坚持民主集中制，选拔任用领导干部，落实党风廉政建设责任制和廉政勤政的情况。调查漳卫南局党委管理的干部违反党纪政纪的案件和其他重要案件。督促漳卫南局党委班子成员履行全面从严治党主体责任、抓好漳卫南局全面从严治党工作。指导漳卫南局所属系统纪检部门业务工作。受理对漳卫南局党组织、党员的检举、控告，受理漳卫南局党员不服处分的申诉。完成上级党组织和上级纪检机构交办的其他事项。

漳卫南局纪委实施监督和查办案件工作直接受海委党组领导和海委纪检组指导，重要情况和问题直接向海委党组和海委纪检组请示、报告，海委党组成员、海委纪检组组长分管漳卫南局纪委的工作。漳卫南局党委对本单位及所属系统的全面从严治党负主体责任，漳卫南局纪委对所在单位及所属系统的全面从严治党负监督责任。为便于漳卫南局纪委更好履行监督职责，局纪委书记担任局党委成员，并参加局有关会议；局纪委书记不分管漳卫南局其他工作，集中力量抓好主业，履行好主责。

（2）干部管理和后勤保障。漳卫南局纪委书记的任免、考核、交流和管理等执行水利部部管干部的有关规定，局纪委书记向海委党组述职述廉，其履行职责和廉政勤政情况由海委人事处会同海委纪检组考核。局纪委其他干部的招录、任免、考核、交流等由海委负责，具体工作由海委人事处承担；教育培训由海委人事处、海委纪检组和漳卫南局共同负责。局纪委干部的工资关系、党（团）组织关系、群团关系由漳卫南局负责管理；其工资、津贴、补贴及生活福利、住房、医疗、退休等事宜由漳卫南局负责，享受漳卫南局同职级干部待遇。局纪委办公经费、工作用车等后勤保障及传阅文件等事项仍由漳卫南局负责。

2. 责任落实

（1）清单管理。督促漳卫南局党委班子成员制定并履行“一岗双责”主要责任清单，明确履行“一岗双责”总体要求和需要完成的规定动作，协助局党委书记履行好党风廉政建设第一责任人责任，督促局党委成员严格履行“一岗双责”，按要求开展廉政约谈，督促党员领导干部知责、明责、履责、尽责。

研究制定漳卫南局纪委全面从严治党监督责任清单，对标海委纪检组确定的监督事项，细化监督内容 31 项、主要措施 36 条，督促指导局属各单位结合本单位实际制定全面从严治党监督责任清单，以监督责任清单为抓手，深入落实监督责任。

（2）新冠肺炎疫情监督。常态化开展疫情防控监督，采取“四不两直”等方式强化监督检查，督促落实海委纪检组关于进一步加强疫情防控监督的部署要求。

（3）日常监督。协助召开漳卫南局系统党风廉政建设工作会议和廉政警示教育大会，传达贯彻水利部、海委党风廉政建设工作会议精神，安排部署全年党风廉政建设和纪检工作任务。加强与局党委的沟通协调，9 月 15 日，制定印发加强沟通协调形成全面从严治党合力的意见，定期通报“两个责任”落实和问题线索处置、违规违纪问题查处等情况，共同研究全面从严治党重点工作和措施。

党委纪委成立联合检查组，对基层党组织开展督导检查全面从严治党责任清单年度任务完成情况，推动落实全面从严治党主体责任、监督责任；对落实中央八项规定精神、召开民主生活会和组织生活会等情况开展专项检查。

强化职能监督，督促局党委办公室、财务、人事、审计、机关党委等部门强化职能监督，全年开展 18 项专项检查。

漳卫河系夏秋连汛期间，坚决贯彻习近平总书记关于防汛救灾工作重要指示精神和部、委决策部署，下发通知明确纪律要求，成立督察组，采取“四不两直”方式深入控制性水利工程及重要河段、险工险段，对值班值守、巡堤查险情况开展抽查检查。漳卫南局党委委员、纪委书记王鹏率漳河河系组赶赴漳河，带头坚守一线督导检查，筑牢抗洪抢险纪律“堤坝”。

强化重大工程项目廉政风险防控，11 月 30 日，漳卫南局党委委员、纪委书记王鹏带队到卫河建管局调研廉政风险防控和党建工作，实地检查卫河干流治理工程廉政风险防控工作，专门成立卫河干流治理工程监督联络组，向各参建单位下发廉政监督告知书，明确 8 个方面负面监督清单；督导卫河建管局制定廉政风险防控手册、健全内控制度、加强支部建设，着力构建上级监督、外部监督、内部监督三维监督体系。

聚焦“关键少数”抓监督，重点突出“一把手”和班子成员，探索开展纪委书记同直属单位领导班子集体谈话机制。漳卫南局党委委员、纪委书记王鹏对局属 12 家单位领导班子进行集体谈话，督促落实管党治党主体责任和“一岗双责”。

跟踪督导重点督办事项，对 2020 年水利部险工险段发现问题整改落实情况进行实地检查，发现问题及时指正并督促整改。

（4）干部监督。协助漳卫南局党委召开了新任处级领导干部集体廉政谈话会议，督促新任处级领导干部坚定政治立场，严守纪律规矩，防范廉政风险，勇于担当作为。严把选人用人、职级晋升、评优评先廉政关，2021 年共出具廉政鉴定意见百余人次。

3. 巡察整改

督促抓好巡察整改后续工作，对局直属 15 家单位党组织巡察“回头看”反馈意见整改落实情况进行审核把关，督促被巡察单位全部公开整改进度、巩固拓展整改成果。

4. 作风建设

严格落实中央八项规定精神，持之以恒纠正“四风”。紧盯元旦、春节、“五一”、端午节、中秋节、国庆节等重要时间节点，下发加强作风建设通知、发送廉政提醒短信、组织观看廉政警示教育片；对执行海委党组禁酒令、属地婚丧嫁娶规定以及节假日值班值守、公车管理、劳动纪律、公务接待、交纳“两费”等情况进行常态化监督检查。严格落实德州市《关于党和国家工作人员操办婚丧喜庆事宜的规定》，按管理权限实行报告备案制度。

5. 制度建设

做好纪检部门的建章立制工作，制定印发《漳卫南局纪委印章管理办法》《漳卫南局执纪审查工作程序清单》《漳卫南局执纪审查工作职责清单》《关于违反执纪审查有关规定的处理办法》等制度办法。

6. 正风肃纪

科学运用监督执纪“四种形态”，抓早抓小抓苗头，对问题线索初核中存在苗头性、倾向性问题的领导干部本人和直属单位，采取个别提醒约谈、班子集体约谈、下达纪律检查建议书等措施，早打招呼早提醒，督促整改堵塞漏洞。2021 年共给予留党察看处分 1 人，撤销党内职务、行政撤职并降级 1 人，党内警告、记过处分 1 人，党内警告处分 2 人，行政警告处分 4 人，记过处分 1 人，诫勉谈话 12 人，谈话提醒 2 人，建议提醒谈话 8 人，发送纪律检查建议书 4 次，对 4 家单位领导班子进行了集体约谈。

（李清）

【全面从严治党】

1. 庆祝建党 100 周年

2021 年 6 月 30 日，漳卫南局召开庆祝建党 100 周年表彰大会，局党委书记、局长张永明出席会议，带领全体党员重温入党誓词，并以“从党史中汲取前进的力量　在实践中把握努力的方向”为题，讲授党史学习教育专题党课。大会向荣获“光荣在党 50 年”纪念章的老党员代表颁发纪念章，宣读了《海委党建工作领导小组关于表彰海委优秀共产党员、优秀党务工作者和先进基层党组织的决定》（海党建〔2021〕3 号）和《漳卫南局党委关于表彰优秀共产党员、优秀党务工作者和先进基层党组织的决定》（漳党〔2021〕31 号），对获得海委表彰的漳卫南局 46 名优秀共产党员、14 名优秀党务工作者和 7 个先进基层党组织，以及获得漳卫南局表彰的 58 名优秀共产党员、14 名优秀党务工作者和 8 个先进基层党组织进行通报表扬。局党委委员、副局长李瑞江、付贵增出席会议，局党委委员、副局长张永顺主持会议，一级巡视员徐林波，二级巡视员姜行俭、李学东出席会议，出席会议的还有二级巡视员张朝温、张启彬。7 月 1 日，漳卫南局组织广大党员干部职工收听收看在北京天安门广场隆重举行的庆祝中国共产党成立 100 周年大会实况直播，认真聆听习近平总书记发表的重要讲话。7 月 16 日，印发《漳卫南局党委学习宣传贯彻习近平总书记在庆祝中国共产党成立 100 周年大会上重要讲话精神的工作方案》（漳党〔2021〕39 号）。

2. “三对标、一规划”专项行动

3 月 1 日，漳卫南局召开党委会议，专题研究部署落实水利部党组巡视整改“三对标、一规划”专项行动工作，正式印发《漳卫南局党委落实〈水利部党组巡视整改“三对标、一规划”专项行动实施方案〉的工作方案》（漳党〔2021〕9 号）。按照水利部党组、海委党组关于“三对标、一规划”专项行动统一部署，漳卫南局组织全局干部职工参加水利部“三对标、一规划”专项行动历次专题辅导讲座；集体线上聆听中央党校（国家行政学院）经济学教研部主任韩保江，国务院发展研究中心党组书记马建堂，全国政协常委、全国政协经济委员会副主任杨伟民等所作的辅导讲座。漳卫南局党委先后通过组织党委中心组学习、召开专题（扩大）学习研讨会等方式深入学习、研究、部署全局“三对标、一规划”专项行动。

5 月 26 日，漳卫南局召开“三对标、一规划”专项行动“规划编制”阶段工作部署会议，就高质量编制漳卫南局“十四五”发展规划做出具体安排。

7 月 15 日，漳卫南局召开 2021 年年中工作会议暨“三对标、一规划”专项行动总结会，全面总结“三对标、一规划”专项行动工作成效，深入贯彻水利部、海委工作部署，认真落实水利部部长李国英在水利部“三对标、一规划”专项行动总结大会上的重要讲话精神和海委主任王文生在海委第一次委务会上的工作要求，全面总结漳卫南局 2021 年上半年工作，安排部署下半年重点任务。

3. 党史学习教育

3 月 18 日，正式印发《漳卫南局党委开展党史学习教育实施方案》（漳党〔2021〕14 号）。3 月 19 日，漳卫南局召开党史学习教育动员部署会议，深入学习贯彻习近平总书记在党史学习教育动员大会上的重要讲话精神，对全局开展党史学习教育进行思想动员和工作部署，教育引导广大党员干部学党史、悟思想、办实事、开新局。漳卫南局党委书记、局长张永明出席会议并做动员讲话，局党委委员、副局长杨士坤主持会议并作总结讲话，局党委委员、副局长张永顺传达《漳卫南局党委开展党史学习教育实施方案》。开展党史学习教育期间，漳卫南局机关先后组织开展党史学习教育“中国共产党为什么‘能’”的专题讲座；组织观看党史教育专题辅导片《不朽的马克思》、红色电影《革命者》；组织机关全体党员干部集中观看党史学习教育专题辅导视频讲座“党的十八大以来的历史性成就和历史性变革”；集中收看学习水利部党组书记、部长李国英党史学习教育专题党课；组织机关各部门、机关各事业单位党员干部赴山东渤海军区教导旅革命传统教育基地开展现场教学；举办“共忆百年党史、奋进崭新征程”党史知识竞赛；组织干部职工参观“治水百年路　牢记为民心——走进中国共产党历史展览馆中的水利”网上主题展览。漳卫南局所属基层党组织聚焦“学党史、悟思想、办实事、开新局”主题，全部完成党史学习教育专题组织生活会，漳卫南局党委书记、局长张永明率先垂范，党委班子成员均以普通党员身份参加所在党支部专题组织生活会，带头开展批评与自我批评，自觉接受党员干部监督，较好发挥了党员领导干部示范引领作用。组织参加德州市直机关工委举办的“庆祝中国共产党成立 100 周年德州市机关党史学习教育知识竞赛”并获二等奖，参加“永远跟党走・德州市直机关庆祝中国共产党成立 100 周年”合唱比赛并获三等奖，参加德州市机关党史学习教育暨“学习强国”电视知识竞赛并获二等奖。

4. 党风廉政建设

2021 年，漳卫南局召开 2021 年党风廉政建设工作会议，专题研究部署 2021 年党建工作。先后对机关党员干部开展党建考核工作，对副处级以上领导干部开展党风廉政建设责任制考核工作。局属各基层党组织先后召开 2020 年度组织生活会并完成民主评议党员工作。局党委书记、局长张永明，局党委委员、副局长李瑞江、杨士坤、张永顺、付贵增，局党委委员、纪委书记王鹏分别以普通党员身份参加所在党支部组织生活会，并带头开展批评与自我批评。制定并印发《漳卫南局党委巩固深化“不忘初心、牢记使命”主题教育成果工作方案》（漳党〔2021〕19号）、《漳卫南局党委落实全面从严治党主体责任2021年度任务安排》（漳党〔2021〕23号）、《2021年漳卫南局党建工作要点》（漳党〔2021〕25号）。按照水利部、海委部署，在全局范围内开展干部职工非职务违法犯罪专项治理，对每一名在职职工和离退休人员进行排查，认真填写“水利部直属系统干部职工非职务违法犯罪情况自查统计表”，形成自查报告，上报海委廉政办公室。先后组织观看“以案为鉴、警钟长鸣”山东省廉政教育系列片《迷失初心必自毁——陈先运严重违纪违法案件警示录》《检徽下的交易——巩盛昌严重违纪违法案件警示录》《“头雁折翅”——省管干部“一把手”严重违纪违法案件警示录》及《监督保障执行、促进完善发展——山东正风肃纪反腐2020》等4部廉政警示教育片。举办2021年党务干部和党员发展对象培训班。33名机关各部门、局直属驻德各单位党务干部，32名2021年党员发展对象参加培训。举办非职务违法犯罪培训班。组织学习观看李国英部长宣讲党的十九届六中全会精神视频会，举办学习贯彻党的十九届六中全会精神读书班暨党支部书记培训班。11月18—27日漳卫南局党委和纪委组成联合检查组，对机关各部门、局直属各单位党组织全面从严治党有关工作落实情况进行专项检查。

夏秋连汛期间，7月28日，漳卫南局党委向全局党组织和党员发出号召，全局各级党组织和广大党员干部要充分发挥基层党组织战斗堡垒作用和党员先锋模范作用，以实际行动践行初心使命，以最严的态度、最实的举措、最硬的担当，全力以赴防汛抗洪，切实保障沿河人民群众生命财产安全。10月13日，德州市直机关工委在四女寺枢纽工程现场举办防汛抗洪党员突击队和党员先锋岗授旗授牌仪式，漳卫南局党委委员、副局长裴杰峰参加授旗仪式；规计处党支部、水政处党支部、水资源处党支部、建管处党支部、河湖处党支部被授予“防汛抗洪党员突击队”荣誉称号。防御处、水文处、德州局工管科、四女寺局工管科、水闸局工管科被授予“防汛抗洪党员先锋岗”荣誉称号。

7月，漳卫南局后勤服务中心主任、党支部书记何宗涛荣获德州市委市直机关工委“优秀党务工作者”荣誉称号，综合事业处综合科副科长、机关团委书记张伟华荣获德州市委市直机关工委“优秀共产党员”荣誉称号。

（张俊美）

【水利档案规范化管理综合评估】

根据海委办公室关于进一步加强档案工作规范化管理的有关要求，受水利部、海委办公室委托，海河档案馆组织委属单位专家组成评估组，自11月9日起，先后对2021年漳卫南局22个档案规范化管理综合评估申报单位进行评估，至12月2日，评估工作全部结束。浚县河务局、滑县河务局、汤阴河务局、内黄河务局、刘庄闸管理所、魏县河务局、大名河务局、冠县河务局、穿卫枢纽管理所、临西河务局、故城河务局、武城河务局、宁津河务局、乐陵河务局、庆云河务局、吴桥河务局、南皮河务局、海兴河务局、王营盘闸管理所、罗寨闸管理所、庆云闸管理所、无棣河务局等22个申报单位全部通过评估，达到水利部水利档案规范化管理三级标准。

作为漳卫南局2021年督办项目，至此，漳卫南局2021年档案规范化管理综合评估工作全面完成。漳卫南局机关及局属11个二级单位、35个三级单位自2020年以来档案规范化管理全部顺利通过评估。

（朱宝君）

【工会工作】

2021年元旦和春节期间，漳卫南局组织开展“春节送温暖”走访慰问活动。局长张永明、副局长张永顺、二级巡视员姜行俭分别看望慰问了困难职工和基层一线职工，为他们送去慰问金和慰问品，并向他们致以新春的祝福。其间，还对省部级劳模、抗疫先进、援藏职工和困难党员进行走访慰问，让他们感受到党组织的关怀和单位大家庭的温暖。3月8日，漳卫南局机关组织女职工到四女寺枢纽工程参观学习，并与四女寺枢纽管理局女职工开展“健步行”活动。“五一”“十一”前夕，漳卫南局各单位结合各自实际，组织开展各种形式的文化娱乐活动。围绕庆祝建党100周年和党史宣传教育活动，漳卫南局先后举办第三届职工艺术节暨“庆祝建党百年华诞　唱响时代奋斗强音”红歌展演，庆祝建党100周年离退休干部职工书法、美术和摄影展，“庆元旦　学党史”趣味答题等活动。

4月27—28日，漳卫南局首届河道修防工技能竞赛在四女寺枢纽成功举办。局党委书记、局长张永明宣布竞赛开幕，现场观摩实操比赛，并为获得团体第一名和个人第一名颁奖；局党委委员、副局长、局工会主席张永顺在开幕式上讲话，并为获得团体第三名颁奖；局党委委员、副局长李瑞江、杨士坤，局党委委员、纪委书记王鹏分别为个人第二、第三名和团体第二、第三名及优胜者颁奖。

7月18日，受德州市“双拥”工作领导小组办公室邀请，漳卫南局组织干部职工参加德州市第二届“工行杯”军民共建羽毛球比赛并荣获三等奖。

（张俊美）

【精神文明建设】

2021年3月，漳卫南局局机关组织开展了“学雷锋日”主题活动。志愿者们来到创城帮扶小区，向小区居民发放《德州市文明行为促进条例》宣传页，并进行宣讲，号召小区居民做文明行为的践行者和传播者，为文明城市建设增光添彩。志愿者们还在小区开展了环境卫生整治等志愿服务活动。同时，联合德州市委市直机关工委赴四女寺枢纽工程驻地开展“党旗红引领生态绿”志愿服务植树活动。4月15日，漳卫南局党委委员、副局长张永顺主持召开文明创建工作推进会，传达《德州市文明单位动态管理办法》《德州市创建全国文明城市工作问责暂行办法》等相关文件精神，并对文明创建工作进行安排部署。漳卫南局机关各部门、机关各事业单位主要负责人，文明创建联系人参加会议。2021年，漳卫南局机关先后举办“道德讲堂”暨“机关大讲堂”活动8期，组织干部职工观看生态文明主旋律电影《郭富山》。局党委委员、副局长李瑞江、杨士坤、裴杰峰先后带领局机关志愿者到社区开展创城志愿服务活动。

（张俊美）

【团委工作】

2021 年，漳卫南局机关青年理论学习小组开展集体学习研讨。深入学习贯彻习近平总书记在庆祝中国共产党成立 100 周年大会上的重要讲话精神，贯彻落实“学党史、强信念、跟党走”党史学习教育部署要求，进一步加强基层团组织建设，增强机关青年的政治责任感和历史使命感。为深入贯彻党的十九届六中全会精神，漳卫南局机关青年理论学习小组开展集体学习研讨。学习全会通过的《中共中央关于党的百年奋斗重大成就和历史经验的决议》，进一步了解党百年的发展历程，增强机关青年的政治判断力、政治领悟力和政治执行力。11 月，漳卫南局机关团委携手德州河务局团委与德州市水利局、德州市应急局联合开展青年交流活动。

8 月，在海委青年干部学习习近平总书记“七一”重要讲话精神演讲比赛中，漳卫南局青年职工张伟华、纪喆的演讲“百年风华　青春向党”和邢衡河务局青年职工牛亚楠的演讲“百年征程锻造建党精神　防汛一线尽显使命初心”荣获一等奖；沧州河务局高洁、李嘉轩的演讲“溯党为思　力争明朝”荣获二等奖。11 月，漳卫南局职工靳伟在“践行强委战略　立足岗位建功”海委青年创新大赛中荣获三等奖。

（张俊美）

【经济工作】

1. 闸桥收费及运行管理

因存在安全隐患、设计标准偏低等原因，2021 年 4 月底，位于漳卫新河无棣段的辛集闸交通桥停止运行。

辛集闸上游浮桥工程自 2020 年 5 月 18 日开工建设，2020 年 12 月主体工程完工，2021 年 5 月 18 日通车试运行，2021 年 5 月 24 日正式通车运行。为保障浮桥安全运行，2021 年 4 月 26 日，辛集浮桥举行了 2021 年度安全生产应急演练。演练共分为 3 个科目，分别是拆搭桥演练、消防灭火演练、水上救援演练，分别模拟河流遇汛情或其他突发情况时需要拆除浮桥并将其推离主河道；浮桥上发生车辆撞击或危化品车辆及其他突发状况引起火情后，组织人员使用灭火救援器材迅速扑火初期火情；有群众或物资落水后，发动救援船只对落水人员及物资进行救援打捞等情况。本次演练邀请山东黄河浮桥有关专业人员参与并现场对各科目演练进行培训指导。

完善浮桥运行的各项规章制度及应急制度，成立相应组织机构，明确各层级各部门的职责，建立以监控组为中心的应急情况信息沟通和协调处置机制，及时应对突发情况及浮桥区安全问题处置。聘请浮桥公司专业人员，通过传帮带培养骨干。强化安全生产意识，加强人员培训。完善浮桥运行各项安全设施，配备推轮、铲车、冲锋舟、灭火器及救生圈等安全设施设备，开展多次安全生产检查。海委及漳卫南局监督部门多次到浮桥现场进行安全生产检查，发现隐患并及时整改，全力保障浮桥安全运行。

制定《辛集浮桥 2021 年度汛方案》，并报请上级单位批准。漳卫河系 2021 年夏汛和秋汛行洪期间，按照度汛方案及行洪有关工作要求，于 7 月 28 日至 8 月 31 日、9 月 29 日至 11 月 9 日期间对浮桥进行了拆除，拆除后安排浮桥安全管理人员 24 小时不间断值守，观测水位及浮桥状态，每日在微信群内通报相关信息，确保行洪期间浮桥涉及的河道行洪通畅，浮桥桥体锚固紧实。

通过调研，了解周边其他浮桥收费标准，合理确定与区域情况相适应的收费价格。加强与驻地政府及派出所沟通联系，争取支持帮助，共同维护正常收费秩序。内部加强管理，规范收费行为，严格执行收费标准，努力做到应收尽收，保证收费效益。

辛集浮桥的建成通车，替代现有辛集闸交通桥，作为连接山东河北两省的重要通道，降低了辛集闸交通桥安全风险，服务了地方民生经济发展。

2. 水价测算

2021 年，为配合做好国家发展改革委、水利部对原《水利工程供水定价成本监审办法》《水利工程供水价格管理办法》的修订，组织相关人员对岳城水库、河道供水成本按新办法要求进行多方案的对比测算，并提出修订意见，为新办法的出台提供理论及数据依据，也为后续测算及调整漳卫南局供水价格政策积累了经验。

3. 拓展服务领域

按照漳卫南局安排，做好宣传信息技术支撑和服务保障工作，讲好漳卫南运河故事。做好漳卫南运河网日常运行管理工作，及时更新漳卫南运河信息网各板块新闻通讯报道，共计 2370 余篇。网站配合漳卫南局宣传科进行“漳卫南运河动态”微信公众号美术编辑工作，2021 年共计完成 419 篇报道的美术编辑工作。在漳卫南运河信息网创建《卫河建管局》专栏并进行信息更新维护，共计 93 篇。

积极配合卫河干流治理工程建设管理局做好宣传报道及信息技术服务工作，为卫河建管局制作工程简介专题片，拍摄工程原貌 VR 全景图 10 余套；2021 年夏汛、秋汛期间，配合漳卫南局及海委工作组，派出宣传报道人员奔赴一线，开展影像资料采集及航拍工作，获取大量珍贵的音频、视频素材；积极寻求合作，参与卫河干流治理工程水土保持有关工作。

（张伟华）

【信息化工作】

1. 信息规划建设

参加水利部“三对标、一规划”专项行动，按照活动要求及时组织学习、研讨，提交成果资料，其中将“扎实推进智慧水利建设”作为主要任务写入《漳卫南局“十四五”发展规划》并印发实施。按照“水利部中央级预算项目”管理要求，完成 2021 年度骨干网运行维护和海河流域（防汛）项目预算方案编制和预算执行工作。按照漳卫南局统一要求，完成“海委漳卫南局防汛通信网络设施水毁修复项目”预算项目编制上报工作。

2. 防汛通信保障

2021 年，夏秋连汛期间，刘庄闸专网通信、公网通信全部中断，信息中心紧急启用卫星便携站进行全程应急通信保障；用无人机对卫运河水工情巡查进行信息采集，为防汛指挥调度提供基础资料支撑；汛期应急响应期间同海委、山东省应急指挥中心召开防汛专题会商 39 次，为岳城水库等 6 个重点通信站点配置公网链路作为路由备份，实现双重保障；临时调整内网传输带宽，协助局直属单位部分用户迁移到内网，实现对水雨情信息的实时查询掌握。

完成山东省境内微波台站的执照更新工作，将新的微波台站及传输通道信息，在站点所在县级城乡规划建设部门进行备案。将受阻挡的魏县-内黄微波链路调整为临漳-内黄微波链路，提升了卫河通信网的可靠性。通过公网链路租赁方式，完成德州-祝官屯微波传输信号阻挡后通信恢复工作，保障了汛期通信干线的正常运行。完成卫星地面站的检修和系统升级工作，组织卫星便携站和手持卫星电话应急演练，确保应急通信手段的可用性。为了提高视频会商系统保障能力，信息中心自筹资金完成了岳城水库管理局、卫河河务局等 6 个站点蓝信会议和视频会议的融合工作，技术指导卫河建管局、漳卫南局德州水电集团公司建设蓝信会商站点，完成增设局机关二楼视频会商会场的设备购置及安装调试工作，进一步提高了视频会议保障能力，截至 12 月 31 日，完成会商保障 131 次，各会场参会 3425 人次。

3. 网络安全建设

参加公安部组织的攻防演练和山东省公安厅组织的攻防演练，均确保靶标系统不失陷。组织举办网络安全培训班，对机关各部门、局直属各单位的网络安全业务骨干进行了网络安全专题授课，并就网络安全和信息化工作开展座谈交流。国家网络安全周期间，组织网络安全防护能力培训及网络安全宣传等一系列活动，大力营造全局共筑网络安全防线的氛围，为漳卫南局网络安全防护夯实了队伍基础。以信息安全为切入点，大力推进电子政务项目，截至 12 月，完成 83 台移动终端和 966 台台式终端的更新，同时完成旧终端的处置工作；配合对相关业务系统进行适配，完成漳卫南局大部分业务系统与新终端的适配工作。

4. 智慧水利建设

编写完成《“21·7”洪水灾后重建漳卫南局智慧水利实施方案》，并完成上报。参与漳卫河灾后重建工程前期工作，负责数字漳卫河防洪能力提升工程与中水北方公司的对接协调工作，完成漳卫南流域水安全保障智慧监控规划。召开专题视频会议，推进“数字漳卫河防洪保障能力提升工程”前期工作；截至 12 月，完成数字漳卫河防洪能力提升工程的现场查勘工作。

5. 制度建设

编制印发《漳卫南局网络信息机房管理规定》（漳信息〔2021〕1 号）、《漳卫南局计算机终端信息安全管理规定》（漳信息〔2021〕2 号）、《漳卫南局网络安全事件应急预案》（漳信息〔2021〕2 号）。组织修订《信息中心规章制度汇编》，全面提升信息中心规范化管理水平。

（姜泽宇）

【机关建设与后勤管理】

1. 新冠肺炎疫情防控工作

2021 年，为有效应对新冠肺炎疫情，确保职工生命安全，后勤中心严格执行疫情防控各项措施，积极开展疫情防控宣传，加强值班值守和安全保卫工作，对办公及所辖区域开展全面消毒。医务室积极储备防疫物资，采购消毒液、医用酒精、医用口罩、帐篷等防疫物资。国庆节期间，向机关职工发放医用口罩 5000 个。

2. 制度建设

3月，印发《漳卫南局后勤服务中心工作人员奖励实施细则》（后勤综〔2021〕4号）。6月，制定后勤服务中心“十四五”工作规划。

3. 为群众办实事

5月，山东增辉物业管理有限公司分别与后勤服务中心、德州永庆社区街道办事处签订协议，进驻漳卫南局住宅区开展物业管理工作。局机关院内1号、2号、8号职工宿舍楼移交该物业公司管理。7月1日，完成局机关食堂环境改造，更换就餐桌椅，调换菜品口味，开发新菜品，增加菜品种类，实行自助取餐。8月，开展绿色出行体验、节约粮食、光盘行动、生活垃圾分类宣传和体验、系列主题宣传、节能宣传网络答题等活动。9月26日，按照《德州市党政机关企事业单位错时免费对外开放停车场实施方案》，在节假日开放院内免费停车位10个。

4. 安全检查

2021年，定期对机关所有办公场所、职工食堂、地下车库等重点部位进行安全大检查。5月，与山东龙成消防科技股份有限公司达成协议，对办公区内过期的灭火器全部进行更新。7月，为防御台风，将地下车库车辆清空，用防水挡板及防汛沙袋封堵门控；检查办公院内供水、供电、供冷、办公楼状况；清理宾馆在建工程垃圾；停工并切断所有电源；与物业公司沟通，通知住宅区防雨防风；对临街广告牌（海河宾馆）等户外设施进行加固，对排水口进行清理，发布公告提醒注意高空坠物；重点做好单身宿舍、地下车库、办公区的防水工作；提前配足防汛沙袋、应急泵、应急照明、铁锹、雨衣、雨伞、雨靴等重要防风防汛物资；第一时间抽调司机补充力量；做好各时间段就餐人数统计，延长供餐时间；为职工提供便利就餐服务，为无法离岗的一线值守人员送餐。

5. 基础建设

整治局机关大院绿化，完成绿化补种，重铺部分草坪，移除部分旧有植物，补种新的树木。完成漳卫南局机关宿舍1号、2号、8号楼及大院门口的“智慧监控”建设工程。先后对局机关办公区及家属区的化粪池、排污管道进行清理，加固局机关办公楼消防水箱，对宾馆南侧供暖管道和机关大院东侧暖气、供水等所有的管道进行维修改造。对局机关7号宿舍楼及周边环境进行现场勘查，拆除违规建筑并完成垃圾外运工作。

（宋庆宇）

局属各单位

卫 河 河 务 局

【概况】

卫河河务局隶属水利部海委漳卫南局，由漳卫南局授权在其管辖范围内行使水行政管理职责，为具有行政职能的事业单位。管辖卫河干流河段从鹤壁市浚县新镇镇淇门至濮阳市南乐县寺庄乡大北张，河道长150km，两岸堤防长267km；刘庄节制闸及以下共产主义渠河段，河道长44km，两岸堤防长度88km。所辖河道共194km、堤防355km。管理范围涉及河南省境内鹤壁市的浚县，安阳市的滑县、汤阴县、内黄县，濮阳市的清丰县和南乐县。机构内设6个科室，下属9个直属单位和1个维修养护公司。全局现有干部职工154人，其中在职人员101人、退休人员53人。

2021年卫河河务局主要负责人如下。

党委书记：张如旭

副 局 长：张如旭　江松基　任俊卿　查希峰　段　峰

【工程建设与管理】

1. 维修养护管理

全面梳理卫河水利工程基础数据，对卫河水利工程维修养护经费新定额进行测算。加强水利工程维修养护管理，完成维修养护方案的编制和上报。强化流程管理，严格按照维修养护项目流程要求开展维修养护工作。2021年，完成堤防维修养护355km，堤顶养护土方5.72万m^3，堤坡养护4.29万m^3，上堤路口养护1714m^3，堤顶行道林养护21.76万株，草皮养护499.64万m^2，草皮补植18.5万m^2，标志牌维护705个，护堤地边埂整修2723工日，害堤动物防治354.62m^2。

2. 堤防绿化

召开2021年绿化工作专题会议，部署春季绿化及规范管理工作。春季绿化期间，加强绿化管理，多次开展堤防绿化检查。2021年春，补植法国梧桐34000棵、杨树4500棵，新种植杨树1200棵。

3. 确权划界

2021年，完成所辖全部工程的管理与保护范围划界工作。2月，成立水利工程划界工作领导小组。3月，完成确权划界项目标示牌及界桩制作安装工程公开招标，并与中标单位签订施工合同。4月，进行划界成果公告公示。11月，进行界桩和标示牌埋设。完成卫河确权划界埋设标示牌23块、界桩710根。12月底，工程验收通过。

4. 水毁修复

11月，报送堤防工程水毁修复项目实施方案，并签订勘测设计合同。12月底，签订施工合同书及施工建立合同。12月底，完成堤防工程水毁修复项目。修复损坏严重土质堤顶道路21.65km，维修泥结石路面900m，沥青路面裂缝维修300m，开挖回填较大堤坡冲坑、树坑 162 处，堤防裂缝处理 4 处。完成堤表清基土方 13270m^3，堤顶填筑土方 39920m^3，沥青路面维修 180m^3，泥结石路面维修 1080m^3。堤坡土方开挖 3556m^3，堤坡土方回填 4234m^3，草皮补植 10796m^2。

（夏宇航　朱俊）

【绿化经营“所有林”】

绿化经营“所有林”模式试点工作自 2015 年开始，在浚县、滑县、南乐等多处卫河堤段进行所有林建设。2021 年，回收共产主义渠左岸卫贤镇于村段弃土 2.8km，巩固建成共产主义渠左岸弃土 21.5km 绿色廊道。截至 2021 年年底，全产权所有林已建成 37.3km。

（夏宇航）

【卫河干流治理工程】

协助卫河治理建管局与地方政府对接、对卫河现状工程情况开展全面调查、进行标段划分等工作，促进项目的顺利实施。6 月底前，施工单位进场，平整场地、修建施工道路、搭设临时房屋、完成施工水电系统修建等。10 月中旬，秋汛结束后，开始对穿堤涵闸管进行整修。截至 12 月底，配合卫河治理建管局基本完成 2021 年度卫河治理项目施工任务和投资。

（夏宇航）

【水旱灾害防御】

2021 年 3 月，完成汛前检查并及时上报汛前检查报告。调整防汛组织机构，落实各项防汛工作责任制。5 月 15 日，开始实施 24 小时防汛值班。6 月，召开防汛抗旱工作会议，修订了卫河防洪预案、卫河抢险预案。加强对涉河在建项目和浮桥的监督管理，督促相关单位落实度汛方案。汛期特别是“21·7”洪水和罕见秋汛期间，密切关注雨水情预报，及时启动应急响应，合理调度节制闸、橡胶坝，积极向鹤壁、濮阳、安阳等地防汛抗旱指挥部通报汛情，督促地方各级政府加强堤防巡查、抢护除险、封堵涵闸管、做好物料调运等工作。坚持防汛会商，及时对雨情、水情、工情进行分析研判，共召开防汛会商会 84 次，编发会商通报 84 期。局领导和局属单位负责人主动参与沿河市（县）防汛抗旱指挥部的防汛检查和防汛会商，防汛关键时期派出多批次工作组进驻防汛一线，进行抢险技术指导，共协助督促地方抢护险情 45 处。加强防汛宣传，派员到沿河有关市县乡防指进行防汛知识培训，并编制赶印《卫河防汛抢险技术画册》5000 本、《卫河防汛工作口袋书》500 本，发放给沿河各市（县）防汛抗旱指挥部和一线抢险人员。

（夏宇航）

【卫河“21·7”洪水】

1. 流域降水情况

2021 年 7 月 11—16 日，卫河流域发生了一次降水过程，淇门水文站以上流域面平均降雨量达到 130mm，使流域前期土壤含水量接近饱和（160mm）状态。

7 月 17—23 日，受低涡和低空急流共同影响，卫河流域出现入汛以来最强降雨过程，流域太行山前普降大到暴雨、局部特大暴雨；卫河流域面平均降雨量 496mm，淇门以上流域面平均降雨量 650.3mm，最大点雨量为新乡市辉县黄水乡龙水梯站的 1159mm。

2. 洪水形成过程

强降雨持续导致河水暴涨，上游支流多座水库从 21 日下午开始泄洪。合河以上马鞍石水库 7 月 21 日 16 时最大下泄流量 299m^3/s，石门水库 7 月 21 日 14 时最大下泄流量 1585m^3/s，宝泉水库 7 月 21 日 14 时最大下泄流量 517m^3/s；受强降雨产生的地表径流和水库泄洪影响，卫河合河站 7 月 23 日 11 时出现最大洪峰 1325m^3/s，水位高于 1963 年洪峰水位 1.25m，淇河新村站 7 月 22 日 8 时出现最大洪峰 1080m^3/s。

21 日 18 时，淇门站水位 64.11m，超过警戒水位，22 日 6 时 31 分，超过保证水位（66.10m）且继续上涨，23 日零时，水位达到最高 68.03m，流量 413m^3/s，超过保证水位 1.93m。刘庄站 7 月 22 日 19 时达到最高水位 67.25m，7 月 24 日 15 时出现最大流量 523m^3/s。五陵站经历两次洪峰，第一次出现在 7 月 24 日 6 时，水位 55.93m，流量 640m^3/s；第二次出现在 7 月 31 日 10 时，水位 56.44m，流量 861m^3/s。元村站洪峰出现在 7 月 25 日 6 时，水位 47.98m，最大流量出现在 25 日 10 时，为 947m^3/s。

3. 蓄滞洪区的启用

在此次特大洪水中，从 7 月 21 日 19 时至 30 日零时，卫河沿线 9 个蓄滞洪区中启用广润坡、崔家桥、良相坡、共渠西、长虹渠、柳围坡、白寺坡、小滩坡等 8 个。

汤河广润坡滞洪区于 7 月 21 日 14 时在汪流屯自然漫溢，19 时在双石桥扒口分洪。

安阳河崔家桥滞洪区于 21 日 23 时，安阳水文站达到 300m^3/s 后，自然漫溢进洪，22 日 20 时达到设计蓄洪水位不再进洪。良相坡蓄滞洪区于 7 月 22 日 6 时在共渠右岸无堤段自然漫溢进洪，10 时 15 分在淇河右岸闫村分洪口分洪。共渠西滞洪区于 7 月 21 日从共渠左堤无堤段牛四马湖至邢固附近漫堤自然进洪，7 月 22 日中午开始启用分洪。长虹渠蓄滞洪区于 7 月 23 日凌晨 3 时扒口分洪启用。柳围坡滞洪区于 7 月 23 日 15 时启用，分别扒开共渠右堤西沿分洪堰和卫河右堤宋村分洪堰向柳围坡分洪。白寺坡蓄滞洪区于 7 月 24 日 15 时开始扒口，7 月 25 日 7 时开始进洪。小滩坡滞洪区于 7 月 30 日开始扒口分洪。

4. 险情情况及水毁情况

7 月 22 日晚，卫河河务局管辖卫河左堤新镇桥下游约 400m 处的卫河左堤出现决口，经过各方力量连续 70 多个小时的抢险，7 月 26 日凌晨成功封堵，由于群众撤离及时，未造成人员伤亡。其余一般险情如管涌、渗水、裂缝和穿堤建筑物漏水 45 处，都及时得到抢护，未发生事故。

卫河“21·7”洪水对堤防造成了严重损坏，扒口分洪、超强降雨和堤防长时间高水位浸泡造成损坏较多，2021 年 8 月向上级申报水（雨）毁修复项目。根据堤防工程受损情况，分为三大项：一是分洪口门复堤项目，二是堤防工程水（雨）毁修复项目，三是险工水毁修复项目。

（夏宇航）

【“抢水毁、保畅通”专项活动】

2021 年 8 月 20 日，召开“抢水毁、保畅通”专项活动工作视频会议，及时安排部署专项维修养护活动，组织力量进行水毁工程抢修，共修复堤顶损毁严重段260km，较大冲沟、塌坑500余处。

（夏宇航）

【水政水资源管理】

1. 水法规宣传

制定“八五”普法规划和年度普法工作计划，在“世界水日”“中国水周”“国家宪法日”等重要宣传节点，通过张贴海报、悬挂横幅、滚动播放宣传片、设置咨询台、发放宣传品、出动宣传车等形式开展宣传教育活动。

2. 水政队伍管理

注重水政监察装备的管理，建立执法装备清单台账，定期对设备进行检查和保养。举办《民法典》专题培训班、水行政执法培训班，提高水政监察队伍素质，进一步提升执法水平。严格实行水政监察人员资格证件管理制度，办理、调整、换发“水政监察证”“河南省行政执法证”。对水行政执法文书格式及填写说明修订补充共19处，涉及证据保存、调查报告、责令改正违法行为等多个执法程序。

3. 水行政执法

加大日常水行政执法巡查力度，推进“三项制度”落实，及时查处违法违规行为，全年共现场处理水事违法案件2起，无立案和结案。开展水行政执法监督自查，顺利通过漳卫南局年中执法检查。积极参与地方行政执法工作，配合濮阳市开展行政执法监督检查工作，参与濮阳市法治政府创建工作。

4. 水资源管理与保护

强化取水口日常监督管理，管辖范围内109处取水口均做到持证取水，落实计量方式，严格要求取水人按照取水许可证批准的取水量取水。开展“取水口标识化管理”工作，对56处已办证取水口统一制作安装信息标识牌。每月及时上报所辖范围内取水口取水情况，按要求对元村、淇门、刘庄等水文站的水文资料进行收集。配合漳卫南局做好水功能区重要断面的水质监测，按时完成6个断面的水质样品采集、预处理和递送工作。巩固提升节水机关建设成果，持续开展节水宣传教育。

（夏宇航）

【河湖管理】

积极协助各级河长开展巡河，参与市级河长巡河3次、县级河长巡河6次。积极与地方公安部门、检察院沟通对接，就“河长＋检察长＋警长”工作机制建设开展调研和联动巡河。持续开展河湖“清四乱”，每月进行现场巡查。卫河“21·7”洪水期间，督促沿河各县河长办和县防汛抗旱指挥办公室对影响行洪的“四乱”问题进行清理。9月，再次对管理范围内的“四乱”问题进行排查并形成问题清单，移交沿河各市、县。加强涉河建设项目日常和度汛管理，开展涉河建设项目季度监督巡查和汛前检查，强调防御措施及防汛职责落实，切实履行管理单位职责，杜绝未批先建。

（夏宇航）

【经济工作】

修订完善《财务经济管理办法》（卫财〔2021〕25号），确定局属各单位创收任务，按照“落实责任、差额补助、缺口自负”原则，提高基层单位经营创收积极性。推进“水政经济”，收取安罗高速“占用水利设施补偿费”“防护工程后期观测及养护费”和“全额防护工程保证金”。持续巩固“所有林”绿化经营，增加植树39700棵。盘活闲置资产，对内黄河务局、汤阴河务局老机关院、滑县仓库临街楼、清丰苏村老机关院进行开发利用，提高国有资产效益。

（夏宇航）

【人事管理】

1. 人员变动

招录参照公务员法管理人员1人（陈红阳），办理调离2人（张如旭、焦松山），辞去公职1人（林鸣宇）。

截至2021年12月31日，全局在职人员101人，其中参照公务员法管理人员54人，事业人员37人，海达公司10人；退休人员53人，其中2021年退休人员2人（郭素芬、郑建平），去世3人（陈广堂、鲁广玉、鲁玉北）。

2. 领导分工调整

（1）6月30日，印发《卫河河务局关于调整局领导分工的通知》（卫办〔2021〕54号），对卫河河务局局领导班子成员分工及联系单位进行如下调整。

张如旭：主持全局全面工作；分管财务科。

任俊卿：分管办公室（党委办公室）、人事（监察审计）科、工会，联系滑县河务局、汤阴河务局、内黄河务局。

江松基：分管工管科（防汛抗旱办公室）、综合事业管理中心（信息中心），联系浚县河务局、刘庄闸管理所、海达公司。

段　峰：分管水政科（水政监察支队）、后勤服务中心，联系清丰河务局、南乐河务局。

（2）10月9日，根据工作需要，对卫河河务局局领导班子成员分工及联系单位临时调整如下。

江松基：主持全局全面工作；分管财务科、工管科（防汛抗旱办公室）；联系海达公司。

任俊卿：分管办公室（党委办公室）、人事（监察审计）科、工会，联系滑县河务局、汤阴河务局、内黄河务局。

查希峰：分管综合事业管理中心（信息中心），联系浚县河务局、刘庄闸管理所。

段　峰：分管水政科（水政监察支队）、后勤服务中心，联系清丰河务局、南乐河务局。

3. 人事任免

（1）处级干部任免。7月1日，经试用期满考核合格，漳卫南局党委研究决定，任命段峰同志为卫河河务局党委委员（漳党〔2021〕34号），任命段峰为卫河河务局副局长

（漳任〔2021〕21号）。9月26日，漳卫南局党委研究决定，免去张如旭同志卫河河务局党委书记职务（漳党〔2021〕73号），免去张如旭卫河河务局副局长职务、一级调研员职级（漳任〔2021〕76号）。

（2）科级干部任免。1月28日，任命张北为水政水资源科（水政监察支队）科长（试用期1年），免去其工程管理科（防汛抗旱办公室）副科长职务、二级主任科员职级；任命邱会艳为人事（监察审计）科科长（试用期1年），免去其人事（监察审计）科二级主任科员职级；任命段立峰为清丰河务局局长（试用期1年），免去其内黄河务局副局长职务、二级主任科员职级；免去杜立峰人事（监察审计）科科长职务；免去耿建伟清丰河务局局长职务（卫人〔2021〕14号）。2月2日，卫河河务局党委研究决定，任命朱俊为工程管理科（防汛抗旱办公室）副科长、二级主任科员，免去其浚县河务局副局长职务、二级主任科员职级（卫人〔2021〕15号、卫人〔2021〕22号）。3月10日，卫河河务局党委研究决定，任命周海军为浚县河务局副局长（试用期1年），任命白红亮为内黄河务局副局长（试用期1年）（卫人〔2021〕30号）。7月20日，经试用期满考核称职，任命关海宾为卫河河务局财务科科长；经试用期满考核合格，聘任姜卫华为卫河河务局综合事业管理中心（信息中心）主任（卫人〔2021〕61号）。7月15日，卫河河务局党委研究决定，任命李根生为南乐河务局局长、一级主任科员，免去焦松山南乐河务局局长职务、一级主任科员职级（卫人〔2021〕66号）；任命孙洪涛为汤阴河务局局长、一级主任科员，免去李根生汤阴河务局局长职务、一级主任科员职级（卫人〔2021〕67号）。9月9日，卫河河务局党委研究决定，任命鲍迪为内黄河务局副局长（试用期1年）（卫人〔2021〕89号）。

（3）党务干部任免。8月13日，卫河河务局党委研究决定，任命孙洪涛同志任汤阴党支部书记，免去李根生同志汤阴党支部书记职务；任命白红亮同志任内黄党支部书记，免去孙洪涛同志内黄党支部书记职务（卫党〔2021〕39号）。

（4）其他人员任免。11月15日，经试用期满考核合格，任命鲁荣荣为办公室（党委办公室）四级主任科员（卫人〔2021〕120号），任命刘建明为滑县河务局四级主任科员（卫人〔2021〕121号），任命赵嘉琦为汤阴河务局一级科员（卫人〔2021〕122号）。

4. 职级晋升

1月7日，漳卫南局党委研究决定，杨利江任卫河河务局四级调研员（漳任〔2021〕2号）。1月8日，卫河河务局党委研究决定，刘凌志任水政水资源科（水政监察支队）二级主任科员，李海长任财务科二级主任科员，张北任工程管理科（防汛抗旱办公室）二级主任科员，朱俊任浚县河务局二级主任科员，周海军任浚县河务局二级主任科员，段立峰任内黄河务局二级主任科员，白红亮任内黄河务局二级主任科员（卫人〔2021〕10号）。4月16日，卫河河务局党委研究决定，渠睿任财务科三级主任科员，刘佳任工程管理科（防汛抗旱办公室）三级主任科员，刘军任滑县河务局四级主任科员，刘丹任汤阴河务局三级主任科员，石瑞霞任清丰河务局二级主任科员，吴黎红任清丰河务局二级主任科员（卫人〔2021〕39号）。5月10日，卫河河务局党委研究决定，张卫敏任办公室（党委办公室）三级主任科员，郑建平任财务科三级主任科员，任立新任工程管理科（防汛抗旱办公室）三级主任科员（卫人〔2021〕43号）。7月20日，卫河河务局党委研究决定，呼雄任浚县河务局四级主任科员，直万里任刘庄闸管理所四级主任科员（卫人〔2021〕65号）。9月9日，卫河河务局党委研究决定，夏宇航任办公室（党委办公室）三级主任科员，李佩瑶任水政水资源科（水政监察支队）三级主任科员，鲍迪任内黄河务局三级主任科员，潘科任刘庄闸管理所三级主任科员（卫人〔2021〕88号）；霍达任浚县河务局二级主任科员，任希梅任滑县河务局二级主任科员，陈蜀芳任内黄河务局二级主任科员（卫人〔2021〕97号）。

5. 干部交流

（1）水政科刘凌志借调到漳卫南局河湖管理处，财务科李海长借调到漳卫南局监督处（审计处）。

（2）南乐局吉利敏、后勤中心李雷借调到办公室，事业中心邱慧刚借调到水政科，事业中心张倩倩借调到人事科，刘庄闸潘科借调到工管科，后勤中心毛宁借调到工会，浚县局任立强借调到滑县局，汤阴局杜娇娇借调到南乐局。

（3）试用期满的新招录、招聘干部进行岗位交流，其中滑县局刘军到办公室交流，清丰局靳晴轩到工管科交流，南乐局吴浩杰到财务科交流。

（4）查希峰、杨利江、阮仕斌、张卫平、任天翔、雷利军、直万里、成培国借调到卫河治理建管局。

6. 职称聘任

11月30日，聘任鲁鹏辉为专业技术十二级岗位（卫人〔2021〕125号）；聘任张志羽为专业技术十二级岗位（卫人〔2021〕126号）。

7. 机构设置及调整

（1）1月13日，印发《卫河河务局关于成立法治政府建设领导小组的通知》（卫人〔2021〕7号），成立卫河河务局法治政府建设领导小组和法治政府建设示范市创建工作专班，人员组成如下。

1）法治政府建设领导小组。

组　长：张如旭

副组长：任俊卿　查希峰　段　峰

成　员：鲁广林　关海宾　杜立峰　杨利江　阮仕斌　姜卫华　李安文

2）法治政府建设示范市创建工作专班。

组　长：段　峰

成　员：崔耀华　李佩瑶

（2）3月1日，印发《卫河河务局关于成立职称申报初评小组的通知》（卫人〔2021〕23号），成立卫河河务局职称申报初评小组，人员组成如下。

组　长：任俊卿

成　员：邱会艳　朱　俊

（3）3月15日，印发《卫河河务局关于调整节水机关建设工作领导小组的通知》（卫人〔2021〕28号），对卫河河务局节水机关建设工作领导小组进行如下调整。

组　长：张如旭

副组长：段　峰

成　员：鲁广林　张　北　关海宾　阮仕斌　姜卫华　李安文

领导小组下设办公室，承担领导小组的日常工作。领导小组办公室设在水政水资源科，办公室主任由张北兼任，办公室副主任由李安文、邱慧刚担任。

（4）3 月 23 日，印发《卫河河务局党委关于公布第一、第二、第三和浚县党支部委员会组成情况的通知》（卫党〔2021〕19 号），第一、第二、第三和浚县党支部支部委员会人员组成如下。

1）中共水利部海委漳卫南运河卫河河务局第一支部委员会委员为鲁广林、张卫敏、渠睿；其中，鲁广林同志任书记，渠睿同志任组织委员，张卫敏同志任宣传委员兼纪检委员。

2）中共水利部海委漳卫南运河卫河河务局第二支部委员会委员为杜立峰、邱会艳、李佩瑶；其中，杜立峰同志任书记，邱会艳同志任组织委员兼纪检委员，李佩瑶同志任宣传委员。

3）中共水利部海委漳卫南运河卫河河务局第三支部委员会委员为姜卫华、李安文、刘佳；其中，姜卫华同志任书记，李安文同志任组织委员，刘佳同志任宣传委员兼纪检委员。

4）中共水利部海委漳卫南运河卫河河务局浚县支部委员会委员为刘彦军、张新国、周海军；其中，刘彦军同志任书记，张新国同志任宣传委员兼纪检委员，周海军为组织委员。

（5）4 月 16 日，印发《卫河河务局关于成立卫河干流治理工程工作协调领导小组的通知》（卫人〔2021〕37 号），成立卫河河务局卫河干流治理工程工作协调领导小组，人员组成如下。

组　长：张如旭

副组长：段　峰

成　员：鲁广林　张　北　朱　俊　姜卫华　刘彦军　杨利明　李根生　孙洪涛
　　　　段立峰　焦松山　张新国

（6）5 月 24 日，印发《卫河河务局关于明确卫河水利工程行政等责任人的通知》（卫人〔2021〕47 号），明确直属卫河水利工程、设备物资、通信网络以及水文等方面的行政责任人、技术责任人、巡查责任人如下。

1）直属卫河水利工程。

行政责任人：张如旭

技术责任人：段　峰

巡查责任人：朱　俊

2）设备物资。

行政责任人：张如旭

技术责任人：关海宾

巡查责任人：白冰洋

3）通信网络。

行政责任人：任俊卿

技术责任人：姜卫华

巡查责任人：刘洪亮

4）水文。

行政责任人：段　峰

技术责任人：张　北

巡查责任人：邱慧刚

（7）7月15日，印发《关于成立2021年水利工程划界工作领导小组的通知》（卫人〔2021〕58号），成立卫河河务局2021年水利工程划界工作领导小组，人员组成如下。

组　长：江松基

成　员：关海宾　邱会艳　朱　俊　白红亮　鲍　迪

领导小组下设综合协调、工程质量与安全、财务与监察审计等三个职能部门，人员组成如下。

综合协调部：朱　俊　白红亮

工程质量与安全部：鲍　迪

财务与监察审计部：关海宾　邱会艳

（8）7月19日，印发《卫河河务局关于调整水旱灾害防御工作职责的通知》（卫人〔2021〕59号），对卫河河务局局领导水旱灾害防御工作分工和机关各部门的水旱灾害防御工作职责进行如下调整。

1）局领导水旱灾害防御工作职责及包河分工。

张如旭：负责水旱灾害防御全面工作。

任俊卿：分管安阳市的滑县、汤阴县和内黄县的卫河水旱灾害防御工作。

江松基：分管鹤壁市浚县的卫河、共产主义渠和刘庄闸的水旱灾害防御工作，负责局水旱灾害防御日常工作。

段　峰：分管濮阳市的清丰县、南乐县的卫河水旱灾害防御工作。

2）机关各部门水旱灾害防御工作职责。

a. 办公室（党委办公室）：负责水旱灾害防御宣传报道工作；负责卫河水旱灾害防御信息和卫河河务局网站有关水旱灾害防御信息的管理。

b. 水政水资源科（水政监察支队）：负责组织有关水旱灾害防御法规、政策的宣传工作；督办河系违章建筑和阻水障碍及其他影响防洪安全的水事违法案件；负责组织河系水质监测和保护工作，保证重要水源地的水质安全。

c. 财务科：负责全局水旱灾害防御资金的使用、检查和监督，负责防汛物资的管理和调度。

d. 人事科（监察审计科）：负责水旱灾害防御相关工作的人事及纪律监督；负责对水旱灾害防御工程经费的管理使用进行审计监督；负责对水旱灾害防御工作中渎职失职、违纪违法行为进行调查和处理。

e. 工程管理科（防办）：负责组织防洪预案、抢险预案的编制；按照规定和授权对直属工程实施水旱灾害防御调度；负责有关防汛建设项目的建设与管理；负责组织局系统防洪抢险演习和技术培训；负责灾情统计及上报；负责水情测报和洪水预报的相关工作；负责局水旱灾害防御日常工作；负责水旱灾害防御安全生产工作；负责防洪工程日常维护管理和建设管理。

f. 工会：负责有关水旱灾害防御工作的思想动员及教育工作。

g. 综合事业中心（信息中心）：负责防汛通信联络，保障通信畅通；负责计算机网络、视频会商等系统的运行维护；配合开展有关水旱灾害防御技术的研究，为防汛抢险提供技术支持。

h. 后勤服务中心：负责防汛交通及水、电等后勤保障工作。

(9) 7月19日，印发《卫河河务局关于调整2021年水旱灾害防御组织机构的通知》(卫人〔2021〕60号)，对卫河河务局2021年水旱灾害防御组织机构进行如下调整。

1）局水旱灾害防御工作领导小组。

组　长：张如旭

副组长：任俊卿　江松基　段　峰

成　员：鲁广林　张　北　关海宾　邱会艳　朱　俊　姜卫华　李安文

2）水旱灾害防御办公室（防汛抗旱办公室）。

卫河河务局水旱灾害防御办公室（防汛抗旱办公室）设在工程管理科，负责领导小组日常事务。

主　任：江松基

副主任：朱　俊

3）职能组。

水情工情组

组　长：朱　俊

成　员：主要由工程管理科（防汛抗旱办公室）人员组成

综合协调组

组　长：鲁广林

成　员：主要由办公室人员组成

物资保障组

组　长：关海宾

成　员：主要由财务科人员组成

法律保障组

组　长：张　北

成　员：主要由水政科人员组成

防汛教育组

组　长：邱会艳

成　员：主要由人事科及其他人员组成

防汛动员组

组　长：任立新

成　员：主要由工会及其他人员组成

防汛督查组

组　长：邱慧刚

成　员：主要由监察审计科及其他人员组成

通信信息组

组　长：姜卫华

成　员：主要由事业中心及其他人员组成

宣传报道组

组　长：张卫敏

成　员：主要由办公室及其他人员组成

后勤保障组

组　长：李安文

成　员：主要由后勤中心人员组成

顾问组

组　长：施　梓

成　员：由退休的专家领导组成

(10) 8月7日，印发《卫河河务局关于调整新冠肺炎疫情防控工作领导小组的通知》(卫人〔2021〕69号)，对卫河河务局新冠肺炎疫情防控工作领导小组进行如下调整。

组　长：张如旭

副组长：任俊卿　江松基　段　峰

领导小组办公室设在局办公室，负责相关工作的组织开展。

主　任：段　峰（兼）

副主任：鲁广林　李安文

成　员：张　北　关海宾　邱会艳　朱　俊　姜卫华　李安文　刘彦军　杨利明
孙洪涛　白红亮　段立峰　李根生　张新国　杨文静

(11) 8月26日，印发《卫河河务局关于成立卫河左堤彭村段决口问题整改工作领导小组的通知》(卫人〔2021〕79号)，成立卫河河务局卫河左堤彭村段决口问题整改工作领导小组，人员组成如下。

组　长：张如旭

副组长：任俊卿　江松基　段　峰

成　员：鲁广林　张　北　关海宾　邱会艳　朱　俊

卫河河务局卫河左堤彭村段决口问题整改工作领导小组下设办公室负责具体工作，办公室设在工程管理科。

(12) 9月7日，印发《卫河河务局关于成立健康单位建设工作领导小组的通知》(卫人〔2021〕82号)，成立卫河河务局健康单位建设工作领导小组，人员组成如下。

组　长：张如旭

副组长：任俊卿　江松基　段　峰

成　员：鲁广林　张　北　关海宾　邱会艳　朱　俊　姜卫华　李安文

领导小组办公室设在后勤中心，人员组成如下。

主　任：李安文（兼）

成　员：鲁怀奎　耿晨乐　毛　宁

（13）10月15日，印发《卫河河务局党委关于调整国家安全及机要保密工作领导小组的通知》（卫党〔2021〕44号），对卫河河务局国家安全及机要保密工作领导小组进行如下调整。

组　长：江松基

副组长：任俊卿　查希峰　段　峰

成　员：鲁广林　张　北　关海宾　邱会艳　朱　俊　阮仕斌　姜卫华　李安文

卫河河务局国家安全及机要保密工作领导小组办公室设在局办公室（党委办公室），负责领导小组日常事务。

主　任：鲁广林（兼）

副主任：张卫敏　李安文（兼）

成　员：夏宇航　鲁荣荣　吉利敏　渠　睿　刘　佳　李　雷

（14）12月3日，印发《关于成立堤防工程水毁修复项目建设与质量管理领导小组的通知》（卫人〔2021〕129号），成立卫河河务局堤防工程水毁修复项目建设与质量管理领导小组，人员组成如下。

组　长：江松基

成　员：朱　俊　关海宾　邱会艳　刘　佳　潘　科　杨利明　刘彦军　孙洪涛
白红亮　段立峰　李根生

领导小组下设工程技术与安全、财务与监察审计和组织与协调三个职能部门，人员组成如下。

工程技术与安全部：朱　俊　刘　佳　潘　科

财务与监察审计部：关海宾　邱会艳

组织与协调工作部：杨利明　刘彦军　孙洪涛　白红亮　段立峰　李根生

（15）12月3日，印发《卫河河务局关于成立卫河水毁工程修复质量监督管理小组的通知》（卫人〔2021〕132号），成立卫河河务局卫河水毁工程修复质量监督管理小组，人员组成如下。

组　长：江松基

副组长：杨利明　刘彦军　孙洪涛　白红亮　段立峰　李根生　朱　俊

成　员：刘东升　任立强　孙继乐　王　帅　呼　雄　刘　阳　张志羽　王卫东
李运阳　唐自岩　王永旭　韩彦美　高俊刚　杜娇娇　鲁鹏辉

8. 考核及奖惩

2021年，卫河河务局机关继续保持“河南省文明单位”称号。

1月4日，濮阳市爱卫办、文明办、卫健委联合印发《关于命名濮阳市无烟党政机关的决定》（濮爱卫办〔2021〕2号），决定命名卫河河务局为“濮阳市无烟党政机关”。1月14日，濮阳市平安建设工作领导小组印发《关于对全市平安建设先进单位进行表彰的通知》（濮平安〔2021〕1号），授予卫河河务局“濮阳市2020年度平安建设先进单位”荣誉称号。1月15日，河南省爱卫会印发《关于命名2020年度河南省卫生先进单位卫生村卫生小区的通知》（豫爱卫〔2021〕2号），重新命名卫河河务局为“河南省卫生先进单位”。1月19日，海委印发《海委办公室关于2020年度水政监察工作考核结果的通报》（办政法〔2021〕1号），漳卫南局直属卫河水政监察支队、卫河河务局直属南乐水政监察大队2020年度水政监察工作考核被确定为“优秀”等次。1月29日，漳卫南局印发《关于表彰2020年度工程管理先进单位与先进水管单位的通报》（漳建管〔2021〕7号），授予滑县局、汤阴局“2020年度工程管理先进水管单位”荣誉称号。2月3日，卫河河务局印发《关于表彰2020年度先进单位、先进集体的通报》（卫办〔2021〕16号），授予浚县局、刘庄闸所“卫河河务局2020年度先进单位”荣誉称号，授予办公室、水政科“卫河河务局2020年度先进集体”荣誉称号；卫河河务局印发《关于表彰2020年度工程管理先进单位的通知》（卫工〔2021〕17号），确定浚县局、南乐局为“卫河河务局2020年度工程管理先进单位”；卫河河务局印发《关于表彰2020年度安全生产管理先进单位的通知》（卫工〔2021〕18号），确定清丰局、汤阴局为“卫河河务局2020年度安全生产管理先进单位”。3月3日，漳卫南局印发《关于公布局属各单位2020年度处级领导班子和处级干部考核优秀结果的通知》（漳人事〔2021〕17号），卫河河务局处级领导班子年度考核等次为优秀，张如旭年度考核等次为优秀。3月29日，卫河河务局印发《关于公布2020年度考核结果暨对优秀人员表彰的通知》（卫人〔2021〕33号），将参照公务员法管理人员和事业人员2020年度考核结果予以公布，2020年度参照公务员法管理优秀等次人员为张如旭、鲁广林、李根生、白红亮、雷利军、刘军、石瑞霞、吴黎红、邱会艳、渠睿，不定等次人员为鲁荣荣、刘建明、赵嘉琦（试用期内根据有关规定不定等次），其他参加考核的人员均为称职，邱会艳、渠睿连续三年考核等次为优秀，记三等功一次；事业人员优秀等次人员为李安文、刘东升、杜娇娇、李远阳，不定等次人员为张志羽、曹鹏辉（见习期内根据有关规定不定等次），其他参加考核的人员均为合格。6月21日，卫河河务局印发《关于表彰2020年度先进党支部、优秀共产党员和优秀党务工作者的通知》（卫党〔2021〕32号），表彰卫河河务局第一党支部为“2020年度先进党支部”，夏宇航、渠睿、邱慧刚、朱旭、刘佳、张新国、周海军、刘东升、刘阳、白红亮、韩彦美为“2020年度优秀共产党员”，张卫敏、李佩瑶、李安文、刘彦军为“2020年度优秀党务工作者”；12月13日，海委办公室印发《关于印发浚县河务局等22个单位水利档案规范化管理综合评估意见的通知》（办档〔2021〕15号），认定浚县局、滑县局、汤阴局、内黄局、刘庄闸所档案工作规范化管理达到三级标准。

9. 教育培训

举办卫河河务局档案管理、消防知识、工程管理、政务信息宣传、党风廉政知识等15个培训班，培训831人次；组织中国水利教育培训网网络选学92人次；参加纪念新《中华人民共和国水土保持法》实施10周年知识问答活动网络答题、黄河流域生态保护和高质量发展知识网络答题、海委2021年“安全生产月”网络答题等7个网络答题学习；各基层党支部按照局党委要求组织多次集体学习，主要内容为十九届五中全会精神，习近平总书记在中央全面依法治国工作会议、全国劳动模范和先进工作者表彰大会、党史学习教育动员大会、全国脱贫攻坚总结表彰大会等最新重要讲话精神，习近平总书记的重要论述，《中华人民共和国民法典》等。人均培训学时 190.6 学时，参与培训率达 97.87%。

（夏宇航　邱会艳）

【综合管理】

深入推进目标管理工作，并加强日常督查和考核。实行周一例会制度，总结上周、安排本周、谋划下周工作。加强新媒体建设，重点对“21·7”防汛抗洪工作进行宣传。及时对规章制度进行废、改、立，规范工作流程和规则。强化档案管理，局机关及 7 个基层水管单位全部实现档案工作规范化管理三级达标。注重保密教育和管理，全年未发生失、泄密事件。认真排查信访热点、难点问题，全年未发生上访事件。坚持常态化新冠肺炎疫情防控，严格落实水利部、海委、漳卫南局疫情防控要求和属地防控措施，职工疫苗接种“应接尽接”。开展“四送一助力”专项行动，与驻地携手共建共抗疫情。

（夏宇航）

【财务管理】

进一步加强财政资金、固定资产、内部会计核算、防汛物资、合同等管理，科学完成部门预算编制。“21·7”洪水期间积极开展防汛物资调度和配送，全面统计各项费用支出，及时上报追加防汛费专项申请报告，完成追加防汛费开支计划和支出审核。

（夏宇航）

【监督审计】

制定《2021 年内部审计工作计划》（卫监审〔2021〕20 号），并按要求进行审计监督。年内共开展审计工作 7 次，其中基层单位主要负责人离任审计 4 次、任中经济责任审计 2 次、水利工程维修养护经费使用审计 1 次；及时向被审计对象反馈审计情况，出具有关审计意见，督促做好整改落实。

（夏宇航）

【安全生产】

制定《2021 年安全生产工作计划》（卫工〔2021〕44 号），将全年安全生产目标细化分解，逐级、逐岗签订安全生产责任书。召开安全生产工作会议，持续加强安全生产教育、宣传，开展“安全生产月”活动和安全生产专项整治三年行动，持续推进安全生产标准化创建。定期开展机关、局属各单位和所辖堤防、水闸、险工险段隐患排查，坚持做好刘庄闸安全生产重大隐患的管控。

（夏宇航）

【党建工作】

1. 政治建设

加强党的全面领导，召开党建工作会、党支部书记述职会议，定期听取支部工作汇报。遵守政治纪律和政治规矩，严格执行重大事项请示报告制度，及时向上级党组织报告落实全面从严治党主体责任情况。

2. 思想建设

深入系统学习习近平新时代中国特色社会主义思想，党委中心组集体学习 16 次，支部党员主题活动日每月至少学习 1 次，全体职工坚持在“学习强国”平台自主学习。严格落实意识形态工作责任制，每季度召开意识形态分析研判和联席工作会议并报送分析研判报告。

3. 组织建设

优化党支部设置，推进党支部标准化规范化建设，配齐配强党支部书记，举办党的组织工作培训班，提高基层党支部书记能力素质、提升基层党组织战斗力。深入推进干部交流工作，激发干部干事创业谋发展的良好态势。

4. 党史学习教育

成立领导组织，制定《开展党史学习教育实施方案》（卫党〔2021〕18 号），召开动员部署会议，利用中心组学习、“三会一课”、“党员主题活动日”，结合集中学习、个人自学和交流研讨，夯实理论根基。丰富教育形式，加强青年干部培养，5 月 11—12 日，开展“青春心向党、逐梦卫河行”青年团建活动。举办“党史青年大讲堂”，青年职工走向讲台，交流学习感悟，共开办 9 期 18 场。坚持以人民为中心的发展思想，扎实开展“我为群众办实事”实践活动。8 月，各支部相继召开专题组织生活会。

5. 庆祝建党 100 周年系列活动

组织观看“庆祝中国共产党成立 100 周年大会”，结合党史学习教育开展习近平总书记在庆祝中国共产党成立 100 周年大会上的讲话专题学习研讨。组织开展党委书记讲一场专题党课、观看一部红色教育影片、看望慰问一次老党员、开展一次党员奉献日、举办一场党史知识竞赛、开展一次红歌会演、开展一次重温入党誓词等“十个一”活动。

（夏宇航）

【“三对标、一规划”专项行动】

2021 年 3 月 4 日，卫河河务局党委召开专题会议，对“三对标、一规划”专项行动进行研究部署，审定工作方案。

“政治对标”阶段，编印学习材料 85 份，170 人次参加水利部“三对标、一规划”专项行动辅导讲座，组织专题学习 32 场次、学习研讨 16 场次。3 月 12 日，局党委中心组（扩大）召开“三对标、一规划”专项行动“政治对标”学习研讨会，围绕水利部党组确定的 6 个重点研讨题目进行交流讨论。

“思路对标”阶段，编印学习材料 106 份，170 人次参加水利部辅导讲座，组织专题学习 32 场次、学习研讨 16 场次。4 月 12 日，局党委中心组（扩大）召开“三对标、一规划”专项行动“思路对标”专题学习研讨会，围绕中央“节水优先、空间均衡、系统治理、两手发力”的治水思路，结合“建设造福人民的幸福河”的伟大号召开展学习研讨。

“任务对标”阶段，编印学习材料 21 份，85 人次参加水利部辅导讲座，组织专题学习 32 场次、学习研讨 16 场次。5 月 10 日，局党委中心组（扩大）召开“三对标、一规划”专项行动“任务对标”专题学习研讨会，对科学编制“十四五”发展规划作出安排部署。机关各部门根据漳卫南局安排和对口部门要求，按照局党委统一安排部署，认真谋划各单位、部门 5～10 年工作架构。

6月18日，局党委中心组（扩大）召开学习研讨会，研究讨论并审定《卫河河务局“十四五发展规划”》，卫河河务局“三对标、一规划”专项行动全面完成。

（夏宇航）

【党风廉政建设】

严格执行中央八项规定精神和上级党组织有关要求，制定切实有效的制度措施，强化党内监督、民主监督，扎紧扎密制度之笼。开展谈心谈话，班子成员建立“基层支部联系点”。在元旦、春节、端午节、中秋节等重要节日前召开廉政恳谈会，节假日对公车进行封存。每季度开展1次廉政警示教育，通报违规违纪案件。开展廉洁家庭建设，向全体党员干部发出《廉洁家风倡议书》，领导干部开展廉政家访，促进家庭助廉。围绕权力岗位、工作环节、工程管理上容易导致腐败的薄弱环节，持续抓好廉政风险防控。

（夏宇航）

【工会工作】

组织开展“书香花香共芬芳、巾帼追梦新时代”妇女节活动、“青春心向党、逐梦卫河行”青年团建活动、“书香卫河”全民阅读活动、“迎‘五一’筑同心、共庆建党百年”职工运动会等形式丰富的文体活动，丰富干部职工文化生活。卫河河务局领导到联系单位进行重点工作调研，了解职工群众所需要解决的困难和热点难点问题。通过走访慰问离退休干部、给防汛一线职工送慰问品、救济贫困职工等活动，切实维护职工权益。

（夏宇航）

【精神文明建设】

制定《2021年精神文明建设计划》（卫党〔2021〕22号），明确各部门创建工作职责。组织开展“书香卫河”“我们的节日”“道德讲堂”等活动。积极参加社会公益事业，组织开展“慈善一日捐”暨“99公益日”捐赠、志愿服务基金捐赠活动。履行社会责任，与濮阳市开发区新习镇西别寨村携手共建。积极开展志愿服务，组织“文明交通”“周末奉献日”“清洁家园”等活动。开展“健康单位”“无烟党政机关”创建活动，提倡健康生活方式。坚持把环境建设纳入单位总体规划，努力营造整洁、美丽、温馨的办公环境。2021年，继续保持“河南省文明单位”称号，获濮阳市首批“无烟党政机关”荣誉。

（夏宇航）

【意识形态工作】

高度重视意识形态工作，把意识形态工作作为年度工作总结的重要内容，并纳入年度工作报告，要求党委班子成员把意识形态工作履职尽责情况作为民主生活会和述职、述廉、述学报告的重要内容，接受监督和评议。严格落实意识形态相关制度，随时报告重大问题或特殊情况。每季度召开1次意识形态工作联席会议暨分析研判工作会议，并形成分析研判报告。先后举办文化大讲堂、国情与形势政策教育、意识形态工作专题培训等培训班，始终将党的政治理论和方针教育作为教育主体。大力维护网络意识形态安全，认真做好微信公众号“卫河动态”建设，传播正面思想舆论，增添网络正能量。

（夏宇航）

邯郸河务局

【概况】

邯郸河务局隶属水利部海委漳卫南局，由漳卫南局授权在其管辖范围内行使水行政管理职责，为具有行政职能的事业单位。管辖范围为河北省邯郸市境内漳河、卫河和卫运河（堤防长度337.9km）。机构内设6个科室，下属6个直属单位和1个维修养护公司。全局现有干部职工142人，其中在职人员88人、离退休54人。

2021年邯郸河务局主要负责人如下。

局　长：王孟月

副局长：刘长功　于延成　刘亚峰　焦松山

【水旱灾害防御】

1. 汛前准备

2021年4月和9月，根据人员变动情况，邯郸河务局及时调整了水旱灾害防御组织机构，实行班子成员包河和水管单位干部职工包堤段、包险工责任制，成立包河组和职能组，全面落实防汛责任制。

4月，邯郸河务局对所辖河道、堤防、险工、涉河建筑、防汛物资和网络通信系统等开展汛前检查，形成汛前检查报告并报送漳卫南局和邯郸市防汛抗旱指挥部。6月，对所辖水利工程进行全面摸排，梳理工程现状，制定整改计划和工作台账，做到了立行立改。

6月，邯郸河务局结合邯郸市防指修订完善《邯郸市漳卫河防汛预案》，组织水管单位完善《重点险工抢险预案》。组织开展防汛抢险技术培训，临漳河务局、魏县河务局、大名河务局分别联合县防汛抗旱指挥部开展防汛抢险演练，提升干部职工和沿河地方的防洪抢险能力和水平。

2. 防汛抢险

面对漳卫河“21·7”洪水和漳河历史罕见秋汛，邯郸河务局认真贯彻李国英部长检查指导漳河防汛抗洪工作和对漳卫河系秋汛防御工作的重要指示精神，密切关注雨情、水情、工情，滚动做好预测预报预警，及时启动并动态调整防汛应急响应等级，科学有序开展防汛抗洪抢险工作。

迎战漳卫河“21·7”洪水，班子成员多次奔赴一线检查指导防汛抗洪抢险工作；迎战漳河历史罕见秋汛，班子成员驻守堤防一线，调度指挥防汛抗洪抢险工作。从局机关抽调多名防汛抗洪经验丰富、工作能力突出的党员干部组成4个防汛工作组，进驻4个水管单位，支援一线巡堤查险和险情处置工作。各水管单位干部职工坚守堤防一线，紧盯重点堤段、重要设施、关键部位，排班分组，昼夜值守，开展巡堤查险、险情处置，协调指导地方有序开展防汛抢险。利用无人机技术开展河势观测、洪水预测和漳河水头跟踪等技术服务工作。

联合邯郸市水利局、气象局与水文勘测研究中心等6部门建立“水利会商沟通机制”，成立“漳卫运河防汛工作组”，会商研判水情汛情，为邯郸市及沿河各县的防洪决策提供技术支撑。联合市防汛抗旱指挥部防汛会商16次，向沿河市（县）防汛抗旱指挥部行函9次，开展联合巡查64天，检查和封堵穿堤涵闸210处，及时处置各种险情65处，没有发生险情扩大或失控局面。

3. 汛后管理

漳卫河“21·7”洪水和漳河历史罕见秋汛后，邯郸河务局及时开展水雨毁抢修和统计上报工作，编制完成夏汛、秋汛水利工程设施修复项目方案。收集整编防汛文件、音像和雨情、水情、工情数据等资料，制订《邯郸河务局超标洪水防御能力提升项目方案》《漳卫河防汛工程巡查监测方案》《邯郸河务局超标洪水防御能力方案》，为做好以后防汛工作提供借鉴和支撑。积极配合推进漳卫河灾后重建工程前期工作。

（苏伟强）

【工程建设与管理】

1. 工程维修养护

2021年3月，开展维修养护新定额经费和卫运河治理后新增项目经费测算。编制完成《关于完善一线维修养护队伍建设的实施方案》，强化一线维修养护人员制度和队伍建设，落实监督措施，建立监管机制，实施信息化管理。

2. 工程管理

2021年年初，对所辖堤防控导工程进行了现状调查，更新水利工程基础资料数据，修正水利部堤防水闸基础信息数据库险工险段工程数据，确保系统数据资料与工程现状相符。完成水利工程运行管理存在问题整改和漳河左堤京广铁路桥至京港澳高速公路段治理工程监督检查。制定水利工程安全隐患排查行动方案，对所辖水利工程存在的安全隐患和问题进行摸排，形成工程隐患及问题台账清单，用以指导工程管理工作。配合卫河治理建管局开展工程建设前期工作。

3. 海委水利工程管理示范单位建设

11月27日，海委组织专家对馆陶河务局进行海委水利工程管理示范单位（复核）验收，馆陶河务局以906.3的高分顺利通过（复核）验收。魏县河务局主动对接地方“漳河乡村振兴示范带”生态建设需求，争取地方资金种植景观苗木3万余棵，打造7.5km堤防景观绿化带，实现堤防管理与绿化景观有机融合，持续向海委水利工程管理示范单位目标迈进。

4. 堤顶道路硬化

汛后，争取地方支持，硬化漳河大名段和卫河魏县段堤顶道路各15km，巩固提升堤防工程面貌。

（苏伟强）

【水行政执法和河湖管理】

1. “四乱”问题排查

2021年9月，邯郸河务局对所辖漳河、卫河、卫运河管理范围与保护范围“四乱”

问题开展认定工作。10 月下旬，派出核查小组，对所辖漳河、卫河、卫运河管理与保护范围“四乱”问题再梳理、再排查、再落实，排查漏报问题和树障清理进度，与地方河长办对接工作任务。11 月 4 日，召开河道清障工作推进专题会议，总结前一阶段工作成效和经验，部署强化下一阶段河道清障工作。

2. 河长制工作

10 月 27 日，海委河湖处、河北省河长办在邯郸组织召开沿河五县河湖长座谈会。会议明确清障标准，部署推进河道清障工作。邯郸市总河湖长签发河长令，市政府督查室和河长办等有关部门组成联合督查组，督导推进清障工作。

3. 联合执法

邯郸河务局及各水管单位联合地方河长办等部门开展联合执法行动，依法依规对影响河道行洪安全的“四乱”问题予以清除。7 月，联合邯郸市及临漳、磁县河长办开展打击漳河采砂专项行动，组织执法人员 300 余人，清理砂石料场 1 处，拆除大型采砂加工设备 2 台套，拆除违建 1 处。8 月，清除漳河、卫河滩地内违章建筑、养殖场等行洪障碍 11 处。“秋汛”以来，拆除违建 9 处，面积 12800 余平方米；清理滩地林木约 3687 亩 22.8 万棵；拆除阻水生产桥栏杆 1 座；清理建筑垃圾 $1000m^3$。

（苏伟强）

【水资源管理】

1. 取水监督管理

2021 年 1 月，邯郸河务局印发取水监督管理办法；7 月，制定取用水管理专项整治行动整改提升工作方案，细化工作任务，明确责任人和完成期限，做到“一口一策”，规范和加强取用水监管工作。指导完成大名县 21 处小型农业扬水站取水许可证登记颁发、龙王庙灌区扬水站和路庄扬水站等 6 处取水许可论证、馆陶县 8 处取水涵洞退出整改工作，督促指导魏县军留扬水站完成超计划违规取水整改工作。

2. 节水机关建设

6 月，部署推进高水平节水机关建设工作。组织干部职工开展“节水中国”志愿服务活动，在罗城头社区给居民发放节水手册，给居民讲解节水小常识，提高节水思想意识和节水理念。组织开展第一届“节水之星”评选活动，激励引导干部职工提升节水意识，巩固节水机关建设成效。

（苏伟强）

【经济工作】

制定经济责任考核实施细则，修订合同管理、预算管理制度，压实经营创收责任，规范合同、预算管理内容和程序，抓实内控制度建设与实施。

谋划水土资源合理开发利用，对卫运河馆陶段部分堤防弃土和护堤地进行集中连片开发管理，一期开发苗圃 33 亩，二期开发苗圃 25 亩，新植白蜡、国槐幼苗 8000 余棵。首次探索利用堤坡土地资源种植麦冬草，面积 2 万余平方米，进一步挖掘堤防绿化创收潜力。顺利完成年度水费征收工作。

【安全生产】

有序推进《邯郸河务局安全生产标准化三年建设方案（2020—2022年）》有效落实，制定安全生产投入计划和月度任务清单，推行安全生产标准化清单式管理新模式。坚持以安全生产目标责任为核心的管理机制，定期不定期开展安全专项和综合检查，开展水利工程生产安全重大事故隐患排查判定，有效推进安全隐患治理。编制危险源风险辨识评级清单，完善分级管控手册。组织开展“安全生产月”活动，举办专题培训。在“水安将军”竞赛活动中，漳卫南局系统前十名中有邯郸河务局6人，成绩突出。邯郸河务局在水利部2021年“安全生产标准化”成果展示活动中，荣获“优胜奖”。

（苏伟强）

【人事管理】

1. 职务职级任免

2021年1月14日，邯郸河务局党委研究决定：晋升张铁非为魏县河务局四级主任科员，职级任职时间自2021年1月起算（邯人〔2021〕4号）。

2021年1月25日，邯郸河务局党委研究决定：任命沈爱华为办公室（党委办公室）一级主任科员，免去其水政水资源科（水政监察支队）一级主任科员的职级；任命李雅芳为工程管理科四级主任科员，免去其馆陶河务局四级主任科员的职级（邯人〔2021〕13号）。

邯郸河务局党委研究决定：自2021年3月3日起，工程管理科（防汛抗旱办公室）工作由王振华同志主持（邯人〔2021〕19号）。

2021年3月，根据《漳卫南局关于刘龙龙等人职务职级任免的批复》（漳人事〔2021〕20号），经邯郸河务局党委研究决定：任命刘龙龙为邯郸河务局办公室（党委办公室）主任（试用期1年）、闫培培为邯郸河务局人事（监察审计）科科长（试用期1年）、王晓卫为邯郸河务局工会副主席（试用期1年）；免去刘龙龙的邯郸河务局办公室（党委办公室）副主任职务、二级主任科员职级，闫培培的邯郸河务局人事（监察审计）科副科长职务、三级主任科员职级，王晓卫的邯郸河务局水政水资源科（水政监察支队）副科长职务、三级主任科员职级（邯人〔2021〕25号）。

2021年3月8日，邯郸河务局党委研究决定：聘任孟庆黎为综合事业管理中心（信息中心）副主任（主持工作），试用期1年（邯人〔2021〕26号）。

2021年7月，漳卫南局文件（漳党〔2021〕37号，漳任〔2021〕30号）：漳卫南局党委2021年7月1日研究决定，焦松山任邯郸河务局党委委员、副局长（试用期1年）。

2021年7月13日，邯郸河务局党委研究决定：免去马建军大名河务局副局长职务（邯人〔2021〕60号）。

2021年7月22日，邯郸河务局党委研究决定：任命苏伟强为邯郸河务局办公室（党委办公室）副主任（试用期1年）、三级主任科员，李兆祺为邯郸河务局水政水资源科（水政监察支队）副科长（试用期1年），郭媛媛为邯郸河务局人事（监察审计）科副科长（试用期1年），郭小辉为大名河务局副局长（试用期1年）；免去苏伟强的馆陶河务局三级主任科员职级、李兆祺的邯郸河务局人事（监察审计）科四级主任科员职级、郭媛媛的邯郸河务局人事（监察审计）科四级主任科员职级、郭小辉的大名河务局四级主任科员职级（邯人〔2021〕69号）。

邯郸河务局党委研究决定：解聘阎永强的综合事业管理中心（信息中心）副主任职务（邯人〔2021〕70号）。

2021年8月19日，邯郸河务局党委研究决定：汪宏峰任财务科一级主任科员，王振华任工程管理科（防汛抗旱办公室）一级主任科员，苏伟强任办公室（党委办公室）二级主任科员，李兆祺、刘淑莉任水政水资源科（水政监察支队）三级主任科员，郭媛媛、张红玉任人事（监察审计）科三级主任科员，孙霞任财务科三级主任科员，王丽、李雅芳任工程管理科（防汛抗旱办公室）三级主任科员，董玉芳任工会三级主任科员，黄埔任财务科四级主任科员；免去以上人员原任职级，职级任职时间自2021年8月起算（邯人〔2021〕77号）。

2021年8月19日，邯郸河务局党委研究决定：陈志强任魏县河务局二级主任科员，姜志刚、孙文军任临漳河务局三级主任科员，郭小辉任大名河务局三级主任科员；免去以上人员原任职级，职级任职时间自2021年8月起算（邯人〔2021〕78号）。

2021年9月，漳卫南局文件（漳任〔2021〕56号）通知：漳卫南局党委2021年8月12日研究决定，郭兴军任魏县河务局三级调研员，免去其魏县河务局四级调研员职级；李曙光任临漳河务局四级调研员；以上人员职级任职时间自2021年8月起算；免去李学明的馆陶河务局四级调研员职级。

2021年10月，经任职试用期满考核合格，任命马爽为大名河务局三级主任科员（邯人〔2021〕88号）。

2021年11月15日，邯郸河务局党委决定，并报漳卫南局批准，免去李学明的馆陶河务局局长职务（邯人〔2021〕95号）。

2021年11月26日，邯郸河务局党委研究决定：王军志主持馆陶河务局工作（邯人〔2021〕96号）。

2021年12月，漳卫南局文件（漳任〔2021〕72号）通知，漳卫南局党委2021年11月12日研究决定，免去李学明的馆陶河务局四级调研员职级。

2. 职称评定聘任

2021年7月，根据《邯郸河务局事业编制人员岗位聘用实施办法》的规定，经研究决定：聘任阎永强为邯郸河务局综合事业管理中心六级专业技术职务，赵克正为魏县河务局九级专业技术职务，宋鹏为大名河务局十级专业技术；以上人员聘期从2021年7月31日开始，聘期为3年（邯人〔2021〕66号）。

2021年8月12日邯郸河务局党委研究决定：聘用耿琳莹为综合事业管理中心（信息中心）专业技术十一级岗位，解聘耿琳莹的馆陶河务局专业技术十一级岗位；聘期自2021年8月13日开始，聘期为3年（邯人〔2021〕71号）。

2021年12月，根据《邯郸河务局事业编制人员岗位聘用实施办法》的规定，经研究决定：聘任耿琳莹为综合事业管理中心专业技术十级岗位，刘晓青为临漳河务局专业技术十级岗位；以上人员聘期从2021年12月30日开始，聘期为3年（邯人〔2021〕

101 号）。

3. 人员变动

2021 年，招录参照公务员法管理人员 3 人（孟秀杰、王进、曾子祥），调出 3 人（李学明、张焱、张凯）。截至 2021 年 12 月 31 日，邯郸河务局参照公务员法管理人员为 51 人，事业编制人员为 37 人。

4. 机构设置与调整

（1）2021 年 8 月 17 日，邯郸河务局印发《邯郸河务局关于调整“信访工作领导小组”等临时机构成员的通知》（邯办〔2021〕72 号），将邯郸河务局“信访工作领导小组”“保密工作领导小组”等 24 个临时机构成员调整如下。

1）信访工作领导小组。

组　长：王孟月

副组长：刘亚峰

成　员：刘龙龙　温广兴　吕海涛　闫培培　王振华　王晓卫　孟庆黎　钱　峥　曲同祥

信访工作领导小组办公室设在邯郸河务局办公室，负责日常工作的组织开展。

2）保密工作领导小组。

组　长：刘亚峰

成　员：刘龙龙　吕海涛　闫培培　孟庆黎

保密工作领导小组办公室设在邯郸河务局办公室，负责日常工作的组织开展。

3）应对新冠肺炎疫情工作领导小组。

组　长：王孟月

副组长：刘长功　于延成　刘亚峰　焦松山

成　员：刘龙龙　温广兴　吕海涛　闫培培　王振华　王晓卫　孟庆黎　钱　峥　曲同祥　李曙光　郭兴军　孙忠新　李学明

应对新冠肺炎疫情工作领导小组负责邯郸河务局应对疫情工作的组织领导、统筹协调和督促指导。领导小组办公室设在邯郸河务局办公室，负责相关工作的组织开展。

4）档案规范化管理工作领导小组。

组　长：刘亚峰

成　员：刘龙龙　李曙光　郭兴军　孙忠新　李学明

档案规范化管理工作领导小组负责全局档案规范化管理工作的组织领导、统筹协调和督促指导。领导小组办公室设在邯郸河务局办公室，负责全局档案规范化管理的日常工作。

5）档案工作突发事件应急处置领导小组。

组　长：刘亚峰

成　员：刘龙龙　吕海涛　闫培培　钱　峥

档案工作突发事件应急处置领导小组办公室设在邯郸河务局办公室，负责局档案工作突发事件处置指导工作。

6）精神文明建设领导小组。

组　长：王孟月

副组长：刘长功　于延成　刘亚峰　焦松山

成　员：刘龙龙　温广兴　吕海涛　闫培培　王振华　王晓卫　孟庆黎　钱　峥　曲同祥

精神文明建设领导小组下设文明创建办公室，办公室设在邯郸河务局综合事业中心，负责文明单位创建的日常工作，并做好与邯郸市文明办的协调联系工作。

7）推进河长制工作领导小组。

组　长：王孟月

副组长：刘长功　于延成　刘亚峰　焦松山

成　员：刘龙龙　温广兴　吕海涛　闫培培　王振华　王晓卫　孟庆黎　钱　峥　曲同祥　李曙光　郭兴军　孙忠新　李学明

推进河长制工作领导小组下设办公室，办公室设在邯郸河务局水政水资源科，承担领导小组的日常工作。

8）普法工作领导小组。

组　长：于延成

成　员：刘龙龙　温广兴　吕海涛　闫培培　孟庆黎

普法工作领导小组办公室设在邯郸河务局水政水资源科，负责日常工作的组织开展。

9）预算管理领导小组。

组　长：王孟月

副组长：刘长功　于延成　刘亚峰　焦松山

成　员：温广兴　吕海涛　王振华　李曙光　郭兴军　孙忠新　李学明

预算管理领导小组办公室设在邯郸河务局财务科，负责预算管理的日常工作。

10）经济责任考核领导小组。

组　长：王孟月

副组长：刘长功　于延成　刘亚峰　焦松山

成　员：刘龙龙　吕海涛　闫培培　温广兴　王振华

经济责任考核领导小组下设办公室，办公室设在邯郸河务局财务科，负责领导小组日常工作。

11）内部控制建设领导小组。

组　长：王孟月

副组长：刘长功　于延成　刘亚峰　焦松山

成　员：刘龙龙　吕海涛　闫培培

内部控制建设领导小组下设办公室，办公室设在邯郸河务局财务科，负责领导小组日常工作。

12）计划生育工作领导小组。

组　长：王孟月

副组长：刘长功

成　员：刘龙龙　闫培培

计划生育工作领导小组下设办公室，办公室设在邯郸河务局人事（监察审计）科，负责日常工作的组织开展。

13）关心下一代工作委员会。

主　任：刘长功

成　员：闫培培　郭媛媛　张红玉

关心下一代工作委员会下设办公室，办公室设在邯郸河务局人事（监察审计）科，负责日常工作的组织开展。

14）安全事故应急救援指挥部。

总 指 挥：王孟月

副总指挥：刘长功　于延成　刘亚峰　焦松山

成　　员：刘龙龙　温广兴　吕海涛　闫培培　王振华　王晓卫　孟庆黎　钱　峥
曲同祥　李曙光　郭兴军　孙忠新　李学明

安全事故应急救援指挥部办公室设在邯郸河务局工程管理科，负责安全事故应急救援相关工作。

15）安全生产领导小组。

组　长：王孟月

副组长：刘长功　于延成　刘亚峰　焦松山

成　员：刘龙龙　温广兴　吕海涛　闫培培　王振华　王晓卫　孟庆黎　钱　峥
曲同祥　李曙光　郭兴军　孙忠新　李学明

安全生产领导小组办公室设在邯郸河务局工程管理科，负责安全生产领导小组日常工作。

16）安全生产标准化建设工作领导小组。

组　长：焦松山

成　员：刘龙龙　温广兴　吕海涛　闫培培　王振华　王晓卫　孟庆黎　钱　峥
曲同祥　李曙光　郭兴军　孙忠新　李学明

安全生产标准化建设工作领导小组办公室设在邯郸河务局工程管理科，负责安全生产标准化建设的日常工作。

17）科学技术进步领导小组。

组　长：王孟月

副组长：焦松山

成　员：刘龙龙　温广兴　吕海涛　闫培培　王振华　王晓卫　孟庆黎　钱　峥
曲同祥　李曙光　郭兴军　孙忠新　李学明

科学技术进步领导小组办公室设在邯郸河务局工程管理科，具体承担科学技术进步奖和优秀科技论文的评审、奖励、上报等科技管理的日常工作。

18）反恐怖工作领导小组。

组　长：王孟月

副组长：焦松山

成　员：刘龙龙　温广兴　吕海涛　闫培培　王振华　王晓卫　孟庆黎　钱　峥

曲同祥　李曙光　郭兴军　孙忠新　李学明

反恐怖工作领导小组办公室设在邯郸河务局工程管理科，负责日常工作的组织开展。

19）网络与信息安全工作领导小组。

组　长：王孟月

副组长：于延成

成　员：刘龙龙　温广兴　吕海涛　闫培培　王振华　王晓卫　孟庆黎　钱　峥
曲同祥　李曙光　郭兴军　孙忠新　李学明

网络与信息安全工作领导小组办公室设在邯郸河务局综合事业中心，负责日常工作的组织开展。

20）节水机关建设工作领导小组。

组　长：王孟月

副组长：于延成

成　员：刘龙龙　温广兴　吕海涛　闫培培　王振华　王晓卫　孟庆黎　钱　峥
曲同祥

节水机关建设工作领导小组下设办公室，办公室设在邯郸河务局综合事业中心，负责日常工作的组织开展。

21）水利风景区建设与管理工作领导小组。

组　长：王孟月

副组长：于延成

成　员：刘龙龙　温广兴　吕海涛　闫培培　王振华　王晓卫　孟庆黎　钱　峥
曲同祥　李曙光　郭兴军　孙忠新　李学明

水利风景区建设与管理工作领导小组办公室设在邯郸河务局综合事业中心，负责日常工作的组织开展。

22）社会治安综合治理领导小组。

组　长：王孟月

副组长：焦松山

成　员：刘龙龙　闫培培　钱　峥

社会治安综合治理领导小组办公室设在邯郸河务局后勤服务中心，负责日常工作的组织开展。

23）爱国卫生运动委员会。

组　长：王孟月

副组长：焦松山

成　员：刘龙龙　温广兴　吕海涛　闫培培　王振华　王晓卫　孟庆黎　钱　峥
曲同祥

爱国卫生运动委员会办公室设在邯郸河务局后勤服务中心，负责日常工作的组织开展。

24）节能减排工作领导小组。

组　长：王孟月

副组长：焦松山

成　员：刘龙龙　温广兴　吕海涛　闫培培　王振华　王晓卫　孟庆黎　钱　峥
　　　　曲同祥

节能减排工作领导小组办公室设在邯郸河务局后勤服务中心，负责节能减排监督管理、节能制度和节能措施的组织实施、能耗统计等日常工作的组织开展。

（2）2021 年 5 月 27 日、9 月 8 日，因人员变动，邯郸河务局对水旱灾害防御组织机构进行了调整。

1）局水旱灾害防御工作领导小组。

组　长：王孟月

副组长：刘长功　于延成　刘亚峰　焦松山

成　员：刘龙龙　温广兴　吕海涛　闫培培　王振华　王晓卫　孟庆黎　钱　峥
　　　　曲同祥　李曙光　郭兴军　孙忠新　李学明

2）局领导水旱灾害防御工作职责及包河分工。王孟月负责局水旱灾害防御全面工作；刘长功分管馆陶局水旱灾害防御工作；于延成分管临漳局水旱灾害防御工作；刘亚峰分管魏县局水旱灾害防御工作；焦松山负责局水旱灾害防御日常工作，分管大名局水旱灾害防御工作。

3）包河组和职能组。邯郸河务局水旱灾害防御工作设立 4 个包河组、6 个职能组，具体设置如下。

a. 包河组。对分包河系进行防汛检查，了解水旱灾害防御基本情况，关注雨水情、工情和灾情，需要时赶赴一线，督促、指导局属各单位及协助地方防汛抗旱指挥部开展抗洪抢险工作。

临漳组

组　长：于延成

成　员：黄启勇　孟庆黎

魏县组

组　长：刘亚峰

成　员：王振华　曲俊雷

大名组

组　长：焦松山

成　员：温广兴　宋　鹏

馆陶组

组　长：刘长功

成　员：阎永强　苏伟强

b. 职能组。

工情水情组

组　长：王振华

成　员：温广兴　宋善祥　冯文涛　黄启勇　沈爱华　王　丽　宋　鹏　李雅芳

刘淑丽　曲俊雷　阎永强　王兆康　耿琳莹　郭媛媛

职　责：负责组织、指导防洪预案的编制；负责组织防洪抢险演习和技术培训；负责雨水情的收集上报；负责灾情的统计上报；负责防汛物资的调度工作；负责局水旱灾害防御日常工作。

通信信息组

组　长：孟庆黎

成　员：高雁伟　黄启芳　纪书红　苗　艳

职　责：负责防汛通信联络，保障通信畅通；负责计算机网络、工程视频、视频会商等系统的运行维护。

宣传动员组

组　长：刘龙龙

成　员：王晓卫　韩得生　董玉芳　苏伟强　孟秀杰

职　责：负责密切关注水旱灾害防御工作动态，做好有关信息发布和报道工作；负责水旱灾害防御的思想动员及教育工作。

物资保障组

组　长：吕海涛

成　员：汪宏峰　郭超丽　孙　霞　黄　埔

职　责：负责全局水旱灾害防御资金的使用、检查和监督，负责防汛物资的储备管理。

监督督查组

组　长：闫培培

成　员：杨以安　张红卫　李兆祺　刘婉青

职　责：负责水旱灾害防御组织机构调整、人力资源配置；负责组织水利工程度汛安全监督和检查工作，参与有关安全事故的调查处理，按照授权对水旱灾害防御经费的管理使用进行审计监督；负责对水旱灾害防御工作中渎职失职、违纪违法行为进行调查和处理。

后勤保障组

组　长：钱　峥

成　员：王保春　段立岳　李雪冬　马淑英

职　责：负责机关电力、车辆等后勤服务保障工作。

专家组

组　长：高虎成

成　员：由有水旱灾害防御工作经验的退休干部组成

职　责：负责对预测预报、洪水调度、抢险避险等进行技术指导，对水利工程险情等突发情况进行会商研判，为水旱灾害防御决策提供技术支撑。

5. 表彰奖励

2021 年 1 月，邯郸河务局荣获“漳卫南局 2020 年度先进单位”“2020 年度工程管理先进单位”“2020 年度工程管理先进水管单位”“2020 年度宣传信息工作先进集体”称号，邯郸河务局职工刘晓青荣获漳卫南局“十大优秀青年”（漳办〔2021〕2 号、漳建管〔2021〕7 号、漳机党〔2021〕2 号）。6 月，邯郸河务局职工李雅芳、刘晓青、耿琳莹荣获“优秀共产党员”称号，闫培培荣获“优秀党务工作者”称号，邯郸河务局第一党支部荣获漳卫南局“先进基层党组织”称号（漳党〔2021〕31 号）。

2021 年 2 月，邯郸河务局印发《邯郸河务局关于表彰 2020 年度先进单位、先进集体的通报》。授予综合事业管理中心、馆陶河务局、临漳河务局“邯郸河务局 2020 年度先进单位”荣誉称号；授予办公室、人事科、工管科“邯郸河务局 2020 年度先进集体”荣誉称号。

2021 年 7 月，邯郸河务局职工孙忠新、王京栋、徐志科荣获“海委优秀共产党员”称号，李曙光荣获“海委优秀党务工作者”称号（海党建〔2021〕3 号）。

2021 年 8 月，水利部发布《水利部关于表扬全国水利扶贫先进集体和先进个人的通报》（水人事〔2021〕242 号），邯郸河务局职工路涛荣获“全国水利扶贫先进个人”称号。

（苏伟强）

【内部管理】

制定合同管理办法，修订新闻宣传、预算管理等办法，进一步完善内部管理制度。落实分类管理、借阅、保密、鉴定与销毁等 9 项档案工作制度，邯郸河务局机关及 4 个水管单位全部通过海委档案规范化管理评估。召开保密工作会议，组织观看国家安全宣传和保密警示教育片，开展保密教育培训，通报失密泄密典型案例，强化干部职工保密意识。在档案室和办公室配置密码文件柜，规范机要文件流转与存放，提升保密工作水平。

（苏伟强）

【宣传信息】

围绕基层党建、防汛抢险、河湖管理、文明创建、扶贫攻坚等主题，全年累计供稿 200 余篇幅。在《中国水利报》发表邯郸河务局防汛抢险、“清四乱”稿件 6 篇，在“中国水利”“中国水事”微信公众号分别发表邯郸河务局秋汛防汛照片和先进事迹，在《海河水利》发表稿件 10 篇，在《漳卫南运河动态》发表稿件 26 篇，在漳卫南局网站《河系要闻》《基层动态》栏目发布稿件约 70 篇。

（苏伟强）

【精神文明建设】

将文明单位创建、机关党建和业务工作有机融合、统筹推进，推进精神文明建设常态化。分解细化年度工作任务，并明确责任单位和责任人，扎实开展“我们的节日”、文明礼仪、道德讲堂、志愿服务、义务献血等活动，协助地方开展文明单位督导检查行动，顺利通过邯郸市直工委文明单位和机关党建年度考核验收。

（苏伟强）

【扶贫帮扶】

在实现帮扶责任村脱贫摘帽的基础上，邯郸河务局驻村工作队提升定位，找准目标，谋划乡村振兴新举措。驻村工作队荣获邯郸市“先进驻村工作队”称号，工作队队长路涛荣获“全国水利扶贫先进个人”和“河北省脱贫攻坚先进个人”称号。

（苏伟强）

【新冠肺炎疫情防控】

邯郸河务局落实常态化新冠肺炎疫情防控，严格落实漳卫南局和邯郸市疫情防控工作部署，明确防控责任和措施，严格执行“日报告、零报告”制度，实现核酸定期检测全覆盖，2021 年累计组织职工核酸检测 43 轮、3000 余人次。协助社区对 2 个生活小区开展疫情联防联控和值班值守工作。

（苏伟强）

【党建工作】

1. 党史学习教育活动

制定党史学习教育实施方案，细化活动内容。举办革命时期、建设时期、改革开放时期、党的十八大以来的历史和习近平总书记在庆祝中国共产党成立 100 周年大会上的重要讲话精神等专题学习研讨；开展党史宣讲报告会、专题组织生活会，参观晋冀鲁豫边区纪念馆、馆陶博物馆，举办党史知识竞赛、党史故事诵读，颂唱红歌，宣讲党课。“学习强国”平台学习使用成效突出，邯郸河务局荣获邯郸市“先进学习组织”称号，多名党员荣获全市“学习积分标兵”称号。

2. “三对标、一规划”专项行动

成立专项行动工作小组，印发实施方案，细化活动安排，组织开展“政治对标”“思路对标”“任务对标”专题学习研讨。党委中心组充分发挥领学促学作用，全体党员干部职工积极参与学习研讨，自觉主动对标对表，准确领悟“三对标、一规划”专项行动学习内容，将学习成果转化为工作动力。深入总结“十三五”改革发展工作，准确把握“十四五”时期改革发展面临形势和存在问题，以推动高质量发展为导向，科学编制邯郸河务局“十四五”发展规划。

3. 主体责任

深入学习领会习近平新时代中国特色社会主义思想，全面落实新时代党的建设总要求，把党建工作列入党委重要议程，印发全面从严治党主体责任、监督责任年度任务安排，压紧压实全面从严治党主体责任和监督责任。继续推进党支部规范化标准化建设，严肃组织生活，提升党支部建设质量。完成巡察“回头看”反馈问题整改落实。

4. 党风廉政建设

严格落实中央八项规定精神，持续纠正“四风”，全面落实班子成员和部门负责人“一岗双责”。党委专题研究党风廉政建设工作，召开党风廉政建设、纪检监察工作会议，班子成员对分管部门、联系单位负责人进行约谈，对新任职科级干部进行廉政谈话，对全体干部职工开展廉政警示教育，提高干部职工的党性修养和规矩意识。

（苏伟强）

聊城河务局

【概况】

聊城河务局隶属水利部海委漳卫南局，由漳卫南局授权在其管辖范围内行使水行政管理职责，为具有行政职能的事业单位。管辖范围为漳卫南运河聊城境内的卫河、卫运河右岸 83.69km 的河道堤防（其中卫河 9.17km、卫运河 74.52km），河道长度 85.7km。堤防上有 17 处险工，长度为 11.15km。机构内设 8 个科室，下属 3 个直属单位和 1 个维修养护公司。全局现有干部职工 103 人，其中在职人员 67 人、离退休人员 36 人。

2021 年聊城河务局主要负责人如下。

局　长：万　军

副局长：张　君　曹　祎

【工作概况】

2021 年，聊城河务局深入贯彻习近平新时代中国特色社会主义思想，落实漳卫南局“一个中心，四个保障”基本工作思路，扎实工作，锐意进取，年初制定的各项工作任务扎实推进。

（王璇）

【工程建设与管理】

1. 工程管理

2021 年 2 月 23 日在聊城河务局工作会上制定并落实工程管理年度工作要点，落实堤防险工险段及水闸工程管理责任人，以检查为手段全面掌握工程的运行状况，同时按照“痕迹化”、闭环式管理要求，在检查记录中汇总发现的问题形成“问题清单”，做好问题整改落实，有效保障工程良性运行。组织开展工程管理培训班 2 次，有效提高了干部职工的业务水平。

2. 工程维修养护

组织完成维修养护项目实施、监督管理等工作。按计划定期、不定期对基层局维修养护工作的开展情况进行检查，同时做好项目的季度考核及年终验收工作。2021 年 1 月 5 日，聊城河务局组成验收组，对冠县、临清河务局和穿卫枢纽管理所 2021 年度水利工程维修养护项目进行验收，并在山东临清主持召开了验收会，经考核评定，一致认为：三个单位 2021 年水利工程维修养护项目已按批复计划全部完成，投资控制合理，资料基本齐全，工程质量合格，同意通过验收。维修养护工作的持续推进，使工程管理面貌得到提升，防洪能力得到了保障，聊城河务局维修养护工作取得了预期的成效。根据海委水利工程管理示范单位复核工作有关要求，对照《海委直属水利工程管理考核实施细则》认真准备相关材料，11 月 26 日临清河务局顺利通过海委示范单位复核验收。

3. 堤防绿化

根据工作计划组织实施堤防行道林、防浪林更新和补植，以及堤防植被绿化工作，累计补植树木 5.5 万棵，工程管理范围内标准绿化面积达到 95%以上，绿化结构合理。

（王璇）

【水旱灾害防御】

1. 防汛备汛

调整防汛组织机构，明确各职能组成员及包河、包闸防汛责任分工，并督促临清河务局、冠县河务局落实以行政首长为核心的各项防汛责任制以及沿河乡镇包堤段、包涵闸、包险工责任制；抓好汛前检查，形成《汛前检查报告》，修订 2021 年防洪预案，及时向聊城市防指提交了备汛相关材料；强化防汛队伍建设，2021 年 6 月 1 日，成立 2021 年防汛专业技术队伍，开展防汛专业知识培训，熟悉掌握工情、险情及相应的处理措施；配合地方防汛抗旱指挥部开展防汛演练 4 次，提升了防汛队伍在防汛抢险中的实战水平和应急处置能力；加强防汛制度体系建设，修订《聊城河务局防汛检查制度》《防汛值（带）班制度》等相关制度，并安排 24 小时值（带）班 600 余人次。汛后积极组织防汛技术人员对所辖范围内水雨毁工程进行全面摸排，并在开展生产自救基础上进行水雨毁项目申报工作。

面对罕见的夏秋连汛，聊城河务局充分发挥在防汛工作中的参谋作用，完善横向沟通交流机制，做好水雨情监测预警预报，落实水雨情信息通报制度，及时向地方防汛组织发送汛情信息，参与地方防汛工作调度会议 10 次，迎接市级以上领导检查指导防汛工作 20 余次；严格执行防汛应急响应工作规程，先后启动Ⅰ级应急响应机制，开展防汛会商会 13 次，及时组建“党员巡防突击队”“青年突击队”“夜间巡查队”等应急队伍，组织对所辖堤防、控导、涵闸等薄弱部位进行昼夜值守巡查，发现并联合地方防汛部门及时处置险情 13 处。

2. 跨流域水资源调度

严格落实输水管理有关制度，及时对所辖工程安全生产工作开展拉网式大检查，切实消除各类安全隐患；组织水文测报技术应用培训班和水文应急测验演练；开展穿卫枢纽管理所新技术应用示范水文站创建工作，全面提升水文测报现代化水平，加强工情、水情监测，及时向各有关单位（部门）传送水情信息，保证了输水工作的顺利实施。2020—2021 跨年度引黄入冀调水自 2021 年 12 月 18 日 20 时至 2021 年 2 月 8 日 16 时，历时 53 天，过水量为 1.2658 亿 m^3。2021 年第二次引黄入冀调水自 2021 年 3 月 9 日 16 时至 2021 年 4 月 6 日 14 时，历时 29 天，过水量为 1.1195 亿 m^3。2021 年第三次引黄入冀调水自 2021 年 6 月 18 日 12 时开始，截至 2021 年 12 月 31 日，累计输水量为 2.985 亿 m^3。

（王璇）

【水政水资源管理】

1. 水法规宣传教育

3 月 22 日，紧紧围绕“深入贯彻新发展理念，推进水资源集约安全利用”的主题，开展了第二十九届“世界水日”和第三十四届“中国水周”及“节水中国　你我同行”系列宣传活动。组织节水宣传队伍，通过进公园、进社区、上堤防、设置咨询台、悬挂条幅、张贴海报标语、分发宣传材料、街头采访等方式，开展了形式多样的宣传活动。共制挂横幅10余条、张贴标语100余条，张贴海报60余张，发放宣传袋300余个，宣传手册800余册，印发宣传页1000余张，营造了良好的节水氛围，受到广大群众的一致好评。

“宪法宣传周”期间，围绕“以习近平法治思想为指引　坚定不移走中国特色社会主义法治道路”主题开展宣传活动。12月4日，联同先锋司法所、银河社区等多个单位，通过设置法律咨询台、悬挂宣传条幅、张贴法制标语、发放宪法读本、民法典读本、宪法宣传单页、宣传册等方式向过往群众普及、宣传宪法知识，现场解答居民提出的法律问题，进一步强化社区群众的宪法意识。同时组织水政普法人员，深入到沿河乡镇，通过出动宣传车、悬挂横幅、张贴标语、发放宣传材料等方式，宣传宪法及水法律法规等相关知识，提高沿河群众的知法守法意识。宪法宣传系列活动总计出动宣传车辆1辆、宣传人员20余人次，悬挂横幅10余条、张贴标语100余张、发放宣传袋100个、宣传单页1000余份，为单位、社区及沿河各乡镇营造了良好的法治氛围。

2. 水行政执法与涉河项目

聊城河务局严格执行水行政执法巡查制度要求，利用单兵巡查系统，支队每月至少进行一次水行政执法巡查，各大队每月至少进行四次水行政执法巡查。除了平常加强巡查外，积极开展专项巡查，做到重点巡查与全面巡查相结合，确保第一时间内发现、上报和处理水事违法案件。11月11日，举办水行政执法培训班，提高了执法人员专业能力。

3. 水资源管理与保护

加强对各取水口的取水情况巡查，按时上报水资源月报和取水统计报表，并根据取水监督管理办法要求，每月至少进行1次水资源管理巡查，有效遏制违规取水行为；积极开展取用水专项整治整改提升工作，聊城河务局管辖范围取水口涉及的17处整改类问题已全面完成；继续推进节水型单位建设，细化节水员岗位职责，规范用水管理，2021年前三季度，聊城河务局人均用水量为17.73L/(人·天)，远小于山东省25～40L/(人·天)的标准要求，节水成效显著。12月2日，举办水资源调度管理培训班，为今后做好水资源管理工作奠定基础。

加大水资源保护巡查力度，在抓好日常巡查基础上，对所辖排水口进行监督管理，确保及时发现并上报水污染事件。

（王璇）

【经济工作】

以供水和土地资源开发利用为主攻方向，不断提高经济效益。加强与地方水利部门沟通协调，做好了水费收缴工作，临清局实现水费征收从无到有的新突破。积极探索经济创收新途径，在冠县局开展麦冬种植试点，累计种植麦冬2万余平方米，成活率达92%。2021年通过水费征收、堤防绿化、房屋租赁等方式创收295.76万元。

（王璇）

【人事管理】

1. 人员变动

2021年，招录参照公务员法管理人员2人（王璇、孙吉哲），退休2人（张翼鹎、赵庆阁）。

截至 2021 年 12 月 31 日，聊城河务局全局在职职工 67 人，其中参照公务员法管理人员 33 人、事业编制人员 22 人、企业人员 12 人。退休 36 人。

2. 人事任免

1 月 15 日，聊城河务局党委研究决定，任命韩加茂为临清局二级主任科员（聊人〔2021〕15 号）。

7 月 13 日，聊城河务局党委研究决定，任命苏向农为聊城河务局办公室（党委办公室）主任，晋升苏向农为聊城河务局办公室（党委办公室）一级主任科员；任命杨爱芹为聊城河务局财务科科长（聊人〔2021〕51 号）。

8 月 25 日，聊城河务局党委决定，任命韩加茂为临清河务局局长（试用期一年），免去其临清河务局副局长职务、二级主任科员职级（聊人〔2021〕69 号）。

8 月 27 日，聊城河务局党委决定，免去郭爱民的聊城河务局工会一级主任科员职级（聊人〔2021〕70 号）。

9 月 13 日，聊城河务局党委决定，免去曹祎的冠县河务局局长职务，一级主任科员职级。（聊人〔2021〕71 号）。

11 月 17 日，聊城河务局党委决定，撤销迟世庆穿卫枢纽管理所所长职务，任命迟世庆为穿卫枢纽管理所一级主任科员（聊人〔2021〕88 号、聊人〔2021〕90 号）。

11 月 23 日，聊城河务局党委决定，任命迟世庆为临清河务局一级主任科员，免去其穿卫枢纽管理所一级主任科员的职级（聊人〔2021〕96 号）。

12 月 6 日，聊城河务局党委决定，任命牛亚楠为穿卫枢纽管理所副所长；任命万红为穿卫枢纽管理所一级主任科员，免去其穿卫枢纽管理所二级主任科员职级（聊人〔2021〕98 号、聊人〔2021〕106 号）。

3. 职级晋升

7 月 23 日，根据《漳卫南局职务与职级并行制度实施方案》规定，经聊城河务局党委研究决定，晋升以下人员职级。

王立云任聊城河务局人事科二级主任科员，免去其聊城河务局人事科三级主任科员职级。

赵文帅任聊城河务局水政水资源科（水政监察支队）四级主任科员，免去其聊城河务局水政水资源科（水政监察支队）一级科员职级。

王朔任聊城河务局财务科四级主任科员，免去其聊城河务局财务科一级科员职级。

8 月 26 日，根据《漳卫南局职务与职级并行制度实施方案》规定，经聊城河务局党委研究决定，李飞任聊城河务局办公室一级主任科员，免去其聊城河务局办公室四级主任科员职级。

9 月 23 日，根据《漳卫南局职务与职级并行制度实施方案》规定，经聊城河务局党委研究决定，谢坤任临清河务局二级主任科员，免去其临清河务局三级主任科员职级。

10 月 29 日，根据《新录用公务员任职定级规定》，经试用期满考核合格，任命：张笑妍为聊城河务局财务科一级科员；陈宇娟为聊城河务局工程管理科（防汛抗旱办公室）一级科员；徐宗健为冠县河务局一级科员；刘晨为临清河务局一级科员。

11月23日，聊城河务局党委决定，任命刘晨为聊城河务局水政水资源科（水政监察支队）一级科员。

4. 职称聘任

7月20日，聊城河务局党委研究决定，聘任王一竹为临清河务局专业技术岗位十一级；聘任赵相月为临清河务局专业技术岗位十级（聊人〔2021〕55号）。

7月31日，聊城河务局党委研究决定，聘任张涛为聊城市漳卫河堤防养护有限公司工程师（聊人〔2021〕58号）。

12月31日，聊城河务局党委研究决定，聘任刘丽英为穿卫枢纽管理所专业技术岗位八级（聊人〔2021〕112号）。

5. 考核奖惩

1月6日，结合年度考核情况，经研究决定，确定苏向农、王立云、郭爱民为2020年度优秀参照公务员法管理人员，予以嘉奖；尹元森、许晖、邓伟为2020年度优秀事业人员；张勇为聊城河务局2020年度优秀企业人员。

6. 教育培训

(1) 聊城河务局按照2021年培训计划共举办培训班6个，参加培训124余人次，人均培训时间为29个学时，培训率为63%。内容涵盖了防汛抢险、安全生产、水行政执法、水资源监督管理、廉政教育等。

(2) 选派相关人员参加上级组织调训情况。聊城河务局认真选派相关人员积极参加上级组织的各类培训班，培训达80余人次，人均培训时间为27学时，培训率为53%。内容涵盖了审计业务、信息宣传、档案规范化管理、工程管理、水政监察、水资源管理、水行政执法、网络安全、财务管理等。

(3) 网络教育培训情况。聊城河务局所有干部已在“中国水利教育培训网”上开通了网络教育培训，四级调研员及相当职级以上干部同时在“中国干部网络学院”开通了网络教育培训，并将培训成绩纳入年度考核。2021年，5名处级干部网络学时人均达到51.5学时，科级及以下干部人均学时达到53学时。

(4) 集体学习情况。对于干部日常教育，聊城河务局党委高度重视，充分利用每周五“学习日”时间，由各部门制定学习内容，以此，提高了广大职工的政治与业务理论水平，推动了教育培训灵活化、日常化。2021年，全局干部职工参加集体学习500余人次，人均培训学习时间为50余学时，培训率为100%。

7. 机构设置与调整

(1) 1月4日，经研究，决定成立聊城河务局“青年理论学习小组”，成员组成如下。

组　长：王立云

副组长：闫　倩　李　飞

成　员：赵文帅　王春翔　王　朔　张笑妍　陈梦婧　陈宇娟　梁似愚　徐宗健
张　蕊　韩杉杉　宋子琦　刘　晨　王一竹　周成宽　张　司　张妙男
黄英明　张　鹏　刘　敏　任士陶

(2) 1月18日，为全面落实安全风险分级管控主体责任，成立聊城河务局安全风险分级管控体系领导小组，成员组成如下。

组　长：万　军

副组长：张　君　王玉哲

成　员：苏向农　张春华　杨爱芹　孙连根　郝一军　郭爱民　徐立彦　司秀林

　　　　曹　祎　韩加茂　迟世庆　张　勇

领导小组办公室设在局工程管理科，具体负责领导小组日常事务和安全风险分级管控具体工作，主任由郝一军兼任。

(3) 2月23日，根据《漳卫南局关于做好2020年度职称申报工作的通知》要求，经研究决定，成立2020年度职称申报评审小组，成员组成如下。

组　长：万　军

成　员：孙连根　郝一军　韩加茂　张　勇　王立云

(4) 4月1日，为提高聊城河务局内部管理工作水平，加强廉政风险防控机制建设，建立健全内部控制体系，根据人事变动，经研究，决定调整聊城河务局内部控制建设领导小组，其组成人员如下。

组　长：万　军

成　员：杨爱芹　苏向农　孙连根　郝一军　韩加茂　曹　祎　迟世庆

领导小组下设办公室，承担领导小组的日常工作。办公室设在财务科，主任由杨爱芹兼任。

(5) 4月1日，根据安全生产工作需要，落实安全生产监督管理责任，健全安全生产工作机制，施行安全生产标准化，维护聊城河务局水利安全生产稳定形势，经研究，决定调整聊城河务局安全生产领导小组组成人员，调整后人员组成名单如下。

组　长：万　军

副组长：张　君　王玉哲

成　员：郝一军　张春华　杨爱芹　孙连根　郭爱民　徐立彦　司秀林　苏向农

　　　　韩加茂　迟世庆　曹　祎

安全生产事故领导小组下设安全生产应急救援办公室，王玉哲兼任主任，领导办公室与局工程科合署办公，具体负责综合协调、安全生产监督检查及日常工作。

(6) 4月1日，由于人事变动和工作需要，经研究，决定将"安全生产事故应急救援领导小组""网络与信息安全管理领导小组"等机构成员调整如下。

1) 安全生产事故应急救援小组。

组　长：万　军

副组长：张　君　王玉哲

成　员：郝一军　张春华　杨爱芹　孙连根　郭爱民　徐立彦　司秀林　苏向农

　　　　韩加茂　迟世庆　曹　祎

安全生产事故应急救援领导小组下设安全生产应急救援办公室，王玉哲任主任，应急救援办公室与局工程科合署办公，处理安全生产日常工作。

2) 安全生产事故应急救援工作职能组。

a. 工程安全组。组长郝一军，成员陈梦婧、陈宇娟。

b. 消防安全组。组长郭爱民，成员李飞、赵文帅。

c. 通信设施组。组长徐立彦，成员周延君、张蕊。

d. 应急救援组。组长司秀林，成员刘德静、刘德庆、王春翔。

3）用电安全事故应急救援小组。

组　长：王玉哲

成　员：郝一军　张春华　杨爱芹　孙连根　郭爱民　徐立彦　司秀林　苏向农
　　　　韩加茂　迟世庆　曹　祎

4）用电安全事故应急救援工作职能组。

a. 现场救援组。组长郭爱民，成员李飞、赵文帅。

b. 设备保障组。组长杨爱芹，成员王春翔、王朔。

c. 善后处理组。组长司秀林，成员刘德静、刘德庆。

d. 事故调查组。组长郝一军，成员陈梦婧、陈宇娟。

e. 救援联络组。组长徐立彦，成员周延君、张蕊。

5）防火救灾指挥机构。

指　挥：万　军

副指挥：张　君　王玉哲

成　员：郝一军　张春华　杨爱芹　孙连根　郭爱民　徐立彦　司秀林　苏向农
　　　　韩加茂　迟世庆　曹　祎

6）防火救灾行动小组。

a. 抢险组。组长张春华，成员李飞、赵文帅。

b. 救护组。组长苏向农，成员王立云、张玮、张笑妍。

c. 救援疏散组。组长司秀林，成员刘德静、刘德庆。

d. 工程技术组。组长郝一军，成员陈梦婧、陈宇娟。

e. 通信联络组。组长徐立彦，成员周延君、张蕊。

f. 后勤保障组。组长杨爱芹，成员王朔、王春翔。

g. 机动组。组长郭爱民，成员为机关在职待令职工。

（7）5月10日，为切实贯彻落实习近平总书记"治已病、防未病"重要批示精神，经研究，决定成立聊城河务局全面开展行政事业单位内部建设工作领导小组，人员组成如下。

组　长：万　军

副组长：张　君

成　员：苏向农　杨爱芹　张春华　郝一军　徐立彦　司秀林　孙连根　韩加茂
　　　　曹　祎　迟世庆　张　勇

领导小组下设办公室，承担领导小组的日常工作。领导小组办公室设在财务科，办公室主任由杨爱芹兼任。

（8）5月31日，根据防汛工作需要并结合目前各单位（科室）情况，经研究，调整聊城河务局2021年防汛组织机构，人员组成如下。

组　长：万　军

副组长：张　君　吴怀礼　王玉哲

成　员：苏向农　张春华　杨爱芹　孙连根　郝一军　徐立彦　司秀林　曹　祎　韩加茂　迟世庆

下设各职能组。

a. 工情组。组长郝一军，成员范宪煜、陈梦婧。

b. 水情组。组长张春华，成员赵文帅、陈宇娟。

c. 物资组。组长杨爱芹，成员王春翔、王朔。

d. 通信组。组长徐立彦，成员梁贵红、周延君。

e. 宣传组。组长苏向农，成员张玮、李飞。

f. 后勤组。组长司秀林，成员刘德静、刘德庆。

g. 综合组。组长孙连根，成员王立云、张蕊。

(9) 6月24日，为深入贯彻习近平总书记“节水优先、空间均衡、系统治理、两手发力”的治水思路和治水系列重要论述精神，经研究，决定成立聊城河务局取用水专项整治整改提升工作领导小组，人员组成如下。

组　长：万　军

副组长：张　君

成　员：张春华　曹　祎　韩加茂　闫　倩　赵文帅

领导小组下设办公室，承担领导小组的日常工作。领导小组办公室设在水政水资源科，办公室主任由张春华兼任。

(10) 8月27日，为提高河道行洪能力，维护河流健康生命，经研究，决定成立影响防洪安全和水生态安全拦河工程排查整治工作领导小组，人员组成如下。

组　长：张　君

副组长：张春华　曹　祎　韩加茂

成　员：赵文帅　刘　晨　闫　倩　赵相月

领导小组下设办公室，承担领导小组的日常工作。领导小组办公室设在水政水资源科，办公室主任由张春华兼任。

(11) 9月14日，为推动以影响河道行洪为重点的各类“四乱”问题的清理整治，经研究，决定成立全面再推进“清四乱”工作领导小组，人员组成如下。

组　长：张　君

副组长：张春华　曹　祎　韩加茂

成　员：赵文帅　刘　晨　闫　倩　赵相月

领导小组下设办公室，承担领导小组的日常工作。领导小组办公室设在水政水资源科，办公室主任由张春华兼任。

(12) 10月9日，为进一步加强和规范聊城河务局内部审计工作，充分发挥内部审计的监督作用，经研究，决定成立聊城河务局内部审计工作领导小组，人员组成如下。

组　长：万　军

副组长：张　君

成　员：苏向农　杨爱芹　孙连根

领导小组下设办公室，承担领导小组的日常工作。领导小组办公室设在人事（监察审计）科，办公室主任由孙连根兼任。

(13) 10月15日，由于聊城河务局人员的变动，经研究，决定调整“聊城河务局软件正版化工作领导小组”，人员组成如下。

组　长：万　军

副组长：张　君　曹　祎

成　员：苏向农　徐立彦　张春华　杨爱芹　孙连根　郝一军　郭爱民　司秀林　韩加茂　万　红　闫　倩　张　勇

软件正版化工作领导小组下设办公室，设在办公室，承办相关具体工作，主任由苏向农兼任。

(14) 12月20日，由于人事变动和工作需要，经研究，决定将聊城河务局“信息宣传工作领导小组”等机构成员调整如下。

1）信息宣传工作领导小组。

组　长：万　军

副组长：张　君

成　员：苏向农　张春华　杨爱芹　孙连根　郝一军　郭爱民　徐立彦　司秀林　韩加茂　牛亚楠　闫　倩

信息宣传领导小组下设办公室，设在局办公室，具体负责信息宣传日常工作，由苏向农兼任办公室主任。

2）精神文明建设工作领导小组。

组　长：万　军

副组长：张　君

成　员：苏向农　张春华　杨爱芹　孙连根　刘玉俊　郝一军　郭爱民　司秀林　徐立彦　韩加茂　闫　倩　牛亚楠

领导小组下设办公室，设在局办公室，负责文明创建日常工作。主任由张君兼任，成员为苏向农、张玮、李飞。

3）信访工作领导小组。

组　长：万　军

副组长：张　君

成　员：苏向农　张春华　杨爱芹　孙连根　郭爱民　司秀林　闫　倩　牛亚楠　韩加茂

领导小组下设办公室，设在局办公室，由苏向农兼任办公室主任。

4）保密工作领导小组。

组　长：万　军

副组长：张　君

成　员：苏向农　张春华　杨爱芹　孙连根　郝一军　王立云　闫　倩　韩加茂　牛亚楠

5）档案管理工作领导小组。

组　长：万　军

成　员：苏向农　杨爱芹　孙连根　郝一军

（15）12 月 31 日，为落实水利部、海委、漳卫南局关于防汛查弱项补短板工作部署，经研究，决定成立聊城河务局“防汛查弱项补短板保安全”警示教育工作领导小组，人员组成如下。

组　长：万　军

副组长：曹　祎　张　君

成　员：苏向农　杨爱芹　孙连根　郝一军　张春华　郭爱民　司秀林　徐立彦　韩加茂　牛亚楠　闫　倩　张　勇

领导小组下设办公室，承办相关具体工作，办公室设在工程科。

（王璇）

【财务管理】

加强财务监管，强化预算管理，完成 2020 年财务决算、资产决算及住房改革决算的编制、审查、汇总上报工作，依照上级批复的部门预算按进度申请国库集中支付额度，并严格执行国库集中支付手续，完成了财政资金的支付工作、总体进度达到要求。按时完成 2022 年部门预算、住房改革预算的编制、审查、汇总上报，做好了合同管理、资产报废报损、设备购置、水利服务业统计的上报。

（王璇）

【综合管理】

认真贯彻落实上级决策部署，3 月 11 日，召开工作会议、党风廉政建设工作会议等会议，传达上级精神，落实工作部署，确保上级各项决策落到实处。7 月 23 日，召开年中工作会，总结上半年工作情况，对下半年工作重点进行研究部署。按照海委督办事项要求，加强制度建设，印发《聊城河务局制度汇编》，为规范各项工作夯实制度基础。

精心做好公文处理工作，加强对本机关公文处理工作的领导和检查，坚持实事求是、精简、高效的原则，做到及时、准确、安全，严格按照《公文处理管理办法》处理各种公文。加强机要保密工作，做好各种机要文件的收发、传阅、归档和销毁工作，全年未发生泄密、失密事件，全年共传阅各类来文 200 余件，印发各类文件 155 余件。

抓好信息宣传工作，按照《信息宣传管理办法》督促各单位、各科室按时完成信息宣传年度工作任务，并对宣传报道内容的审核，通过层层审批、反复修改，严把信息审核关，提高宣传报道的时效性、真实性、完整性。2021 年聊城河务局在漳卫南局网站上投稿 105 篇。

加强档案管理，及时收集各类文件档案资料，精心整理、严格立卷，按规定执行借阅制度，推进水利档案规范化建设，11 月 18—19 日，冠县局、穿卫枢纽管理所顺利通过水利档案规范化管理考核评估，聊城河务局水利档案规范化管理再上新台阶。

（王璇）

【安全生产】

制定“安全生产月”活动方案，并按计划开展“安全生产月”各项活动。开展隐患排查和风险分级管控工作，对水利工程、机关办公用电设施、消防设备和微波通信设备等领域的安全隐患排查治理，并对查出的问题进行跟踪式的整改。组织开展安全生产教育培训，参加各类安全生产网络竞赛，制挂宣传标语40余张，于重点水利工程附近埋设安全生产标示牌30块。

（王璇）

【党群工作与精神文明建设】

1. 党支部标准化规范化建设

严格落实新时期党建工作要求，做好服务型、学习型党组织建设。按照聊城河务局党支部标准化规范化建设工作有关要求，成立评估小组，于12月7日对聊城河务局党支部进行了党建工作考核验收。深入开展党史学习教育活动，通过党委理论学习中心组、党支部、青年理论学习小组等多个平台做好对百年党史四个阶段、习近平总书记“七一”讲话精神和十九届六中全会精神的学习研讨，开展庆祝建党百年专题活动，组织参观红色教育基地，观看红色电影，参加红色会演，拍摄《建党百年》视频等一系列活动，引导干部职工感悟“红色精神”，传承红色基因。

2. 开展“三对标、一规划”专项行动

3—6月，按照水利部统一部署，深入开展了“三对标、一规划”专项行动，提高了全局干部职工“政治三力”，对标党中央对水利工作提出的要求，持续学懂弄通做实习近平总书记“节水优先、空间均衡、系统治理、两手发力”的治水思路，紧紧围绕让河流成为造福人民的幸福河的总目标，以更高起点、更高层次、更高目标，科学制定了聊城河务局水利发展“十四五”规划，为“十四五”期间强化水资源刚性约束、提高防洪减灾和着力解决水环境污染问题提供了重要依据。

3. 精神文明建设

对照市级文明单位考核要求，于重要节日及时组织开展各类文明创办活动，认真做好市级文明单位复查资料整编工作，并于11月通过精神文明单位年度考核。在做好疫情防控工作的同时，组织职工共同学习了时代楷模的先进事迹，开展4期道德讲堂活动。于单位内部做好“临清好人”“道德模范”评选工作，积极进行道德模范、时代楷模学习宣传，适时组织职工学习“七一勋章”获得者、“时代楷模”等先进人物事迹充分发挥工会、共青团等群团组织力量，广泛开展学雷锋志愿服务、“中国水周”“世界水日”等公益活动，倡导树立文明新风。组织开展定点扶贫、腾讯“99公益日”等多项扶贫活动，助力解决贫困地区农产品滞销、临清市“希望小屋”儿童关爱项目建设。

开展“文明健康、有你有我”宣传活动，加强对“孝老爱亲、文明祭扫、移风易俗、勤俭节约”等领域的宣传。在公开栏张贴“文明餐桌”倡议书，在全局大力倡导“厉行节约”风气。利用春节、中秋节、重阳节等重要时间节点，集中走访困难党员、困难群众，使其感受到党委的关怀，受到一致好评不断丰富全局业余文化生活。以“我们的节日”为载体，开展集体观影、红歌演唱、趣味运动会、演讲比赛等活动，丰富职工生活，弘扬优秀传统文化。

（王璇）

【党风廉政建设】

1. 落实管党治党责任

以全面从严治党为主线，抓好“两个责任”落实，督促局属各党支部按时完成全面从严治党主体责任清单任务，督促班子成员履行“一岗双责”职责，班子成员根据责任分工分赴联系点调研、讲专题党课、开展约谈和督导检查、参加指导组织生活会等工作，推动清单任务按时完成；配合海委、漳卫南局做好对党员干部的执纪问责，并做好后续整改工作；按照漳卫南局巡察“回头看”反馈意见，持续抓好重点问题整改落实工作，成立机关退休党支部，加强对退休党员管理，截至2021年年底，6个阶段性整改问题已整改完成5个，下一步将继续优化干部队伍年龄结构，确保巡察发现问题整改到位。

2. 开展廉政警示教育做好作风建设

3月11日，召开党风廉政建设工作会，部署全年党风廉政建设工作，组织开展“廉政法规学习教育月”活动，做好集体廉政约谈和新任科级干部集体约谈，提升党员干部纪律规矩意识；配合海委、漳卫南局做好对党员干部的执纪问责，并做好后续整改工作；持续深入推动中央八项规定精神落地生根，不断强化日常监督，于重要时间节点发送廉政提醒短信，下发严肃工作纪律加强作风建设通知，坚决防止“四风”问题反弹，制定《整治形式主义官僚主义突出问题的若干措施》，明确会议管理、公文处理、调查研究等方面相关要求，督促各单位（部门）严格执行公务接待、公车管理等有关制度，营造风清气正的工作氛围。

（王璇）

邢台衡水河务局

【概况】

邢台衡水河务局（以下简称“邢衡河务局”）隶属水利部海委漳卫南局，由漳卫南局授权在其管辖范围内行使水行政管理职责，为具有行政职能的事业单位。管辖范围为河北省邢台、衡水两市境内卫运河、南运河，堤防长度133.21km（其中卫运河左堤122.19km、南运河左堤11.02km）。机构内设6个科室，下属4个直属单位和1个维修养护公司。全局现有干部职工99人，其中在职人员66人、离退休人员33人。

2021年单位主要负责人如下。

局　长：田术存

副局长：王海军　赵铁群

【新冠肺炎疫情防控】

针对新冠肺炎疫情防控形势的严峻性和复杂性。邢衡河务局地处河北、山东两省交界，机关和基层局驻地在两市三县。该局从严落实各项防控举措。提升政治站位，召开专题会议，传达贯彻海委、漳卫南局和地方关于疫情防控相关精神和要求；以“严”的总基调压实防控责任，下发文件对疫情防控小组人员进行调整，明确责任和要求，严格外出报备手续；加强重点部位防控，每天对机关院落和办公场所进行消杀，进出单位严格落实戴口罩、测体温、亮行程码健康码等防控措施，确保不漏一人、管控到位；克服麻痹思想和松懈心理，始终保持警惕，做好值班值守。确保单位职工安全，各项工作有序开展。

（许琳）

【水旱灾害防御】

2021 年，漳卫河系遭遇了百年罕见的夏秋连汛，海河流域强降雨不断，卫运河出现明显洪水过程，据统计，在 2021 年“21·7”洪水和秋汛期间，卫运河最大流量 $1220m^3/s$，临清站最高水位 35.09m。汛期洪水延续时间长、量级大、水位高，防汛形势十分严峻，邢衡河务局党委坚决贯彻习近平总书记关于防汛救灾工作的重要指示，紧扣防洪“四预”要求，认真落实上级部署，强化组织领导、加强防汛会商、周密防御措施、严格值班纪律，以迎接大战大考的态度全力迎战洪水。整个汛期，聊城河务局共组织参与防汛会商 25 次，研判流域汛情，制定应对措施；先后向市（县）防汛抗旱指挥部及局属各单位下发明传电报 14 份，并启动防汛Ⅱ级应急响应 1 次，Ⅲ级应急响应 4 次，应急响应期间全局干部职工取消周末休假，全员坚守岗位，严阵以待防大汛，全力以赴保安全，全天候严密监控堤防运行情况。据统计，行洪期间，累计安排巡堤查险 1002 人次，打赢了这场攻坚战、持久战，确保了卫运河的安全度汛。

（许琳）

【工程管理】

1. 堤防树木绿化

邢衡河务局按照《海委直属水利工程绿化管理办法》和维修养护标准的要求，安排部署 2021 年春季绿化工作。优质选苗，确保高标准和高成活率；加大绿化监督检查力度，督促基层局对堤坡植树进行逐步清除，保障绿化布局的科学性、合理性，确保绿化承包合同签订与执行过程规范化；把握“大运河文化带”建设机遇，借助地方政府力量和资金，科学制定规范标准，为故城局堤顶路面绿化改造提升工程和清河局油坊“运河文化带”建设工程建言献策，互利共赢。邢衡河务局共栽种堤防树木 27738 棵，其中临西局 19330 棵，清河局 3190 棵，故城局 5218 棵，成活率均达到 90%以上。为打破以往种植树种单一，病虫灾害频发的绿化僵局，在临西局和清河局部分堤段以种植景观树为试验点，探索新型堤防绿化种植模式。景观树的种植不仅能有效减少大面积病虫害，提高树木成材率，同时也能为基层单位经济创收提供支持，为进一步推进建设“四化”堤防创造有利条件。各基层局配合当地林业部门，及时进行树木病虫害防治，并取得良好效果，圆满完成 2021 年绿化工作任务。

2. 日常维修养护

2021 年年初，及时召开维修养护工作会，按照漳卫南局印发的工程管理工作要点，要求各水管单位结合工作实际制定切实可行的维修养护实施方案及计划。各基层局规范招投标程序，严格维修养护标准，稳妥推进维修养护市场化工作；对照工程管理工作要点，全面开展维修养护工作，积极开展水沟浪窝填垫、险工维修加固、杂草清除等日常维修养护工作。由于 2021 年汛期防汛形势严峻，造成堤防多处出险，汛后召开堤防联查暨维修养护座谈会，重点安排部署维修养护任务，加快推进工作落实，保质保量完成全年维修养护工作。严格按照《邢衡河务局水利工程管理考核办法》，对水管单位进行季度考核，通过日常检查、堤防联查、阶段总结等多种方式，监督养护公司与水管单位的工程管理情况。

3. 堤防提档升级

把握“大运河文化带”建设机遇，借势借力，临西局实现全段堤防路灯“亮化”和堤顶路面“硬化”；清河局将油坊堤段打造成为大运河综合文化长廊，为邢台市第五届旅发大会增光添彩；故城局堤段被海委推荐为“水利部生态堤防建设示范案例”，并荣获第二届河北省“秀美河湖”称号。邢衡河务局在堤防面貌提档升级的同时，为河道工程赋予了景区开发、生态建设和文化传承等更加多维的价值。

（许琳）

【水政水资源管理】

1. 注重水法规宣传教育，加强水政队伍建设

按照水利部、海委、漳卫南局 2021 年度水法规宣传相关要求，邢衡河务局组织干部职工开展了“世界水日”“中国水周”及“12·4”国家宪法日一系列宣传活动，积极参加线上答题及问卷调查，深入沿河乡镇和所辖堤防，悬挂宣传横幅、张贴主题宣传画、发放宣传单页及节水相关物品，与群众面对面讲解，结合生活实际宣传，不断提高广大干部职工与沿河群众保护大运河，爱护水环境的意识，在全社会形成节约水、保护水的良好风尚。同时，按照培训计划，举办了水政执法培训班，以模拟办案的形式，对水行政执法的程序及文书填写进行说明，提高水政人员知法、懂法、用法的能力，切实将水行政法律法规融入业务工作开展中，并积极配合漳卫南局水政处做好水政监察证件换发和申领工作，使水政监察队伍更加专业化，规范化。

2. 加大水政巡查力度，维护河道堤防安全

邢衡河务局严格按照巡查制度要求，坚持每月至少进行一次水政执法巡查，并督促各水政监察大队每月至少进行 4 次巡查，巡查工作时，规范使用单兵和执法记录仪。及时发现、制止可能发生的水事违法行为，维护稳定的水事秩序。同时，按时规范填报水行政执法统计直报系统。防汛期间，局属各单位密切关注堤防管理秩序，针对堤顶道路封堵、晒粮、防汛物资堆放、帐篷搭建不规范等影响防汛工作开展的行为及时进行规劝制止，维护好堤防管理秩序，确保堤顶防洪道路畅通，防汛工作有序进行。2021 年全局管辖范围内水事秩序较为稳定，未发生水事违法案件。

3. 全力完成取用水专项整治

2021 年年初，按照上级要求，水政科向重点取水户传达《漳卫南局 2021 年度取用水监督检查工作方案》，督促取水户按照文件要求进行自查并列出问题清单，提出整改时间和措施。7 月，按照漳卫南局有关文件精神，印发《邢衡河务局关于印发取用水管理专项整治行动整改提升工作方案的通知》，完成单位管辖范围内需要整改提升工作的取水口问题认定，明确整改任务和整改计划，按照时间节点，向有关单位下达责令整改通知书，并深入当地帮助其完成建设项目水资源论证表和申请书等相关材料，积极推动取水许可证办理工作的开展。经统计，邢衡河务局所辖范围内的 23 个取水口均已完成取水许可证办理工作，临西尖塚扬水站被评选为漳卫南局第一批达标取水户，为下一步水资源管理保护相关工作奠定了基础。

4. 加密巡查频次，确保输水线路畅通

2021年5—6月，为贯彻落实漳卫南局关于做好南水北调东线一期工程北延应急供水工程调水相关工作和潘庄线路引黄输水巡查工作精神，邢衡河务局制订了巡查工作计划，对负责的南运河故城、景县段11处取水口进行巡查管护，保障了南水北调东线北沿及引黄输水工作的正常开展。汛期，与沿河政府积极沟通，鼓励地方合理取水。充分利用雨洪资源，发挥水资源综合效益，有力保障地方用水需求，保障邢台市旅发大会顺利开展。同时，继续严格落实取水许可监督管理，加大对沿河两岸取水口的管控力度，为洪水资源利用和水资源调度工作顺利进行提供保障。

5. 坚持多措并举，持续推进节水机关建设

2021年，邢衡河务局在去年节水单位建设成果基础上，总结经验、查漏补缺，继续做好节水型机关建设各项工作。年初，积极开展"节水中国　你我同行"各项宣传活动。9月，组织邢衡河务局2020—2021年度"节水标兵"评选活动，及时推送漳卫南局"节水之星"候选人，在机关和3个基层局分别树立典型，充分发挥榜样的力量，不断提升节水型机关建设水平。同时，每月安排相关人员对单位内节水设施及节水用具进行查看维护，及时更换节水龙头，增加节水桶，并根据人员变化调整区域节水监督管理员，责任到人，确保各区域不出现水资源浪费情况。经统计，机关用水量比2020年同期下降35.35%。

6. 大力推进"河长制"，持续解决"四乱"问题

按照海委、漳卫南局要求，邢衡河务局对管辖范围内"四乱"问题每年进行再排查再复核，并将"四乱"问题清单及时向市（县）河长办再移交。2021年，邢衡河务局多次主动对接市（县）河长办，研究协调"清四乱"工作方案，组织材料向市（县）河长进行专题汇报，形成共识，加快工作进度，努力达到"去存量，遏增量"目标，不断提升"清四乱"效果，实现"四乱"问题的动态清零。2021年，拆除违建6处，共计2126m^2；清除插花地树障1处，清除面积18000m^2。

7. 加强涉河建设项目监管，建设文化大运河

借助大运河文化带建设契机，扎实做好涉河建设项目全过程监管工作，积极与相关部门沟通协调，先后完成了故城县郑口挑水坝考古挖掘工作、故城县高新区星月街道路建设以及中俄东线天然气管道工程安泰段第二标段穿卫项目的监督审查。汛期，为全力保障河道行洪安全，邢衡河务局加强巡查，紧盯浮桥和涉河建设项目，要求其落实各项度汛措施，保障工程、人员及堤防河道行洪安全。同时，结合地方发展需要，充分挖掘大运河丰富的历史文化资源，强化卫运河保护和治理的系统性、整体性、协同性，切实保护好、传承好、利用好大运河。

（许琳）

【人事管理】

1. 人事任免

（1）处级干部（调研员）任免。2021年5月10日，根据工作调动，漳卫南局党委研究决定，任命李国志同志为故城河务局四级调研员，免去其清河河务局四级调研员职级（漳人事〔2021〕25号）。

2021年8月25日，根据公务员职务与职级并行规定，漳卫南局党委8月12日研究决定，杨治江任邢台衡水河务局三级调研员，免去其邢台衡水河务局四级调研员职级，职级任职时间自2021年8月起算（漳任〔2021〕46号）。

2021年8月31日，经漳卫南局党委8月31日研究决定，免去杨治江的邢台衡水河务局三级调研员职级（漳任〔2021〕51号）。

（2）科级干部任免。2021年1月4日，经试用期考核合格，任命牛亚楠为故城河务局副局长、三级主任科员（邢衡人〔2021〕1号）。

2021年2月7日，根据工作需要，邢衡河务局党委1月6日研究决定，高艳辉任人事（监察审计）科二级主任科员，免去其人事（监察审计）科三级主任科员职级。职级任职时间自2021年1月起算（邢衡人〔2021〕11号）。

2021年3月8日，邢衡河务局党委2月26日研究决定，任命王亚倩为水利部海委漳卫南运河临西河务局副局长（试用期一年），免去其水利部海委漳卫南运河清河河务局四级主任科员（邢衡人〔2021〕14号）。

2021年3月29日，邢衡河务局党委研究决定，聘任崔晓为临西县运河水利工程养护有限公司副经理（邢衡人〔2021〕20号）。

2021年4月2日，经试用期满考核合格，任命索荣清为邢衡河务局人事（监察审计）科科长（邢衡人〔2021〕22号）。

2021年7月21日，根据《漳卫南局职务与职级并行制度实施方案》规定，经邢衡河务局党委7月2日研究决定，晋升以下人员职级，具体如下：索荣清任人事（监察审计）科一级主任科员；郭志达任财务科三级主任科员。以上人员职级任职时间自2021年7月起算（邢衡人〔2021〕36号）。

2021年8月17日，经试用期满考核合格，邢衡河务局党委8月16日研究决定，聘任王孟福为临西县运河水利工程养护有限公司经理（邢衡人〔2021〕40号）。

2021年8月31日，杨治江已经达到法定退休年龄，根据有关规定，自2021年8月31日起退休（邢衡人〔2021〕41号）。

2021年9月28日，根据工作需要，邢衡河务局党委9月28日研究决定，任命牛亚楠为邢衡河务局水政水资源科三级主任科员，免去其水利部海委漳卫南运河故城河务局副局长职务、三级主任科员职级（邢衡人〔2021〕48号）。

2021年10月11日，经试用期满考核合格，邢衡河务局党委10月11日研究决定，任命郭志达为邢衡河务局财务科副科长（主持工作）、三级主任科员（邢衡人〔2021〕57号）。

2021年10月11日，经试用期满考核合格，邢衡河务局党委10月11日研究决定，聘任崔春生为临西县运河水利工程养护有限公司副经理（邢衡人〔2021〕58号）。

（3）其他人员。2021年2月26日，邢衡河务局党委研究决定，自3月8日起，对以下人员进行工作调整：张亚东由水政水资源科调整到人事（监察审计）科工作，任人事（监察审计）科三级主任科员，免去其水政水资源科三级主任科员职级；季晓丰由办公室

（党办）调整到水政水资源科工作，任水政水资源科一级科员，免去其办公室（党办）一级科员（邢衡人〔2021〕15号）。

2021年5月10日，邢衡河务局党委研究决定，张英由故城河务局调至邢衡河务局综合事业管理中心工作（邢衡人〔2021〕25号）。

2021年7月2日，邢衡河务局党委研究决定，李悦任故城局四级主任科员，免去其故城局一级科员职级，职级任职时间自2021年7月起算（邢衡人〔2021〕37号）。

2021年9月6日，邢衡河务局党委研究决定，石桂芹任邢衡河务局办公室三级主任科员，季晓丰任邢衡河务局水政科四级主任科员，免去以上人员原任职级，职级任职时间自2021年9月起算（邢衡人〔2021〕46号）。

2021年9月6日，邢衡河务局党委研究决定，王召柱任临西河务局二级主任科员，王亚倩、段树民分别任临西河务局三级主任科员，免去以上人员原任职级，职级任职时间自2021年9月起算（邢衡人〔2021〕47号）。

2021年11月2日，经试用期满考核合格，邢衡河务局党委研究决定，任命李长友水政水资源科（水政监察支队）一级科员，刘宇良为财务科一级科员，杨弢为临西河务局四级主任科员，靳伟为清河河务局四级主任科员。以上人员职级任职时间自2021年10月起算（邢衡人〔2021〕60号）。

2. 机构设置与调整

（1）2021年3月1日，邢衡河务局印发《邢衡河务局关于文明单位创建工作领导小组成员调整的通知》（邢衡办〔2021〕13号）。调整如下。

组　长：田术存

副组长：赵轶群

成　员：许　琳　夏洪冰　郭志达　索荣清　韩　刚　石爱华　高艳辉　高　峰
张宝华　杨志伟　姚红梅　谢金祥　王孟福

文明创建领导小组下设办公室，负责日常工作的组织开展，人员如下。

主　任：赵轶群

成　员：许　琳　王　鑫　石爱华　张宝华

（2）2021年3月9日，邢衡河务局印发《邢衡河务局党委关于局属党支部优化调整的批复》（邢衡党〔2021〕9号）。经邢衡河务局党委研究决定，同意将机关三个支部合并为两个支部，任命夏洪冰为新成立的机关一支部书记，许琳为新成立的机关二支部书记；局属各支部间党员结合工作实际需要，进行交流调整。

（3）2021年3月22日，邢衡河务局印发《邢衡河务局党委开展党史学习教育实施方案》（邢衡党〔2021〕11号）。按照《中共中央关于在全党开展党史学习教育的通知》要求和漳卫南局党委关于开展党史学习教育的安排部署，结合邢衡河务局实际，制定邢衡河务局党委开展党史学习教育实施方案。在局党委领导下，成立以党委书记、局长田术存为组长，局领导为副组长的党史学习教育领导小组，负责全局党史学习教育的统筹指导。领导小组办公室设在办公室（党办），抽调人员组成专班负责具体组织协调。具体成员如下。

1）邢衡河务局党委党史学习教育领导小组。

组　长：田术存

副组长：王海军　赵铁群　王建新　苏文静

成　员：许　琳　索荣清　高艳辉

2）邢衡河务局党委党史学习教育领导小组办公室。

主　任：赵铁群

副主任：王建新

成　员：许　琳　夏洪冰　杨志伟　姚红梅　谢金祥　王孟福　张亚东　王　鑫

（4）2021 年 3 月 31 日，邢衡河务局印发《邢衡河务局关于青年理论学习小组调整的通知》（邢衡办〔2021〕21 号）。为进一步加强党史教育学习，促进青年干部职工成长成才，根据工作需要，对邢衡河务局青年理论学习小组人员进行如下调整。

组　长：许　琳

副组长：王　鑫　王　一　魏　韬　牛亚楠

成　员：全局 40 周岁以下青年干部职工

（5）2021 年 4 月 13 日，邢衡河务局印发《邢衡河务局党委关于同意共青团邢衡河务局委员会换届选举结果的批复》（邢衡党〔2021〕13 号）。经党委审议，同意邢衡河务局团委 2021 年 4 月 1 日选举结果，第二届共青团邢衡河务局委员会委员由王鑫、王赞童、刘宇良、李长友、杨田等 5 人组成。同意以下为委员的分工选举结果：王鑫为第二届共青团邢衡河务局委员会书记；王赞童为第二届共青团邢衡河务局委员会组织委员；杨田为第二届共青团邢衡河务局委员会群众委员；李长友为第二届共青团邢衡河务局委员会学习委员；刘宇良为第二届共青团邢衡河务局委员会宣传委员。

（6）2021 年 5 月 21 日，邢衡河务局印发《邢衡河务局关于调整 2021 年水旱灾害防御组织机构的通知》（邢衡工〔2021〕28 号）。根据水旱灾害防御工作需要，现将 2021 年局水旱灾害防御组织机构调整如下。

1）局水旱灾害防御工作领导小组。

组　长：田术存

副组长：王海军　赵铁群　王建新　苏文静

成　员：韩　刚　许　琳　夏洪冰　郭志达　索荣清　白爱华　高　峰　张宝华

2）局水旱灾害防御办公室。

主　任：王海军

副主任：韩　刚

成　员：王赞童

3）局领导水旱灾害防御工作职责及包河包段分工。

田术存：负责全局水旱灾害防御全面工作，分管故城河务局水旱灾害防御工作。

王海军：负责水旱灾害防御日常工作，分管临西河务局水旱灾害防御工作。

赵铁群：负责清河河务局水旱灾害防御工作。

4）局机关各部门水旱灾害防御工作职责。

a. 水旱灾害防御办公室：负责组织防洪预案、抢险预案的编制和实施；负责水雨情预报工作；负责有关水旱灾害防御建设项目的建设与管理；负责组织防洪抢险演习和技术培训；负责灾情统计上报；负责水旱灾害防御安全生产工作；负责水旱灾害防御日常工作。

b. 办公室：负责水旱灾害防御宣传报道，负责向海委门户网站漳卫南局网页上报有关水旱灾害防御信息。

c. 水政科：负责组织有关水旱灾害防御法规、政策的宣传工作；督办河系违章建筑和阻水障碍及其他影响防洪安全的水事违法案件。

d. 财务科：负责水旱灾害防御资金的使用、检查和监督；负责水旱灾害防御物资的管理和调度。

e. 人事、监察审计科：负责水旱灾害防御有关工作的人事及纪律监督检查；负责对水旱灾害防御经费的管理使用进行审计监督；负责对水旱灾害防御工作中渎职失职、违纪违法行为进行调查和处理。

f. 工会：负责有关水旱灾害防御工作的思想动员及教育工作。

g. 综合事业中心：负责水旱灾害防御通讯联络，保障通信畅通；负责计算机网络、视频会商等系统的运行维护。

h. 后勤服务中心：负责水旱灾害防御交通及水、电等后勤保障工作。

（7）2021 年 5 月 31 日，经研究，决定成立邢衡河务局内部控制建设领导小组（以下简称“领导小组”），负责邢衡河务局内部控制的领导和管理工作，研究、协调、解决邢衡河务局内部控制制度建设和内控体系运行等工作中的重大问题，负责邢衡河务局内部控制风险评估工作。

组　长：田术存

副组长：王海军　赵轶群

成　员：许　琳　郭志达　索荣清

领导小组下设办公室，负责领导小组日常工作。办公室设在财务科，办公室主任由郭志达兼任。领导小组及办公室成员因工作和职务变动不再担任成员的，由继任者担任，不再另行发文。

3. 人员变动

2021 年，新招录参照公务员法管理人员 1 人（张皓宇）；退休人员 1 人（杨治江）；调入 1 人（崔晓）；调出 2 人（张天义、牛亚楠）。

截至 2021 年 12 月 31 日，全局在职工作人员 66 人，其中参照公务员法管理人员 35 人、事业编制人员 22 人、公司人员 9 人。

4. 职工培训

2021 年，邢衡河务局根据培训计划安排并结合工作实际，共举办培训班 6 个，参加培训 233 人次，人均培训时间为 24 学时，培训率为 100%。内容涵盖了档案规范化管理、保密知识、水旱灾害防御、安全生产、党风廉政建设、水行政执法、水资源管理与保护等。邢衡河务局职工参加上级举办的线下培训班 25 个，共计 201 人次，人均培训时间为 29.39 个学时，培训率为 100%。邢衡河务局制定了《邢衡河务局 2021 年道德文化讲堂实施方案》。截至 2021 年年底，邢衡河务局组织道德文化讲堂共计 19 期（其中机关 7 期、临西局 3 期、清河局 3 期、故城局 6 期），315 人次参加，培训率达 100%。全局在职职工均达到人事部门认可的教育培训时间要求。其中，处级干部 2021 年累计参加人事部门认可的教育培训时间平均 230.84 学时，科级及以下干部平均 213.14 学时。

5. 职称评定和工人技术等级考核

2021 年 7 月 9 日，根据漳卫南局对邢衡河务局事业单位岗位设置的批复，结合邢衡河务局工作实际，聘任魏韬为故城局专业技术岗位十一级，聘期 3 年（2021 年 7 月至 2024 年 6 月）。聘任杨田为邢衡河务局综合事业中心专业技术岗位十一级，聘期 3 年（2021 年 7 月至 2024 年 6 月）（邢衡人〔2021〕35 号）。

6. 表彰奖励

（1）2021 年 1 月 9 日，水利部印发《水利部关于表彰第一届“水利先锋党支部”的通报》（水党建〔2021〕1 号），授予海委漳卫南运河清河河务局党支部第一届“水利先锋党支部”荣誉称号。

（2）2021 年 1 月 20 日，漳卫南局印发《漳卫南局关于表彰“十大优秀青年”的通报》（漳机党〔2021〕2 号），授予许琳“漳卫南局‘十大优秀青年’”荣誉称号。

（3）2021 年 1 月 28 日，漳卫南局印发《漳卫南局关于表彰 2020 年度先进单位、先进集体的通报》（漳办〔2021〕2 号），授予邢台衡水河务局“漳卫南局 2020 年度先进单位”荣誉称号。

（4）2021 年 1 月 29 日，漳卫南局印发《漳卫南局关于表彰 2020 年度工程管理先进单位与先进水管单位的通报》（漳建管〔2021〕7 号），授予邢衡河务局“2020 年度工程管理先进单位”荣誉称号；授予清河河务局“2020 年度工程管理先进水管单位”荣誉称号。

（5）2021 年 1 月 31 日，漳卫南局印发《漳卫南局办公室关于 2020 年度漳卫南局门户网站、微信平台宣传信息内容保障情况的通报》（漳办〔2021〕4 号），邢衡河务局在漳卫南局局属各单位 2020 年宣传稿件录用情况统计表中排名第三。

（6）2021 年 2 月 3 日，漳卫南局印发《漳卫南局关于 2020 年经济责任考核情况的通报》（漳财务〔2021〕8 号），授予邢衡河务局“漳卫南局经济责任考核先进单位”荣誉称号。

（7）2021 年 3 月 4 日，漳卫南局印发《漳卫南局关于公布局属各单位 2020 年度处级领导班子和处级干部考核优秀结果的通知》（漳人事〔2021〕17 号），田木存年度考核确定为“优秀”等次，予以嘉奖。

（8）2021 年 6 月 17 日，海委印发《海委党建工作领导小组关于表彰海委优秀共产党员、优秀党务工作者和先进基层党组织的决定》（海党建〔2021〕3 号），授予牛亚楠、王召柱“海委优秀共产党员”荣誉称号；授予姚红梅“海委优秀党务工作者”荣誉称号；授予清河局党支部“海委先进基层党组织”荣誉称号。

（9）2021 年 6 月 29 日，漳卫南局印发《漳卫南局党委关于表彰优秀共产党员、优秀党务工作者和先进基层党组织的决定》（漳党〔2021〕31 号），授予杨治江、张亚东、魏韬“漳卫南局优秀共产党员”荣誉称号；授予许琳“漳卫南局优秀党务工作者”荣誉称号；授予邢衡河务局机关第二党支部“漳卫南局先进基层党组织”荣誉称号。

（10）2021 年 6 月 30 日，中共临西县委印发《中共临西县委关于表彰全县优秀共产党员、优秀党务工作者和先进基层党组织的决定》（临西字〔2021〕11 号），授予夏洪冰“临西县优秀共产党员”荣誉称号；授予临西局党支部“临西县先进基层党组织”荣誉称号。

（11）2021 年 1 月 7 日，邢衡河务局印发《邢衡河务局关于表彰 2020 年度目标管理先进单位、先进集体的决定》（邢衡办〔2021〕6 号）。根据年终目标管理考核结果，经局长办公会研究决定，授予清河局“邢衡河务局 2020 年度先进单位”荣誉称号，授予办公室、水政科“邢衡河务局 2020 年度先进集体”荣誉称号。

（12）2021 年 1 月 26 日，邢衡河务局印发《邢衡河务局关于公布 2020 年度职工考核结果的通知》（邢衡人〔2021〕8 号）根据民主测评，邢衡河务局党委审定，确定 2020 年度职工考核优秀人员如下。

1）参公人员（不含处级干部）6 人：许琳、杨治江、索荣清、韩刚、姚红梅、李悦。

2）事业人员 4 人：高峰、范宪义、王荣海、康健。

3）企业人员 1 人：王孟福。

（13）2021 年 1 月 28 日，邢衡河务局印发《邢衡河务局关于表彰 2020 年度信息宣传工作先进集体、先进个人的决定》（邢衡办〔2021〕7 号）。根据 2020 年度各部门（单位）录用宣传信息得分统计和信息报送情况，经局长办公会研究，授予办公室、水政科、人事（监察审计）科、工管科“宣传信息工作先进集体”荣誉称号；授予许琳、王鑫、季晓丰、张亚东 4 名同志“宣传信息工作先进个人”荣誉称号。

（14）2021 年 6 月 28 日，邢衡河务局印发《邢衡河务局党委关于表彰 2020—2021 年度先进党支部和优秀共产党员的决定》（邢衡党〔2021〕27 号）。经过民主选举，各支部推荐，局党委研究，决定对在推进全局科学发展、促进单位和谐、有显著成绩，受到党员干部和群众公认的先进党支部和优秀共产党员进行表彰。

1）先进党支部：清河局党支部。

2）优秀党员：王鑫、许琳、张亚东、侯尚阳、魏韬、牛亚楠、杨治江。

（许琳）

【财务管理与审计】

1. 财务管理

邢衡河务局加强财务监管，按时完成 2021 年部门决算、资产决算和财务报告、2021 年年中预算调整，2022 年“一上”“二上”预算上报工作；完成了对所属单位的经济责任考核工作。加强国有资产管理，按月上报资产月报。根据新、旧办公设备处置工作安排，做了旧设备清查、处置、新设备的登记。为提高资产使用效益，对固定资产进行了清查盘点，根据清查结果将一部分没有使用价值的固定资产进行了报废处理。对邢衡河务局的防汛物资进行了清查，核实了防汛物资现状并上报漳卫南局。积极响应新阶段水利改革对财务的改革要求，做好新旧系统平行记账，新财务系统的各模块应用。结合本单位实际情况修订了《邢衡河务局差旅费管理办法》，不断完善单位内部控制管理，通过规范各项财务基础工作，不断提高财务工作水平和质量。

2. 审计监督

2021 年 1 月，对 2020 年度水利工程维修养护经费进行专项审计；7—12 月，对所属三个水管事业单位法人进行了任中经济责任审计并形成审计报告；对临西运河水利维修养护有限公司进行专项审计并形成审计报告。11月23—26日配合漳卫南局监督处对邢衡河务局2020—2021年度进行预算执行专项审计并对提出的问题进行整改；通过各类审计活动，不仅强化了邢衡河务局内控制度，而且保证了资金、资产安全。

（许琳）

【党史学习教育和“三对标、一规划”专项行动】

邢衡河务局党委提高政治站位，压实压紧“两个责任”，切实发挥党委理论学习中心组领学促学作用，以党史学习教育和“三对标、一规划”专项行动作为加强政治机关建设的有力抓手，带领全局干部职工以学促干、以学促行，切实将学习成效转化成办实事的工作动能。一是突出要点学，高标准推进党史学习教育，深入学习贯彻习近平总书记“七一”重要讲话精神。二是融会贯通学，将学习党的十九届六中全会精神与学习习近平总书记关于治水的重要论述精神融会贯通；通过学习强国、水利蓝信、水利教育培训网等多种形式开展学习、研讨，线上互联互通，线下同频共振，确保学习教育取得实效。三是联系实际学，切实将“三对标、一规划”专项行动取得的成效与业务工作紧密结合，抓实抓细，贯穿始终。全局干部职工自觉对表对标、认真纠正偏差，以良好的学习成果助推单位各项工作有序开展。全年，党委中心组（扩大）理论学习共18次，各支部学习90余次，开展系列活动20次，印发学习资料80余份，撰写研讨心得100余份。

（许琳）

【党建工作】

党的建设以清河局“水利先锋党支部”为标杆，优化调整机关党支部，持续发挥“结对共建、携手共进”活动的成效和优势，密切党员与群众、机关与基层的联系，引导全局党员领导干部尊崇党章，不断提高党内政治生活质量，积极探索和丰富邢衡河务局党建“两条腿”走路工作法，党支部标准化规范化建设全面达标。创新开展主题党日活动，组织参观吕玉兰纪念馆和张自忠纪念馆、表彰优秀党员和先进党支部等一系列活动，把工作落到实处、抓在经常，融入日常；举办践行新时代水利行业精神“演讲比赛”，推选作品在部委系统获得优秀名次。督导检查支部工作，重点检查“三会一课”、党史学习教育的开展和资料整理情况，强化政治监督、增强日常监督。以党委成员“深入基层蹲点调研”活动为抓手，找问题、找差距，了解基层职工思想动态，加强业务工作指导，真正做到“我为群众办实事”。通过支部学习、专题培训和融媒体宣传，切实打通全面从严治党向基层延伸的“最后一公里”。2021年，2名预备党员转正，发展预备党员4名。

（许琳）

【党风廉政建设】

邢衡河务局党委严格落实主体责任清单和监督责任清单，以党风廉政建设为政治保障，锚定党风廉政建设任务、目标和成效。逐项落实廉政警示教育工作部署，通过召开党风廉政建设工作会、警示教育大会、集体约谈、举办专题培训班、观看警示教育片等“规定动作”，持续强化对干部职工的廉政教育。狠抓作风建设，严格落实中央八项规定精神和上级要求，坚决做到六个“严格遵守”，驰而不息纠治“四风”，旗帜鲜明反对“庸懒散浮拖”等不良风气和“等靠要”思想，对干部出现的苗头性、倾向性问题，及时谈心谈话、约谈提醒，防止“小毛病”演化成“大问题”。狠抓制度建设，针对巡视巡察“回头看”、检查考核、审计监督等发现的问题，认真检视制度建设方面存在的监管盲区、执行漏洞、模糊边界，扎实做好各项制度的废、改、立工作，切实提高制度的刚性约束和执行力。将廉政理念与支部建设相融合，把廉政文化贯穿支部生活中，增强廉政自觉，筑牢拒腐防变思想防线，有效推动党风廉政建设工作的高质量开展。

（许琳）

【安全生产】

2021年，邢衡河务局及时召开安全生产工作会议，印发全年安全生产工作要点，逐级签订安全生产目标责任书，周密部署全局安全生产各项工作；全面动员部署安全生产专项整治三年行动相关工作，落实安全生产监管责任；准确辨识并推动安全风险分级管控，制定了切实可行的安全措施；开展安全检查和隐患排查，深刻吸取西沟水库失事、卫河左堤彭村段决口调查发现问题等教训，在岁末年初、“五一”、建党百年大庆和夏秋连汛等重要节点，开展安全检查，并督促落实了重点险工、险段抢险预案，确保度汛安全；开展形式多样的安全生产宣传教育活动，组织参加应急预案演练，结合党史学习教育和“三对标、一规划”专项行动，深入推动学习习近平总书记关于安全生产重要论述精神落地见效；扎实开展安全生产月活动，制定了《邢衡河务局安全生产月活动实施方案》，紧扣“落实安全责任，推动安全发展”主题，举办安全生产知识培训班；按照上级要求修改全局办公设备和办公软件的弱口令及安装杀毒软件；推进安全生产标准化建设，扎实和完善全局安全生产标准化体系，全力构建安全生产长效机制，促进标准化建设工作提质增效，按时提交了水利安全生产标准化年度自评报告，圆满完成2021年安全生产工作任务。

（许琳）

【综合管理】

2021年，邢衡河务局以制度、人才为支撑，推进制度建设，不断完善单位内控制度；加强队伍建设，推进青年干部的多岗位培养锻炼；加大培训力度，开展安全生产、信息宣传、档案管理等业务培训；优化改善机关办公环境，持续保持省级“文明单位”荣誉称号；加强资金监管，完成对局属各单位的内部审计；扎实开展“安全生产月”活动，对单位的安全生产工作进行全面检查和隐患排查；全力推进督察督办事项落实，临西河务局和故城河务局分别以92.8分和92.6分的好成绩顺利通过水利档案规范化管理考核评估；组织开展保密教育活动，筑牢保密思想防线。

（许琳）

【经济创收】

经济工作向管理要效益，确保树木承包合同兑现率达到100%，堤防绿化实现提档升级和收入可持续。积极盘活闲置资产，力争水土资源开发新突破。加强涉河、涉堤项目监管，把握机遇增创收，为邢衡河务局健康持续发展提供有力支撑。

（许琳）

德 州 河 务 局

【概况】

德州河务局隶属水利部海委漳卫南局，由漳卫南局授权在其管辖范围内行使水行政管理职责，为具有行政职能的事业单位。管辖德州市境内的卫运河、南运河、漳卫新河、陈公堤以及恩县洼滞洪区的分洪和退水控制工程——西郑分洪闸和牛角峪退水闸，管辖河道316.6km、堤防389.7km。机构内设6个科室，下属两个直属单位和1个维修养护公司。全局现有干部职工253人，其中在职人员159人、离退休人员94人。

2021年单位主要负责人

局　长：李　勇

副局长：张　斌　赵全洪　杨百城　陈永瑞　肖玉根

【工程管理】

1. 日常维修养护

各水利工程管理单位担负起维修养护项目实施管理的主体责任，建立健全质量管理体系，成立工程质量检查小组，负责质量监督、检查，负责维修养护的质量管理，每月底组织人员对养护项目进行单元考核，维修项目按要求进行单元质量评定和组织工程验收；建立健全安全生产责任制，成立安全生产领导小组，严格执行安全生产检查制度，及时掌握维修养护单位安全生产情况，采用有效措施，保证生产安全和人员安全。在工程维修养护过程中，严格执行合同。

自3月3日开始，德州河务局在认真开展现场调查摸底、绿化市场调研的基础上制定了绿化工作方案，围绕打造“防护型、生态型、经济型、景观型”堤防有序开展绿化工作。共计完成堤肩行道林补植2969棵（其中胸径5～10cm国槐2634棵、胸径5～8cm金叶槐335棵）、戗台弃土补植胸径约3.5cm杨树1200棵，高标准高质量完成堤防绿化任务。并完成对该段临背河堤肩、路口整修，以及修剪草皮工作，补修堤顶沥青混凝土路面1700m^2，增设简介牌1个、宣传牌6个、百米桩60个，补设公里桩1个、路口桩29个。

2021年12月17日，德州河务局成立考核小组，对夏津河务局堤防工程管理情况进行考核。经考核组共同研究，夏津河务局保持了海委水利工程管理示范单位管理水平。

按照《德州河务局工程管理考核办法》，12月下旬对各水管单位进行年度考核，并将对夏津河务局海委水利工程示范管理单位年度考核情况上报漳卫南局。

2. 组织完成维修养护招标工作

按照《漳卫南局关于加强水利工程运行管理工作的通知》（漳建管〔2021〕1号）的要求和部门预算“二上”申报书中的规定，夏津局采用直接委托方式，选择具有相应资质的养护单位承担维修养护任务；武城局、德城局采用公开招标方式确定委托单位；宁津局、乐陵局、庆云局采用竞争性磋商方式确定委托单位。

1 月 15 日，夏津局与德州鬲津水利有限公司签订 2021 年水利工程维修养护合同。宁津、乐陵、庆云河务局选择天勤工程咨询有限公司作为招标代理机构，负责招标工作，1 月 27 日在中国政府采购网、中国招标投标公共服务中心、中国采购与招标网、漳卫南运河综合信息网进行发布招标公告；2 月 8 日召开开标评标会；2 月 19 日发中标通知书，宁津、乐陵、庆云河务局分别与中标的德州鬲津水利有限公司签订 2021 年水利工程维修养护合同。武城、德城河务局选择山东东成项目管理有限公司作为招标代理机构，负责招标工作，2 月 3 日在中国政府采购网、中国招标投标公共服务平台、漳卫南运河综合信息网进行发布招标公告；2 月 24 日召开开标评标会；3 月 3 日发中标通知书，武城、德城河务局分别与中标的德州鬲津水利有限公司签订 2021 年水利工程维修养护合同，标志着德州河务局水利工程维修养护市场化招标工作圆满完成。

3. 堤防绿化

2021 年，绿化的重点是树木更新堤段，并在堤肩和重要路口、沿城镇堤段种植具有观赏性、价值高、生长周期长的国槐、白蜡等景观树木，累计植树 121986 棵。

4. 水利部督查组督查发现问题的整改落实

5 月，水利部险工险段专项检查组以“四不两直”方式对德州河务局所辖堤防险工险段进行抽查，共发现问题 14 项。按照《水利部办公厅关于对 5 月份堤防工程险工险段专项检查发现问题进行整改的通知》（办监督函〔2021〕552 号）的要求，针对检查发现的问题进行了专题整改研究部署，7 月 10 日前完成整改 13 项，制定整改计划 1 项。

德城河务局小于庄西险工堤身建坟问题已列入整改计划，堤身建坟属于历史遗留问题。走访坟墓附近村庄，进行摸底登记，做好迁坟动员工作，并与当地民政部门、所在村委会进行沟通，查阅相关文件，协调多方部门一起进行迁坟工作，预计 2022 年 4 月 5 日之前，完成整改。

5. 海委督查组督查发现问题的整改落实

2021 年 3 月 5—14 日，武城河务局组织养护公司对 2020 年 6 月水利部督察办专项检查发现问题中八屯险工 4 条混凝土网格坝水下部分进行了修复，进行混凝土防碳化处理 853m^2。

6. 确权划界

按照部门预算“二上”申报书中的规定，德州河务局 2021 年中央直属水利工程确权划界项目采用直接委托方式确定项目实施承担单位。3 月 15 日，德州河务局召开 2021 年超标洪水防御能力提升、2021 年中央直属水利工程确权划界等项目有关工作安排会议，会议要求，德城局按照《中央直属水利工程确权划界项目 2021 年度预算实施方案》，负责 2021 年中央直属水利工程确权划界项目的组织实施，对项目实施进行质量监管，同时做好安全生产的相关工作；德州河务局加强项目实施过程中各阶段的监督检查工作。就委托单位的选择，会上进行了商议，经讨论确定，德州鬲津水利有限公司作为中央直属水利工程确权划界项目实施承担单位。

3 月 15 日，德城河务局与德州鬲津水利有限公司签订德州河务局 2021 年中央直属水利工程确权划界项目合同书，按照国家及行业相关标准、技术规范和要求以及《德州河务局 2020 年中央直属水利工程确权划界项目管理办法》组织施工。5 月 20 日，德城河务局南运河管理与保护范围划界标示牌25块制作安装全部完成；10月31日，德城河务局南运河管理范围划界界桩405根制作安装全部完成。11月22日，确权划界项目工程质量验收合格。

7. 西郑分洪闸安全鉴定

按照部门预算“二上”申报书中的规定，德州河务局2021年超标洪水防御能力提升项目（西郑分洪闸安全鉴定）采用直接委托方式确定项目实施承担单位。3月15日，德州河务局召开2021年超标洪水防御能力提升等项目有关工作安排会议，会议要求，武城局按照《超标洪水防御能力提升项目2021年度预算实施方案》，负责2021年超标洪水防御能力提升项目的组织实施，组织开展水闸安全鉴定相关具体工作，对项目实施进行质量监管，同时做好安全生产的相关工作；德州河务局加强项目实施过程中各阶段的监督检查工作。会上就委托单位的选择进行了商议，经讨论确定，山东省水利勘测设计院作为2021年超标洪水防御能力提升项目实施承担单位。3月17日，武城河务局与山东省水利勘测设计院签订《超标洪水防御能力提升项目技术服务合同》，组织开展西郑分洪闸安全鉴定相关工作，合同金额94.50万元。9月17日，山东省水利勘测设计院向漳卫南局提交了西郑庄分洪闸安全鉴定报告，11月3日漳卫南局完成初审，报海委审批。

（吕笑昊）

【水旱灾害防御】

1. 汛前准备

2021年3月25日，下发了《做好2021年水旱灾害防御各项准备工作的通知》，从做好汛前检查，落实防汛抗旱责任制，加强河道阻水障碍清除，修订、完善防洪抢险预案，培训和演练等方面都做了详细安排布置。4月上旬，组织专业技术人员对所辖工程进行了汛前检查，摸清了度汛隐患，研究制定了处理意见，并将检查情况上报了漳卫南局和德州市防汛抗旱指挥部。

2. 预案编制

结合汛前检查及漳卫河河道现状行洪能力，对《德州市漳卫河防洪预案》做了进一步修订，力求预案符合实际，可操作性更强。经漳卫南局和山东省水利厅审查，于2021年5月24日报德州市防汛抗旱指挥部，6月1日由德州市防汛抗旱指挥部批准下发有关县（市）防汛抗旱指挥部执行。

3. 防汛开展

6月1日起开始防汛值班；6月28日召开了德州河务局水旱灾害防御工作会议，分析研究今年防汛形势，布置下一阶段水旱灾害防御工作；6月23日举办了一期防汛抢险技术培训班，学习了防汛基础知识、防洪减灾常识和抢险急救知识等；7月9日开展水闸工程防汛应急演练。

从4月下旬开始，督促落实以各级行政首长负责制为核心的防汛责任制、防汛备料、抢险队伍和县乡领导技术人员包河、包堤、包涵闸管防汛责任制。

4. 雨毁修复工程

在迎战台风“烟花”引起的强降雨过程中，德州河务局所辖堤防出现了不同程度的损坏，为保障行洪工程安全运行，确保堤防巡查道路畅通，局属各单位第一时间对堤顶道路进行了修复。在迎战漳卫河两次洪水过程中，所辖堤防遍布水沟浪窝，部分险工护坡损毁，应急抢险造成部分堤顶路面严重损毁、堤身断面破坏，德州河务局组织人员对全线389.711km进行水雨毁摸查统计，共计水雨毁249处。已将需要修复的水雨毁工程上报漳卫南局，同时对部分雨毁进行抢修。

（王祺）

【水政水资源】

1. 水法宣传

2021年年初，德州河务局制定了2021年普法工作计划，明确了今年水利普法工作的重点任务，目标要求，抓住“世界水日”“中国水周”宪法宣传周等重要时间节点，开展形式多样的水法规宣传活动。组织青年团员以骑行的方式开展了“节水中国　你我同行”宣传活动；联合漳卫河派出所深入沿河社区、村镇，发放宣传材料，设立水法规宣传站，播放水法规录音等形式宣传《水法》《防洪法》《水土保持法》《河道管理条例》等法律法规；组织学习了李国英部长、王文生主任和张永明局长署名的文章，动员全局干部职工参加水利部组织的《长江保护法》网络知识答题；通过悬挂横幅标语，制作宣传牌，利用大屏幕等方式围绕“深入贯彻新发展理念，推动水资源集约节约安全利用”开展主题宣传，专门订购了“节水优先、空间均衡、系统治理、两手发力”的治水思路宣传海报20份、“世界水日”“中国水周”宣传海报20份、国家节水行动方案宣传海报20份、民法典与水资源保护宣传折页400份、水法律法规宣传折页400份、中国水情教育读本50份、营造了“人人参与节水爱水、共建绿水青山家园”的良好氛围。

2. 水政执法队伍建设

德州河务局严格按照《德州河务局水行政执法巡查制度》开展水政巡查，及时发现、及时处理，将水事违法行为消灭在萌芽状态。针对水事违法行为多发、易发的重点区域加强巡查频次，将水法规宣传工作融入巡查、执法过程中，提升沿岸群众法治意识，增强法制观念，营造知水、节水、爱水、护水、亲水的浓厚氛围，维护良好水事管理秩序。同时对各类水事违法行为要做到及时发现和及时处理，并将相关情况录入水行政执法统计信息直报系统中。截至2021年12月底，德州河务局水政监察支队日常巡查54人次，巡查河道累计长度1060.3km。局属水政监察大队采本年度巡查1078人次，巡查河道累计长度9157km。

3. 水政监察队伍能力建设

2021年，严格按照已经制定的规章制度有条不紊地开展各项水政工作，按照年初制定的培训计划，德州河务局于5月11日举办了德州河务局水行政流域执法培训班。培训班向学员详细讲解了《德州河务局水政水资源法规汇编》部分内容，并结合漳卫南局水行政执法文书的应用重点学习了《防洪法》《河道管理条例》的相关条款，进一步提高了水政监察人员对于相关法律法规知识的掌握和应用水平，提升了水政监察队伍在水利改革发展新形势下的执法能力。

4. 涉河项目管理

对于海委审批的涉河建设项目，德州河务局严格按照行政许可文件要求，审核建设方提供的施工组织设计、度汛预案等材料。项目开工后，定期开展涉河项目监督检查，确保工程项目严格按照行政许可文件和设计文件进行建设。在汛前，重点查看建设项目度汛措施的落实情况，全力保证河道行洪通畅以及建设项目安全度汛。截至 2021 年 12 月，还有两处在建项目：京台高速跨减河扩建工程、中俄东线天然气管道工程。

5. 水资源管理与保护

德州河务局管辖范围的取水口共计 46 处，其中 9 处已经办理了取水许可，且都在有效期内。按照《漳卫南局计划用水管理办法》的要求，已办证的取水口实行计划用水制度，积极协助取水户于 12 月 31 日前向海委上报 2021 年度用水总结并提出下一年度的用水计划申请。为贯彻落实最严格水资源管理制度、规范和加强取用水监督管理，严格按照《漳卫南局取水监督管理办法（试行）》要求，开展取水监督检查（德州河务局每月至少 1 次，所属三级局每月至少两次），填写《漳卫南局取用水监督检查记录表》，定期汇总并上报漳卫南局，在监督检查中，一旦发现违规取水、超计划用水、非法排污等情况时，当场制止，并报告地方有关部门进行处理。

按照《漳卫南局水资源保护监督管理办法》德州河务局及所属三级局定期开展水资源保护巡查（德州河务局每月至少 1 次，所属三级局每月至少 2 次），填写《漳卫南局水资源保护巡查记录表》，并按月上报《德州河务局水资源保护巡查报告》。截至 2021 年 7 月，在巡查中共发现 2 次水污染事件，一次是 5 月 12 日卫运河夏津、武城段水体污染，一次是 6 月 18 日卫运河夏津白庄附近水体污染。德州河务局严格按照《漳卫南局突发水污染事件应急预案》的要求，填写《重大水污染事件报告登记表》，第一时间向漳卫南局汇报，联合地方河长办进行调查、处置，及时通知沿河各取水户，停止取水。

6. 节水机关建设

按照《漳卫南局关于持续推进高水平节水机关建设的通知》（漳资源〔2021〕6 号）要求，德州河务局于 2021 年 5 月 17—30 日到所属三级局查看各单位节水机关建设工作开展情况，督促问题整改。同时严格按照《德州河务局节水管理岗位责任制度》等相关制度，定期开展用水设施设备巡回检查，提高精细化管理水平，有计划地进行节水改造，进一步巩固节水机关建设成果，持续推进高水平节水机关建设。

（任晋杰）

【河长制工作】

3 月 22 日、6 月 30 日，德州河务局陪同德州市副总河长、市委常委、常务副市长刘长民开展了第一、第二季度巡河工作。抓住每一次市级河长巡河机会，结合调研内容和路线，将大型的成片违建、历史遗留问题及易反复的垃圾倾倒等问题，向市级河长汇报，提出工作建议，加速推进问题的处理。随着市级河长巡河工作的不断推进，进一步融入地方河长制工作体系，加强同地方各部门的联系，为推进德州河务局管理范围内的“清四乱”工作提供了有力的保障。

“清四乱”专项行动开展以来，共清理树障 33 处（清理面积约 60 万 m^2，约 220 万棵树）。

6 月 14—23 日，德州河务局按照山东省河长办统一部署，开展了水安全水污染水生态水环境隐患联合排查整治工作。此次排查工作涉及德州市三区五县，覆盖德州河务局所辖卫运河、陈公堤、减河、岔河、南运河、漳卫新河管理范围，巡查河道共计 317km，巡查堤防共计 388km。

德州河务局于 10 月 25 日至 11 月 1 日对漳卫南运河德州段存在河湖管理存在问题再次逐一进行现场核实，为便于后期同地方河长办对接，核查过程中以村为单位，将同属于一个村的树障合并统计。通过此次全面排查，共发现问题 89 处，其中插花地 4 处（占问题总数 4.49%）、乱建 4 处（占问题总数 4.49%）、乱占 81 处（占问题总数 91.02%）。

（任晋杰）

【人事管理】

1. 人事任免

1 月 7 日，任命肖志强为乐陵局临时召集人（德人〔2021〕2 号），免去李永春办公室副主任职务（德人〔2021〕3 号）。

1 月 21 日，任命刘洋为办公室副主任（试用期一年），免去其财务科四级主任科员职级（德人〔2021〕6 号）；任命刘岐为武城河务局副局长（试用期一年），免去其武城河务局四级主任科员职级（德人〔2021〕7 号）；聘任李燕为综合事业管理中心副主任（试用期一年，聘期三年）（德人〔2021〕8 号）；聘任刘洪为后勤服务中心副主任（试用期一年，聘期三年，交流到宁津局任副局长）（德人〔2021〕9 号）。

1 月 28 日，任命崔冬冬为财务科副科长（试用期一年），免去其财务科四级主任科员职级（德人〔2021〕10 号）。

2 月 7 日，任命张辉为庆云河务局局长（试用期一年），雷冠宝为工管科一级主任科员，免去张辉德城河务局三级主任科员职级，雷冠宝庆云河务局局长职务、一级主任科员职级（德人〔2021〕11 号）；任命王辛晴为德州河务局人事（监察审计）科副科长，免去黄明君德州河务局人事（监察审计）科副科长职务（德人〔2021〕12 号）。

5 月 12 日，免去朱长军德州鬲津水利有限公司经理职务（德人〔2021〕26 号）。

6 月 2 日，任命邵红燕为德州鬲津水利有限公司经理（试用期一年）（德人〔2021〕28 号）。

11 月 17 日，任命肖志强为乐陵河务局局长，免去其武城河务局二级主任科员职级（德人〔2021〕50 号）。

11 月 29 日，任命霍保雷为德州鬲津水利有限公司副经理（德人〔2021〕52 号）。

11 月 30 日，漳卫南局党委任命赵全洪为德州河务局党委委员、副局长（漳党〔2021〕62 号、漳任〔2021〕68 号）。

12 月 20 日，免去赵全洪办公室主任职务、一级主任科员职级；任命张彦英为德州河务局办公室副主任（试用期一年，德人〔2021〕57 号），免去唐绪荣工管科科长职务（德人〔2021〕58 号）；任命任晋杰为工管科副科长（主持工作）、三级主任科员，免去任晋杰水政水资源科副科长职务、三级主任科员职级（德人〔2021〕59 号）。

2. 职工培训

做好培训评估、干部教育培训登记工作和网络录入与审核工作。为干部考核、上岗任用、职务晋升、专业技术职务评聘提供依据。2021 年，德州河务局共举办各类培训班 13

期，参加培训人数达 1042 余人次；选送 63 余人次参加海委、漳卫南局及地方举办的各类培训班，共 158 人参加水利部网络教育培训基本完成学习任务。

3. 人员变动

完成 4 名职工退休及待遇审批工作，完成离退休人员的日常管理工作。招录参照公务员法管理人员 4 名（卓玛央金、张桐玮、王环雨、温荣杰），招录事业人员 2 名（陈旭、刘目为）。

截至 2021 年 12 月底，德州河务局在职职工 159 人，其中，参照公务员法管理人员 59 人，事业编制人员 65 人，鬲津公司人员 35 人；离退休人员 94 人，其中离休人员 3 人、退休人员 91 人。

4. 职级晋升

3 月 25 日，任命王淼为水政水资源科三级主任科员，免去其原任职级（德人〔2021〕20 号）。

6 月 2 日，任命崔芳为财务科三级主任科员，免去其原任职级（德人〔2021〕29 号）；任命管洪军为乐陵河务局三级主任科员，免去其原任职级（德人〔2021〕30 号）。

6 月 21 日，任命王雪飞为德城河务局二级主任科员，免去其原任职级（德人〔2021〕31 号）。

7 月 21 日，任命王祺为工管科三级主任科员，任命昝方堂为财务科四级主任科员，以上人员免去其原任职级（德人〔2021〕33 号）。

8 月 2 日，任命范张衡为工管科二级主任科员，免去其原任职级（德人〔2021〕35 号）。

9 月 1 日，任命刘洋为办公室三级主任科员；任命郭玉雷为办公室三级主任科员；任命任晋杰为水政水资源科二级主任科员；任命崔冬冬为财务科三级主任科员；任命蒋玉涵为财务科三级主任科员；任命王辛晴为人事（监审）科三级主任科员；任命张志广为工管科三级主任科员；任命温荣旭为工管科三级主任科员；任命张新勇为工会三级主任科员，免去以上人员原任职级（德人〔2021〕36 号）；任命刘岐为武城河务局三级主任科员（德人〔2021〕37 号）；任命刘群为德城河务局二级主任科员，免去其原任职级（德人〔2021〕38 号）。

9 月 9 日，任命张彦英为办公室二级主任科员，免去其原任职级（德人〔2021〕39 号）；任命郑仰林为夏津河务局二级主任科员，免去其原任职级（德人〔2021〕40 号）；任命范张民为德城河务局二级主任科员，免去其原任职级（德人〔2021〕40 号）；任命靳连升为宁津河务局二级主任科员，免去其原任职级（德人〔2021〕42 号）。

9 月 30 日，任命陈卫民为夏津河务局一级主任科员（德人〔2021〕43 号）；任命张金涛为德城河务局一级主任科员（德人〔2021〕44 号）。

10 月 26 日，任命刘滋田为人事（监察审计）科一级主任科员（德人〔2021〕46 号）。

5. 职称聘任

聘任叶婷为德城河务局专业技术岗位十一级，聘期三年（2021 年 7 月 18 日至 2024 年 7 月 17 日）（德人〔2021〕32 号）。

聘任崔战民为庆云河务局专业技术岗位十级，聘期三年（2021 年 7 月 31 日至 2024

年7月30日）（德人〔2021〕34号）。

聘任张亚楠为乐陵河务局专业技术岗位十二级，聘期三年（2021年11月29日至2024年11月28日）（德人〔2021〕53号）。

聘任胡雅丽为庆云河务局专业技术岗位十二级，聘期三年（2021年11月29日至2024年11月28日）（德人〔2021〕54号）。

聘任赵心月为夏津河务局专业技术岗位十二级，聘期三年（2021年11月29日至2024年11月28日）（德人〔2021〕55号）。

聘任苗文博为宁津河务局专业技术岗位十二级，聘期三年（2021年11月29日至2024年11月28日）（德人〔2021〕56号）。

完成2021年3名（温荣杰、王环雨、张桐玮）新招录公务员及2名事业编制人员的招录及考察相关工作。

6. 职工考核

德州河务局职工进行了年度考核，考核结果如下。

（1）事业人员考核结果。优秀等次人员：赵心月、顾鹏娟、王燕、陈扬、刘洪、董珅、张宝利、张洪升、李燕、颜宁、程现楠、罗志宝；未定考核等次人员：陈旭、刘目为（试用期内）；其他参加考核的人员均为合格。

（2）公司人员考核结果。优秀等次人员：邵红燕、王小虎、聂法林、许春艳、张金、高萌、秦伟；其他参加考核的人员均为合格。

（肖金涛）

【安全生产】

1. 工作机制

制定印发《德州河务局关于印发2021年安全生产工作要点的通知》（德安〔2021〕2号），对2021年的安全生产工作要点进行部署，对工作重点制定了计划，并制定相应措施以保证重点工作。

按照"党政同责、一岗双责、齐抓共管、失职追责""管行业必须管安全、管业务必须管安全、管生产经营必须管安全"的要求，建立德州河务局安全生产责任体系，与局属各单位、机关各部门（单位）签订安全生产年度责任书，明确各岗位的安全生产工作职责，把安全责任落实到每个单位、每个部门、每个岗位。局属各单位的安全生产责任逐级、逐岗进行深化落实，使安全生产责任覆盖到横向到边、纵向到底。及时调整了安全生产领导小组，由主要领导任组长、分管领导任副组长，在全局形成"一把手"亲自抓安全生产工作的良好风气。

2. 综合性检查和专项检查

按照《德州河务局关于印发安全生产专项整治三年行动实施方案通知》（德安〔2020〕4号），以水利工程建设、水利工程运行、水文测验、后勤服务等为重点，开展全面的安全检查，对检查项目进行细化，对排查出的安全隐患建立完整的档案记录，针对存在的问题及时进行整改或制定相应的防范措施。

加强汛前、汛期、节假日前等关键时期和重要时段的安全生产工作。为了树牢安全发展理念，强化责任担当，提高汛期安全风险防控能力和工程运行管理能力，4 月 27 日、9 月 28 日，分别组成检查组对部分水管单位的水利工程运行和后勤服务两个重点领域进行抽查。检查组重点检查了影响堤防安全运行的水沟浪窝和獾洞等隐患的处理情况，以及办公场所、职工食堂、宿舍等区域的安全防护设施、用电用气、消防器材配备等，对检查出的问题提出整改意见，并制定整改时限，确保安全度汛。

3. 应急管理

3 月 18 日，开展消防安全知识及应急演练培训，邀请德州市社安防火服务中心教官进行授课讲解，结合发生在我们身边的火灾案例，对单位常见的“习惯性违章”的火灾隐患排查、单位及家庭火灾事故正确处理方式、机动车防火常识、火灾疏散逃生进行讲述，并指导干部职工如何正确使用灭火器、消防栓，专业地解答了干部职工提出的有关问题，扫除了干部职工在消防安全领域的盲区。

4. 分级管控

按照《水利部关于开展水利安全风险分级管控的指导意见》要求，各水管单位正在开展危险源辨识、进行安全风险评价工作，制定风险管控措施。

5. “安全生产月”活动

印发《德州河务局 2021 年安全生产月宣传活动实施方案》（德安〔2021〕3 号）。6 月 15 日，组织 2021 年度“安全生产月”安全知识答题活动，职工们踊跃参加，通过答题，职工们对“安全生产月”相关知识、火灾自救逃生和初期火灾的扑救知识有了更深的认识。6 月 22 日，举办一期安全生产知识培训班，主讲人详细讲解了安全生产的相关知识，并与大家一起学习习近平总书记关于安全生产工作重要论述和新的《安全生产法》等。张贴安全生产宣传画，普及安全知识，传播安全文化；采取多种激励措施组织广大职工参与水利部、海委、漳卫南局主办的各项活动。同时，组织各单位、各部门职工参加全国水利安全生产知识网络竞赛答题活动，采取多种激励措施，调动广大职工参与活动的积极性，营造踊跃参与“安全生产月”活动的良好氛围。

6. 日常管理

定期召开安全生产工作例会，严格落实漳卫南局安全生产月报制度和节日值班制度，注重工作“留痕”与内业闭环管理，及时搜集整理各项安全生产资料，健全安全生产台账。加强对车辆日常安全管理，安排专人对车辆进行定期检查。

（罗志宏）

【党建工作】

1. 党日活动

组织开展“三对标、一规划”专项行动和党史学习教育，依托每月 10 日主题党日活动，开展了“学习成果交流会”“讲党史故事、纯洁政治品质”“云上学党史”等系列主题活动；组织党员赴宁津县渤海教导旅纪念馆参观学习；组织拍摄支部宣传片《我的支部，我的家》；深入学习习近平总书记在党的十九届六中全会、庆祝中国共产党成立 100 周年大会、党史学习教育动员会、深入推动黄河流域生态保护和高质量发展座谈会等重要讲话精神，以及习近平总书记关于治水兴水的重要论述；探索实践了“合作共享”支部工作法，打造“以水润心，厚德笃行”党建品牌；2月完成2020年度党员评议工作。

7月2日，开展庆祝党的百年华诞系列活动，德州河务局党委书记、局长李勇讲授专题党课。

2. 发展党员

2021年完成2名预备党员转正和12名培养对象发展工作。截至2021年12月31日，德州河务局共有党员137人，其中在职正式党员94人、预备党员13人。

（刘洋）

【廉政建设】

召开2021年党风廉政建设工作会议与纪检工作座谈会，对新任职干部进行任前廉政谈话，印发《德州河务局纪检部门落实全面从严治党监督责任2021年度任务清单》与《德州河务局党委落实全面从严治党主体责任2021年度任务安排》。

加强干部日常监督与管理，印发《廉政警示教育活动工作方案》，根据工作方案向全局党员干部及其家属发出《廉洁家风倡议书》，召开集体廉政约谈会议，组织观看廉政警示教育片，加强节假日廉政监督检查，印发《廉政风险防控手册》并组织学习，举办廉政教育培训班。

（肖金涛）

【精神文明建设和工会工作】

全年开展文明交通劝导和对水电新景苑的结对帮扶两项志愿服务活动。2月2日，新春佳节来临之际，德州河务局主要负责人专程赴结对帮扶村武城县谢张庄村走访慰问贫困老党员，为他们送去生活慰问品和春节祝福；3月8日，组织女职工沿岔河堤防一路踏青，一路看堤防工程；5月11日，组织60多名党员赴山东渤海军区教导旅革命传统教育基地参观学习；10月12日，德州河务局主要负责人带队慰问退休党员；10月29日，组织干部职工赴德州市大剧院观看红色影片《金刚川》。

全年及时向德州市文明单位管理平台上传文明创建工作资料，德州河务局继续保持“山东省文明单位”称号。

（卓玛央金）

【综合管理】

继续推进新冠肺炎疫情防控常态化，严格执行离德审批制度，严格控制外出出差；做好外来人员的登记、测温、健康码查验工作，严控外来人员进出办公楼；办公楼内继续坚持值班值守制度，做好常态化疫情控制；做好对办公楼公共区域的消杀工作。

积极向漳卫南运河网报送工作信息，《漳卫南运河网》录用稿件168篇，2021年印发德州河务局内部工作信息26期。全年完成规章制度修订4项。开展武城局、宁津局、乐陵局、庆云局档案工作规范化评估工作，4个单位于11月上旬顺利通过海委验收。继续承办德州市“12345”热线工作，及时处理和答复市民热线，截至2021年年底，共处理热线139件。

（卓玛央金）

【财务工作】

加强单位往来款项的核收工作，及时准确统计单位或个人的各项往来账款，按时进行核收，确保资金良性循环；认真组织发放职工工资，及时安排做好各项水电费、医疗保险、养老保险及住房公积金等的缴纳工作；认真做好沿街门市租金、代垫职工水电费、取暖费、卫生费的收取工作和每月的税务申报工作；组织完成2021年部门财务决算、2022年预算编制上报工作；组织完成2021年住房改革支出预算编制上报；组织完成2021年中央单位养老保险经费测算上报；组织完成2020年德州河务局政府财务报告决算编制工作；完成2021年单位整体绩效申报工作；完成2020年中央政府性债务情况表填报工作；完成2021年行政事业单位国有资产报告；完成中央预算单位公务卡统计工作；组织编制2022年资产配置计划；组织完成2021年水利公共基础设施决算；编报完成2022年度预算项目建议表编制工作；编报完成中央部门2021年"三公"经费财政拨款执行情况统计表；编报完成德州河务局2021年度行政事业单位内部控制报告；组织完成养老保险过渡期数据测算工作；组织完成关于驻鲁中央行政参公单位医疗保险单位缴费经费审核；完成领导交办的其他工作及上级各项审计检查工作，并积极认真做好与财务有关的整改工作。

（崔莹莹）

沧州河务局

【概况】

沧州河务局隶属水利部海委漳卫南局，由漳卫南局授权在其管辖范围内行使水行政管理职责，为具有行政职能的事业单位。管辖范围为沧州市境内漳卫新河。机构内设7个科室、下属6个直属单位和1个维修养护公司。全局现有干部职工122人，其中在职人员71人、离退休人员51人。

2021年单位负责人如下。

局　长：张同信　陈俊祥

副局长：刘　洋　张华雷　刘艳海

【新冠肺炎疫情防控】

2021年1月，针对河北省石家庄市和邢台市新冠肺炎疫情反弹的严峻形势，沧州河务局组织召开专题会议，对疫情值班值守、扫码登记测温、定期消杀、健康监测、出差管控等防控工作进行再部署、再落实、再加强。沧州河务局负责人张同信多次组织对局机关和食堂的疫情防控工作进行检查。为全局干部职工发放口罩、消毒液、消毒酒精和抑菌洗手液等防护用品，提醒全局干部职工增强防护意识。8月，制定印发《沧州河务局关于加强疫情防控工作的通知》（沧办〔2021〕79号），压实防控责任，加强人员管理，落实防控措施，确保职工健康安全。10月28日，组织召开疫情防控会议，就疫情防控重点工作进行安排部署，要求严格管理人员进出，强化排查，增加测温、登记流程，杜绝外来车辆进入；非必要情况不得出沧，出沧需向单位报备；继续保持安全距离，佩戴口罩，会议、食堂隔位就座，禁止聚集聚餐，做好做实常态化防控；强化消毒工作，定期对食堂、走廊等公共设施，全方位消杀，不漏死角。

2021 年，积极推进核酸定期检测和疫苗接种工作，累计检测 1100 余人次，完成全程疫苗接种 85 人。

（杜晓娜）

【防汛工作】

1. 检查备汛

3 月中旬至 4 月上旬，沧州河务局对所辖堤防、河道等工程设施及非工程措施进行检查，梳理、分析、统计堤防工程存在的可能影响安全行洪的河口淤积、阻水障碍等关键问题，提出处理意见和建议，建档备案。4 月 15 日，根据检查情况编写完成《汛前检查报告》，上报漳卫南局和沧州市防汛抗旱指挥部。

2. 预案编制

结合漳卫新河实际情况，征求沧州市防汛抗旱指挥部意见，修订形成 2021 年防洪预案。6 月 1 日，沧州市防汛抗旱指挥部发布《沧州市防汛抗旱指挥部印发〈漳卫新河防洪预案〉的通知》（沧汛办〔2021〕4 号），指导沿河各县防汛抢险工作。

3. 夏秋连汛防汛抗洪工作

2021 年，漳卫新河系经历自 1917 年以来又一次夏秋连汛，夏汛漳卫新河最大流量 $830m^3/s$，秋汛漳卫新河最大流量 $1010m^3/s$。

5 月 18 日，调整水旱灾害防御组织机构，成立水旱灾害防御工作领导小组，落实局领导分工负责制，明确机关各部门职责任务及水情工情组、后勤保障组、宣传报道组、物资保障组的职能。

6 月 1 日至 10 月 20 日，严格落实 24 小时防汛值班和领导带班制度，认真做好水雨情的上传下达。接收各种传真 197 份（夏汛 111 份、秋汛 86 份），发送明传电报 20 份（漳沧汛办明传〔2021〕1～20 号）；及时调整应急响应 8 次，及时召开内部防汛会商 102 次（夏汛 72 次、秋汛 30 次）；通过会商研判气象形势和上游来水情况，形成会商意见及时向各基层单位通报。同时，成立沧州河务局防汛抢险技术服务指导组，对工程出险部位抢护提供技术支持。

面对罕见的夏秋连汛，力量下沉助力基层抗洪。考虑基层单位人员偏少的实际情况，从机关抽调人员组建了 3 支支援队伍进驻东光局、盐山局和海兴局，与基层职工合力开展堤防工程巡查，严密监控各个安全隐患点，跟踪观测洪水水头、洪峰到达时间及最高洪水位。同时，组建 2 支机动队伍，根据行洪情况对重点防洪堤段进行重点排查，协助地方政府抓好防汛抗洪工作。

4. 应急演练、防汛会议和培训

4 月 12 日，举办防汛应急演练，演练采用桌面推演形式，模拟南皮局小安闸在警戒水位发生翼墙漏水的险情处置。参演人员参照沧州河务局 2020 年防洪预案中规定的职能划分和响应机制开展工作。整个演练参演人员责任明确，演练流程顺畅，问题分析到位，演练达到预期效果和目的。

6 月 30 日，组织召开 2021 年度水旱灾害防御工作会议，传达海委、漳卫南局水旱灾害防御工作会议精神，对 2021 年水旱灾害防御工作进行部署。局属各单位就前阶段水旱灾害防御工作准备情况、存在的问题和下一阶段的工作安排进行汇报。会议要求，全局干部职工务必要提高政治站位，做好 2021 年的防汛工作，为建党百年献礼；务必要强练基本功，对所管工程做到知根知底，做好地方政府的技术参谋；务必要做到汛期不过，检查不止，及时统计上报水雨毁，抓住时机开展维修养护工作，守好堤防第一道防线，保证堤防防洪安全；务必要克服麻痹大意思想，加强值班记录，确保 24 小时在岗，准确、全面做好值班记录，及时有效做好文件上传下达工作，守好防汛值班第二道防线。

6 月 30 日，举办防汛知识培训班，邀请河北省防办原副主任常汉林进行授课，讲解了河北省防洪工程概况及漳卫南运河系防汛有关问题和关注点，对防汛有关知识进行了解读，对河北省 1972—2012 年的汛期降雨进行系统分析，对 2016 年“7·19”洪水进行了深刻反思，深入讲解了如何处置防汛中的应急突发事件，分享当好公务员和防汛参谋的体会。对沧州河务局进一步做好防汛工作，有效应对防汛应急突发事件具有很强的指导意义。

5. 与地方防汛抗旱指挥部的联系沟通

汛前，督促落实地方各项防汛责任制，签订地方行政领导包险工险段、涵闸（管）责任书，督促地方政府落实群企号料工作。

7 月 14 日，参加沧州市防汛抗旱督导检查，根据沧州市防汛抗旱指挥部办公室统一安排，与沧州市应急管理局、城市综合管理局相关人员组成检查组，从防汛抗旱体制机制、抢险队伍组织和防汛救灾应急演练等方面对吴桥县、东光县防汛备汛情况进行检查，对发现的问题向两县进行反馈。

找准定位，充分发挥参谋助手作用。行洪过程中，主动对接沧州市防汛抗旱指挥部办公室，适时发送建议函 6 份（沧函〔2021〕4 号、沧函〔2021〕5 号、沧函〔2021〕6 号、沧函〔2021〕7 号、沧函〔2021〕9 号、沧函〔2021〕11 号），及时提出昼夜巡查、封堵涵闸、筹备物料等 10 余条建议，全部被沧州市防汛抗旱指挥部办公室采纳。多次参与河北省、沧州市防汛调度会，沧州市防汛抗旱指挥部定期会商。坚持每日 4 次定时向防汛抗旱指挥部推送流域水情信息，为沧州市防汛抗旱指挥部的调度指挥提供决策依据。提议并组建联合工作组（工作组由沧州河务局、沧州市水务局、驻沧部队、武警支队、沧州市应急救援支队等防汛抗旱指挥部成员单位组成），对防汛工作落实情况进行督查和技术指导，全程指导水丰闸渗漏、沟店铺塌坑、十渤海险段渗水等 13 处险情的抢险救援工作，有效控制了险情，保障了堤防工程及沿河群众生命财产安全。

6. 雨毁修复工程

整个汛期降雨造成堤防出现大型雨淋沟、浪窝、陷坑等 102 处雨毁，其中 13 处大型陷坑在行洪期间进行了应急处理，汛后按照堤防填筑要求对所有雨毁进行清理、回填、夯实处理。雨毁修复工程自 12 月 2 日开工，至 12 月 20 日完工，主要工作量为土方回填 9264.48m^3。

（杜晓娜）

【工程管理和维修养护工作】

1. 表彰先进

2021年1月29日，漳卫南局印发《漳卫南局关于表彰2020年度工程管理先进单位与先进水管单位的通报》（漳建管〔2021〕7号），授予东光河务局“2020年度工程管理先进水管单位”荣誉称号。

2月18日，沧州河务局印发《沧州河务局关于表彰2020年度工程管理先进单位的决定》（沧工〔2021〕22号），授予东光河务局、南皮河务局“2020年度工程管理先进单位”荣誉称号。

2. 堤防工程维修养护

2月23日，组织召开绿化工作会议，聚焦“绿色”“循环”的发展思路，总结经验，分析现状，部署树木更新任务，高质量开展绿化工作。全年共植树4.6万余棵，成活率达95%以上。

3月，完成2021年水利工程维修养护招标工作。继续推行维修养护市场化，吴桥局、海兴局采用公开招标的形式选择维修养护单位，东光局、盐山局采用竞争性磋商的形式选择维修养护单位，南皮局直接委托。招标代理机构为山东东成项目管理有限公司。通过发布招标（竞争性磋商）公告、出售招标文件、开标等，最终确定沧州市沧盛水利工程有限公司为中标单位。沧州河务局所属水管单位与中标单位签订维修养护施工合同，标志着沧州河务局维修养护招投标工作顺利完成。

3月23日，举办工程管理培训班，多维度学习上级及沧州河务局制定印发的工程管理考核标准、维修养护管理办法、技术质量标准等制度；深层次探讨工程管理运行模式中工程检查制度落实、资料整理、维修养护月度任务分配、实施方案编制等环节中存在的问题；分享交流工程运行管理中的好经验、好做法；回顾总结2020年沧州河务局堤防工程险工险段专项检查问题整改情况，并对2021年工程管理工作进行再部署。

深入落实一线养护工作机制，全年按质按量完成土方养护6.9万m^3、草皮养护608.5万m^2、上堤坡道砌砖硬化维修3800m^2。

3. 水利部堤防险工险段专项检查发现问题整改

2020年水利部对沧州河务局所辖堤防险工、险段进行了督查，共反馈各类问题19项。按照《水利部办公厅关于印发2021年水利行业强监管工作计划的通知》（办监督〔2021〕25号）要求，做好迎接督查的准备工作。2021年3月23日，针对沧州河务局近年来新招录人员大多数从事工程管理工作的现状，从工程维修养护管理体系、督查知识和现行建管制度等方面组织开展一次系统培训。4月末至5月初，分两个批次对2020年督查中内业资料反馈问题较多的单位进行现场检查，对内业资料问题进行再梳理，举一反三完成整改；对督查反馈的现场实体问题组织开展整改，完成整改资料的整编和反馈。5月15—16日、5月20—21日，水利部督查办分两个批次对南皮局、盐山局，吴桥局、东光局、海兴局进行堤防工程险工险段专项检查，共反馈各类问题6项。7月9日，针对5月堤防工程险工险段专项检查情况，组织召开整改工作推进会，明确反馈问题整改措施，举一反三开展整改工作。7月16日，沧州河务局认真总结水利部督查办检查发现问题整改情况，对每个问题的责任落实、整改过程、整改结果进行详细梳理汇总，并将整改结果上报堤防水闸基础信息数据库。

4. 海委水利工程运行管理督查发现问题整改

3月8—10日，海委组成督查组对盐山局水利工程运行管理及监管情况进行督查，印发《海委办公室关于印发2021年度直属水利工程运行管理督查意见的通知》（办建管〔2021〕9号），从运行机制、日常管理、维修养护管理、工程实体等4个方面提出问题，并给出工作建议。沧州河务局高度重视，协助督促盐山局对发现的问题进行深入分析研判，有针对性地进行整改落实，形成《沧州河务局关于盐山局水利工程运行管理督查整改情况的报告》（沧工〔2021〕86号），并上报漳卫南局。

5. 南皮局海委示范管理单位创建

2021年，南皮局以创建海委水利工程管理示范单位为目标，对照《海委直属水利工程管理考核实施细则》，逐条梳理存在的问题，研究谋划整改措施和方法，制定切实可行的计划，明确时间任务，挂图作战，节点倒逼，不断规范强化内部运行管理，全面提升工程管理短板，借力河长制积极推进"清四乱"工作，大力开展和谐单位建设，各项工作水平都取得明显提升。9月16日，沧州河务局组织开展南皮局海委级水管单位堤防工程管理考核，形成水利工程管理单位考核报告和堤防工程管理考核自检报告（沧工〔2021〕97号），上报漳卫南局。11月11—12日，漳卫南局组成专家组对南皮局海委水利工程管理示范单位建设情况进行初验。专家组现场查看南皮局机关、仓库及堤防工程，听取汇报，翻阅相关资料，并就相关问题进行问询，最终形成初验意见。南皮局以906.6分的成绩通过初验。11月23日，海委组织专家组对南皮局进行海委水利工程管理示范单位验收，重点查看工程现场，听取南皮局有关工作汇报，查阅工程管理资料，就有关问题进行质询，按照新修订的《海河水利委员会直属水利工程管理考核实施细则》进行逐项赋分。南皮局以806.0分的成绩成功通过海委水利工程管理示范单位考核验收，成为2013年以来海委系统首次首家申报并通过海委水利工程管理示范单位考核验收的水管单位。

6. 盐山局海委示范管理单位复核

9月16日，沧州河务局组织开展盐山局海委水管单位堤防工程管理考核，形成水利工程管理单位考核报告和堤防工程管理考核自检报告（沧工〔2021〕88号），并上报漳卫南局。11月23—24日，海委组织复核专家组查看盐山局堤防和机关建设，听取工作汇报，查阅工程管理等资料，就有关问题进行询问。盐山局以867.4分的成绩顺利通过海委工程示范单位复核验收。

7. 参加漳卫南局首届河道修防工技能竞赛

4月13—16日，举办河道修防工技能培训班，通过理论讲解、习题练习、实地操作、总结测试等形式，对参赛人员的理论知识、操作水平进行全面检验和强化练习，为参加漳卫南局首届河道修防工技能竞赛打好基础。4月27—28日，在漳卫南局举办的首届河道修防工技能竞赛中，沧州河务局荣获集体三等奖、团体第三名，曹吉霖荣获个人第三名，范福林荣获个人第五名。9月25—27日，在漳卫南局举办的河道修防工培训考试中，沧州河务局李鹏飞荣获个人第三名。

8. 辛集闸下游主河槽清淤试点

5月起，在没有专项资金的情况下，与水闸局分工协作，积极挖掘利用社会资源开展辛集闸下游2km主河槽清淤试点，推动解决尾闾不畅的难题。

（杜晓娜）

【水政水资源管理】

1. 水法宣传

2021年3月，制定印发《沧州河务局关于组织开展2021年“世界水日”“中国水周”宣传活动的通知》（沧水政〔2021〕33号），组织开展“世界水日”“中国水周”宣传活动，积极落实“法律六进”宣传责任。在沧州河务局机关制作宣传展板、张贴主题宣传画、悬挂横幅标语，向单位职工发放节水知识读本和带有节水标识的杯垫；组织集中学习李国英部长、王文生主任、张永明局长的署名文章；组织全体职工参加水利部、海委的网络答题；组织开展“养成节水好习惯，树立绿色新风尚”集体签名活动。开展宣传进社区、进学校活动，在小区的快递柜电子屏幕投放沧州河务局节水宣传海报，联合东光局、王营盘闸所走进东光县龙王李镇王庄小学给学生们上了一堂“节水课”。5月21日，举办《民法典》知识讲座，邀请河北铭鉴律师事务所律师进行授课，用《民法典》如何影响你的生活为线索来讲解法律法规，通过案例使《民法典》中许多抽象的法理得到深入浅出、简单易懂的诠释，让大家印象深刻、受益匪浅，共46人参加讲座。11月29日，制定印发《沧州河务局关于组织开展2021年“宪法宣传周”活动的通知》（沧水政〔2021〕112号），部署2021年“宪法宣传周”活动。12月3日，组织开展宪法宣传活动，张贴宣传条幅，制作宣传宣传二维码，集体学习观看短视频，参与海委“宪法宣传周”答题，宣传习近平法治思想、十九届六中全会精神和新《行政处罚法》等相关知识。

2. 水政巡查

认真落实水政巡查制度，加强河道巡查，采取现场巡查和视频监控巡查相结合的巡查方式，沧州河务局水政监察支队本年巡查14次，局属水政监察大队本年度巡查241次；利用漳卫新河水政执法视频监控设备，开展视频监控巡查，认真做好视频监控值班记录，为及时发现水行政违法行为提供保障。

3. 水政队伍建设

5月21日，举办2021年水政水资源培训班，系统学习水行政执法程序及执法文书填报、执法案例和取用水管理专项整治行动等内容，旨在提升水行政执法程序规范化水平和水资源管理科学化水平。沧州河务局及所属单位全体水政人员共25人参加培训。10月14日，组织水政监察人员参加沧州市司法局举办的持证行政执法人员年检培训考试，完成了持国务院部委颁发行政执法证人员信息统计工作及收回河北省行政执法证工作。

4. 法律顾问制度

1月27日，签订2021年《聘请常年法律顾问协议书》，聘请河北省铭鉴律师事务所律师担任沧州河务局法律顾问，使执法过程中的各项程序更加完善。

5. 海兴船厂诉讼案胜诉

积极应对海兴“清四乱”行政处罚诉讼，经过多方沟通协调，充分准备庭审证据材料，12 月，收到沧州市中级人民法院《行政判决书》，终审判决维持海兴局作出的（海水政）罚决字〔2019〕第 57 号水行政处罚决定。案件经过两级法院审理，历时两年取得终审胜诉，维护了河道正常管理秩序。

6. “清四乱”工作

2021 年夏秋连汛期间，为推动以影响河道行洪为重点的各类“四乱”问题的清理整治，沧州河务局根据上级工作部署，全面再推进河湖“清四乱”工作，对“四乱”问题进行严排查再清理。在工作推进过程中，主动向漳卫新河市级河长汇报工作（沧水政〔2021〕103 号），争取市级河长关注，有力推动了所辖范围内“四乱”的清理整治；9—12 月，协同沧州市河长办巡河督导 4 次，受邀参加漳卫新市级河长会议并在会上提出工作建议，与沧州市河长办建立常态化的协作配合机制，增强“发现问题，及时解决”的工作合力；10 月 28 日，组织召开河道清障工作专题会议，传达漳卫南局清障工作专题视频会议精神，部署清障工作要求（沧会纪〔2021〕99 号）；成功破解拆违难题，有效解决东光、南皮堤防历史遗留违建问题，11 月 1 日，南皮局与南皮县河长办、寨子镇人民政府开展联合执法，清理完成南皮堤防历史遗留违建 201.94m^2，11 月 19 日，东光局提出将堤顶违建拆除后的土地全部进行绿化的新思路，与当事人达成绿化合作意向，解决了当事人的后顾之忧，当事人自行拆除违建房屋 3557m^2。

2021 年，共清除违建房屋 4258m^2、树障 480 余亩、违章种植 70 余亩、阻水围堰 200 余亩、“僵尸船”1 艘，进一步维护了河道正常管理秩序和水生态安全。

7. 涉河建设项目

加大在建涉河建设项目的监督管理力度，开展涉河建设项目巡查，做好巡查记录。加强对秦滨高速工程、吴桥县宋门工业园天然气管道及铁城镇、宋门乡、杨家寺乡气代煤工程建设的全过程监管，督促秦滨高速落实防汛应急预案，确保行洪安全。

8. 水资源管理

4 月 13 日，制定印发《沧州河务局 2021 年水资源管理工作要点的通知》（沧水政〔2021〕42 号），订立全年水资源管理工作目标，监督指导基层局水资源管理工作。

3 月，在前期取水口核查登记成果的基础上，开展取水口整改提升前期准备工作。联合地方水行政主管部门，按照依规取水、计量取水的要求，协同进行取水口问题认定，完成沧州河务局管辖范围取水口整改提升“一口一策”统计工作。5 月，为提升工作质量，进一步提高对整改提升工作的认识，举办以沧州河务局取用水管理专项整治行动开展情况、学习部委关于做好取用水管理专项整治行动整改提升工作文件精神为重点内容的培训班，对相关业务人员进行培训，摸清家底，分类施策，为扎实推进取用水管理专项整治行动整改提升工作打好基础。7 月，制定印发《沧州河务局取用水管理专项整治行动整改提升工作方案》（沧水政〔2021〕74 号），建立问题清单和整改台账，明确整改要求、时限、责任单位及整改措施。8 月，组织召开取用水管理专项整治行动整改提升工作推进会（沧会纪〔2021〕80 号），学习水利部、海委、漳卫南局关于开展整改提升工作的相关文件，传达漳卫南局取用水管理专项整治行动整改提升工作会议精神；逐项梳理整改提升工作要求，以问题清单和整改台账为基础，对沧州河务局管辖范围内 45 个取水口现存问题进行详细说明，同时明确取水许可审批流程、计量设施安装标准、取水计量方式。9—10 月，将取用水管理专项整治行动责令整改通知书送达取水户，并告知具体整改措施。督促指导取水户完成取水许可证网上申报、落实计量方式等问题整改，为取水户设计的“落实以电折水”情况表被上级单位采纳，用于沧州河务局系统小型农业灌溉工程落实“以电折水”计量工作。在推进工作中，积极与地方水行政主管部门沟通协调，10 月 27 日，与沧州市、吴桥县、盐山县、东光县水务局开展工作座谈，对接取用水管理专项整治行动整改提升工作，采用“一口一过”“一县一过”的工作方式研究解决方案，全力推进取用水专项整治工作，取得了良好成效。11 月，沧州河务局代表管辖范围内小型农业取水口取水户参加海委召开的技术评审会，19 个新办证取水口均通过技术评审。12 月，督促指导取水户开展取用水问题整改情况报告工作，并对取水口整改情况进行审核后上报漳卫南局。12 月 19 日，受漳卫南局委托组织相关人员对前罗寨取水工程进行现场核验，形成核验意见并上报漳卫南局。至此，沧州河务局圆满完成取用水管理专项整治行动整改提升工作 62 个整改任务，成为漳卫南局直属单位中首家完成取水口整改提升工作的单位。

大力开展达标取水户创建工作，在漳卫南局核准的第一批 10 个达标取水户中，沧州河务局有 4 个取水户被评为达标取水户（漳资源〔2021〕48 号）。

9. 节水机关建设

持续推进节水机关建设，开展“节水中国　你我同行”宣传活动。2021 年年初根据单位实际分配计划用水指标，每季度对机关及局属各单位的用水指标进行全面梳理，开展节水指标的统计分析，2021 年机关及局属各单位人均用水量均远小于河北省用水定额，节水工作成效显著。12 月 15 日，沧州河务局杜晓娜被评为漳卫南局第一届“节水之星”（漳资源〔2021〕41 号）。

10. 漳卫新河庆云闸至辛集闸河段生态补水

积极配合开展 2021 年漳卫新河庆云闸至辛集闸河段生态补水工作。为保障补水工作顺利进行，沧州河务局高度重视，紧密部署，明确责任分工，要求做好所辖河道巡查管护工作，安排巡查组不分节假日，每天至少巡查 1 次，对重点取水口进行重点监管，监督沿河取、排水口服从水资源统一调度。加强对沿岸群众特别是取水户的宣传，防范河道安全风险，禁止擅自取水行为，确保生态补水安全平稳。认真做好巡查记录，拍摄巡查照片并上传至输水工作群，实时汇报巡查情况。此次补水期间共开展巡查 21 次。

（杜晓娜）

【财务管理】

1. 经济工作会议

2021 年 5 月 17 日，组织召开经济工作推进会议，分析 2021 年的整体经济情况，阐述资金缺口的形成和经济运行压力，有针对性提出增收节支建议和措施，并对下一个阶段经济工作任务进行部署和安排。

2. 财经制度

12 月 13 日，修订印发《沧州河务局经济创收考核办法》（沧财〔2021〕121 号），充分调动各单位创收积极性，增强沧州河务局整体经济实力和持续发展能力。

3. 预算工作

4 月 20 日，漳卫南局印发《漳卫南局关于 2021 年预算的批复》（漳财务〔2021〕18

号)，批复沧州河务局 2021 年预算，核定沧州河务局 2021 年总收入 2999 万元，总支出 2999 万元，其中基本支出 1897.91 万元、项目支出 901.09 万元、上缴上级支出 200 万元。核定沧州河务局 2021 年一般公共预算拨款收入 1756.12 万元（含 2021 年收入 1753.02 万元，2020 年结余 3.1 万元）；支出 1753.02 万元，其中基本支出 901.93 万元（含人员经费 813.74 万元、公用经费 88.19 万元）、项目支出 851.09 万元。核定沧州河务局 2021 年一般公共预算安排的“三公”经费预算 23.08 万元。

12 月 7 日，漳卫南局印发《漳卫南局关于调剂 2021 年预算的通知》（漳财务〔2021〕58 号)，追加沧州河务局 2021 年项目支出预算 53.98 万元、水旱灾害防御支出 53.98 万元。

12 月 20 日，漳卫南局印发《漳卫南局关于调剂 2021 年防汛工程设施修复项目预算的通知》（漳财务〔2021〕60 号)，追加沧州河务局防汛工程设施修复项目经费 43.28 万元。

4. 决算工作

8 月 23 日，漳卫南局印发《漳卫南局关于批复 2020 年部门决算的通知》（漳财务〔2021〕41 号)，批复沧州河务局 2020 年决算数据：收入 26096106.46 元（财政拨款收入 18952000 元，上级补助收入 100000 元，事业收入 4418543 元，其他收入 2625563.46 元)，支出 26064548.46 元（基本支出 16773906.46 元，项目支出 9290642 元)。

5. 资产清查工作

7 月 13 日，沧州河务局印发《沧州河务局关于报送 2020 年度国有资产类报表的报告》（沧财〔2021〕73 号)，完成国在资产决算工作，并报送漳卫南局。8 月 11 日，海委印发《海委关于漳卫南局防汛物资及库存物资报废的批复》（海财务〔2021〕17 号)，批复沧州河务局处置报废资产 2004 元。11 月 3 日，沧州河务局上报《沧州河务局关于固定资产报废的请示》（沧财〔2021〕101 号)，拟报废固定资产 19.89 万元；11 月 23 日，沧州河务局上报《沧州河务局关于固定资产报废的请示》（沧财〔2021〕111 号)，拟报废固定资产 97.52 万元。

6. 经济创收

借助堤防土地资源优势，大力开展经营创收，绿化收益取得较大突破，制定树木采伐方案及竞拍流程，编写竞拍公告、报价单，实行明标暗投的方式，监督树木竞拍全过程，做到竞拍公开、公平、公正，全年完成 5600 余棵树木的采伐，总计收入 86.10 万元（其中，12 月阶段性完成盐山、东光局 4600 余棵树木的采伐竞拍，竞拍金额 80.17 万元远超预期定价，实现单位经济收益最大化)。紧抓涉河项目机遇，全年收取占压补偿费 190 万元。深入挖掘闲置资产增收潜力，对闲置资产实行统一管理，促进资产的保值增值，实现效益的最大化，全年出租收入 43.1 万元。

7. 内部控制建设

5 月，制定印发《沧州河务局全面开展行政事业单位内部控制建设工作实施方案》（沧财〔2021〕48 号)，举办内部控制管理培训班，全面推进内部控制建设，加强廉政风险防控机制建设，提高风险防控能力。

8. 审计工作

1月，组织召开审计工作会议，学习内部审计工作的新精神新要求，制订年度内部审计工作要点，安排了内部审计工作任务。同时，完成沧州河务局2019年特大防汛补助经费项目竣工决算委托审计工作，出具审计意见（沧审〔2021〕20号）并上报漳卫南局。

4月，制定《对东光局、盐山局负责人任中经济责任审计工作方案》，成立审计工作小组，5月31日至6月25日对东光局、盐山局负责人自2015年11日至2020年12月任职期间进行经济责任审计工作，并出具审计意见（沧审〔2021〕90号、沧审〔2021〕91号）。

（杜晓娜）

【人事管理】

1. 表彰奖励

（1）2021年3月11日，刘艳海、杜晓娜、闫清华、刘维艳、吕双强、纪情情、王德、王刚、李超2020年度考核确定为优秀等次，予以嘉奖一次。杜晓娜、纪情情2018—2020年连续三年考核被确定为优秀等次，记三等功一次（沧人〔2021〕31号）。

3月11日，授予乔霞、田文秀、曹吉霖、范福林、王宝军、魏浩、王玉娜、李鹏飞、霍伟、王温、张海波2020年度“先进个人”荣誉称号（沧人〔2021〕31号）。

（2）4月，沧州市扶贫脱贫驻村干部管理办公室印发《关于2020年度扶贫脱贫驻村工作队和驻村干部考核等次的函》，驻村干部魏浩同志2020年度考核确定为优秀等次。

5月，中共盐山县委组织部印发《关于扶贫脱贫驻村干部2020年度考核结果的批复》，驻村干部齐勇、董传奇同志2020年度考核确定为优秀等次。

2. 人事制度

2月26日，制定印发《沧州河务局事业人员奖励办法（试行）》（沧人〔2021〕27号），建立科学规范的事业人员奖励制度。

4月28日，制定印发《沧州河务局一级主任科员以下人员职级晋升实施方案（试行）》（沧人〔2021〕48号），试行公务员职务与职级并行、职级与待遇挂钩制度，健全公务员激励保障机制。

3. 机构设置与调整

（1）1月4日，成立青年理论学习小组（沧办〔2021〕1号），成员组成如下。

组　长：王　莹

成　员：邹立微　纪情情　李鹏飞　张　雨

（2）1月12日，调整应对新冠肺炎疫情工作领导小组（沧党〔2021〕1号），成员组成如下。

组　长：张同信

副组长：陈俊祥　刘　洋　张华雷

领导小组办公室主任由张华雷兼任，成员包括刘艳海、张勇、林立新、刘维艳、张轶天、张广霞、王刚、乔庆明。

（3）2月22日，调整水利档案规范化建设工作小组（沧办〔2021〕23号），成员组成如下。

组　长：张华雷

成　员：刘艳海　王　健　王丙会　王　德　柴广慧　刘立红

领导小组办公室设在局办公室。

(4) 2月26日，成立2020年度职称审核小组（沧人〔2021〕26号），成员组成如下。

组　长：陈俊祥

副组长：刘　洋

成　员：刘艳海　刘维艳　张轶天　任　一　王　蕾

2020年度职称审核小组为临时机构，职称评审工作结束，小组自行撤销。

(5) 4月3日，调整东光局老基地拆迁置换建设工作领导小组（沧办〔2021〕35号），成员组成如下。

组　长：陈俊祥

副组长：刘　洋

成　员：刘艳海　林立新　张轶天　王　刚　姜天钊

东光局老基地拆迁置换建设工作全面结束后领导小组自行解散。

(6) 4月22日，成立漳卫南运河沧州河务局志愿者服务队（沧党〔2021〕10号），由局机关35周岁以下党员、入党积极分子、入党申请人组成，成员组成如下。

队　长：张华雷

成　员：王　莹　高　洁　王虹锦　杜晓娜　徐明珠　纪倩倩　王　培　李鹏飞
　　　　邹立微　李肖洁

(7) 5月18日，调整2021年水旱灾害防御组织机构（沧工〔2021〕50号），成员组成如下。

1) 局水旱灾害防御工作领导小组。

组　长：陈俊祥

副组长：刘　洋　张华雷

成　员：刘艳海　杜晓娜　林立新　刘维艳　张轶天　张广霞　王　刚　乔庆明

2) 局领导水旱灾害防御工作职责及包河分工。

陈俊祥：分管海兴局、沧盛公司水旱灾害防御工作，同时负责沧州河务局水旱灾害防御全面工作。

刘　洋：分管吴桥、东光局水旱灾害防御工作。

张华雷：分管南皮、盐山局水旱灾害防御工作。

3) 职能组。沧州河务局水旱灾害防御工作设立4个职能组，各组组长由相应科室主要负责人担任，若其工作岗位发生变动由继任者担任。

水情工情组

组　长：张轶天

副组长：杜晓娜　王　莹

成　员：主要由工管科和水政科人员组成

后勤保障组

组　长：乔庆明

副组长：王　刚

成　员：主要由后勤服务中心和综合事业中心人员组成

宣传报道组

组　长：刘艳海

副组长：刘维艳　乔　霞　崔金峰　柴广慧

成　员：主要由办公室和人事科人员组成

物资保障组

组　长：林立新

副组长：张广霞

成　员：主要由财务科和工会人员组成

（8）5 月 18 日，成立 2021 年防汛工程设施修复项目办公室（沧工〔2021〕51 号），项目办主任由刘洋担任，项目办下设综合、技术质检、财务等 3 个小组，组成及职责如下。

1）综合组：王健、姜天钊、王丙会、孙世军、王德，负责本单位项目质量的管理、综合协调等工作。

2）技术质检组：张铁天、王莹，负责项目质量监督检查、资料的汇编等工作。

3）财务组：林立新、崔金峰，负责项目资金管理及审计。

该机构为临时机构，项目完成后，自行撤销。

（9）6 月 8 日，调整东光局老基地拆迁置换建设工作领导小组（沧办〔2021〕58 号），成员组成如下。

组　长：陈俊祥

副组长：张华雷

成　员：刘艳海　林立新　张铁天　王　刚　姜天钊

东光局老基地拆迁置换建设工作全面结束后领导小组自行解散。

（10）7 月 2 日，成立 2021 年堤防险工险段问题整改工作领导小组（沧工〔2021〕69 号），成员组成如下。

组　长：张华雷

成　员：张铁天　王　健　姜天钊　王丙会　孙世军　王　德

领导小组办公室设在工管科。

（11）7 月 26 日，成立防汛抗洪抢险技术服务指导组（沧工〔2021〕75 号），成员组成如下。

组　长：陈俊祥

副组长：张华雷

成　员：张铁天　刘艳海　刘维艳　林立新　杜晓娜　张广霞　王　刚　乔庆明
刘国强　崔金峰　王　莹　高　洁　王洪锦

防汛抢险技术服务指导组为临时机构，洪水过程结束后自动撤销。

（12）7 月 27 日，成立防汛抗洪工作队（沧工〔2021〕76 号），成员组成如下。

1）定点支援队伍。

定点支援东光局：赵　明　崔金峰

定点支援盐山局：刘国强　李鹏飞

定点支援海兴局：牛锡进　刘　伟

2）机动工作组。

机动一组：陈俊祥　张铁天　王　刚

机动二组：张华雷　刘艳海　乔庆明

定点支援队伍和机动工作组为临时机构，洪水过程结束后自动撤销。

(13) 8月11日，成立“转观念促发展，转作风促落实，怎么看、怎么办、怎么干”思想大讨论实干大行动领导小组（沧党〔2021〕28号），成员组成如下。

组　长：陈俊祥

副组长：张华雷

成　员：刘艳海　杜晓娜　林立新　刘维艳　张铁天　张广霞　王　刚　乔庆明
　　　　王　健　姜天钊　王丙会　孙世军　王　德　任　一

领导小组办公室设在局办公室。

(14) 9月14日，成立2021年秋季树木更新采伐领导小组（沧工〔2021〕85号），成员组成如下。

组长：张华雷

成员：林立新　崔金锋　张铁天　王　刚　姜天钊　王丙会　孙世军　任　一

领导小组办公室设在综合事业中心，该小组相关工作结束后自行撤销。

(15) 11月4日，成立软件正版化领导小组（沧办〔2021〕102号），成员组成如下。

组　长：陈俊祥

副组长：张华雷

成　员：刘艳海　张　勇　林立新　刘维艳　张铁天　张广霞　王　刚　乔庆明
　　　　王　健　姜天钊　王丙会　孙世军　王　德

领导小组办公室设在综合事业中心。

(16) 11月5日，成立固定资产报废鉴定领导小组（沧财〔2021〕111号），成员组成如下。

组　长：陈俊祥

成　员：刘艳海　林立新　张铁天　崔金峰　乔庆明　王　刚

(17) 12月2日，调整2021年防汛工程设施修复项目办公室（沧工〔2021〕114号），成员组成如下。

组　　　长：刘艳海

综　合　组：王　健　姜天钊　王丙会　孙世军　王　德

技术质检组：张铁天　王　莹

财　务　组：林立新　崔金峰

该机构为临时机构，项目完成后，自行撤销。

(18) 12月7日，调整党风廉政建设责任制领导小组成员（沧党〔2021〕37号），成员组成如下。

组　长：陈俊祥

副组长：张华雷　刘艳海

成　员：刘维艳

领导小组办公室设在人事（监察审计）科。

（19）12月15日，调整反恐怖工作领导小组（沧工〔2021〕122号），成员组成如下。

组　长：陈俊祥（沧州河务局局长）

副组长：刘艳海（沧州河务局副局长）

成　员：机关各部门负责人

领导小组办公室设在工管科。

4. 人事任免

（1）3月11日，经试用期满考核合格，任命刘维艳为人事（监察审计）科科长（沧人〔2021〕29号）。

（2）3月11日，经试用期满考核合格，任命孙世军为盐山河务局局长（沧人〔2021〕30号）。

（3）6月2日，经漳卫南局党委2021年6月1日研究决定，免去刘洋沧州河务局副局长职务（漳任〔2021〕13号）。

（4）6月30日，经漳卫南局党委2021年5月8日研究决定，免去张同信沧州河务局局长职务（漳任〔2021〕18号）。

（5）7月2日，经试用期满考核合格，任命张铁天为工程管理科（防汛抗旱办公室）科长、李肖洁为财务科副科长（沧人〔2021〕67号）。

（6）7月2日，经试用期满考核合格，任命王丙会为南皮河务局局长（沧人〔2021〕68号）。

（7）7月30日，经试用期满考核合格，任命张华雷为沧州河务局副局长（漳任〔2021〕32号）。

（8）7月31日，经试用期满考核合格，任命王莹为工程管理科（防汛抗旱办公室）副科长（沧人〔2021〕77号）。

（9）10月27日，经试用期满考核合格，任命徐明珠为水政水资源科（水政监察支队）一级科员（沧任〔2021〕98号）。

（10）11月30日，经漳卫南局党委2021年11月22日研究决定，任命刘艳海为沧州河务局副局长（试用期一年）（漳任〔2021〕69号）。

（11）12月8日，经漳卫南局党委2021年8月31日研究决定，任命陈俊祥为沧州河务局局长（试用期一年），免去其沧州河务局副局长、二级调研员职级（漳任〔2021〕71号）。

（12）12月10日，经沧州河务局党委研究决定，免去柴广慧办公室（党委办公室）副主任职务（沧任〔2021〕118号）。

（13）12月31日，经漳卫南局党委批准，免去刘艳海办公室（党委办公室）主任、一级主任科员；任命刘维艳为办公室（党委办公室）主任、一级主任科员（沧任〔2021〕133号）。

5. 参公人员职务与职级并行

（1）1月19日，经漳卫南局党委2021年1月7日研究决定，张新华职级晋升为沧州河务局四级调研员，职级任职时间为2020年12月起算（漳任〔2021〕3号）。

（2）5月31日，经沧州河务局党委2021年5月24日研究决定，以下人员职级晋升：杜晓娜任水政水资源科（水政监察支队）三级主任科员，闫清华任财务科三级主任科员（沧任〔2021〕54号），纪情情任盐山局三级主任科员（沧任〔2021〕55号），张宝恒任海兴局三级主任科员（沧任〔2021〕56号）。

（3）6月9日，经沧州河务局党委2021年6月7日研究决定，董传奇职级晋升为盐山局四级主任科员（沧任〔2021〕59号）。

（4）6月28日，经漳卫南局党委批准，晋升吕双强、魏浩职级如下：吕双强任南皮局二级主任科员，职级任职时间自2021年5月起算（沧任〔2021〕62号）；魏浩任海兴局二级主任科员职级，职级任职时间自2021年5月起算（沧任〔2021〕63号）。

（5）7月31日，经沧州河务局党委2021年7月26日研究决定，范福林职级晋升为东光局四级主任科员（沧任〔2021〕78号）。

（6）8月25日，经漳卫南局党委2021年8月12日研究决定，张勇职级晋升为沧州河务局三级调研员，免去其沧州河务局四级调研员职级，职级任职时间自2021年8月起算（漳任〔2021〕48号）。

（7）8月31日，经沧州河务局党委2021年8月23日研究决定，以下人员职级晋升：刘立红任办公室科（党委办公室）三级主任科员，王慧玲任水政水资源科（水政监察支队）三级主任科员，孙俊芝、赵明任财务科三级主任科员，王蕾、邹立微任人事（监察审计）科三级主任科员，职级任职时间自2021年8月起算（沧任〔2021〕81号），田文秀、张雨任吴桥河务局二级主任科员，职级任职时间自2021年8月起算（沧任〔2021〕82号）。

（8）9月24日，经漳卫南局党委批准，刘维艳职级晋升为沧州河务局人事（监察审计）科一级主任科员，职级任职时间自2021年8月起算（沧任〔2021〕87号）。

6. 人员变动

（1）1月31日，工管科纪化珍到达法定退休年龄退休（漳人〔2021〕18号）。

（2）3月，沧盛公司谢峰调往聊城公司，潘建勇调往漳卫南局集团公司，陈兆明调往水闸局海斗公司。

（3）6月，沧州河务局刘洋调往水闸局，沧盛公司霍保雷调往德州局鬲津公司。

（4）8月，新录用参照公务员法管理人员沧州河务局李嘉轩、东光局王子傲、吴桥局葛晓菲报到上班。

（5）9月，漳卫南局集团公司李晓红调入沧州河务局沧盛公司。

7. 企事业人员职称评定与岗位聘用

7月30日，郭庆凯取得助理工程师任职资格（漳人事〔2021〕44号）。12月20日，沧州河务局聘任郭庆凯为专业技术十二级（沧人〔2021〕125号）。

7月30日，王敏经海委《海委关于批准2020年度高级工程师、工程师任职资格的通知》（海人事〔2021〕35号）批准，取得高级工程师任职资格（漳人事〔2021〕44号）。

12 月，沧盛公司聘任王敏为专业技术类七级（沧盛综〔2021〕7 号）。

12 月 20 日，根据事业单位岗位设置与聘用有关规定和沧州河务局事业人员岗位设置情况，沧州河务局聘任高洁为专业技术类九级（沧人〔2021〕124 号）。

8. 干部交流、借调

（1）干部交流。1—12 月，盐山局纪情情交流至局机关办公室；3—12 月，沧州河务局张同信到卫河干流（淇门—徐万仓）治理工程建设管理局任副局长（漳人事〔2021〕13 号）。

（2）干部借调。1—12 月，参照公务员法管理人员南皮局齐军借调到盐山局，盐山局王宝军借调到东光局；事业人员后勤中心王培借调到办公室，综合事业中心高洁借调到工管科。3—12 月，沧州河务局水政科科长张勇、南皮局李超借调到卫河干流（淇门—徐万仓）治理工程建设管理局。

9. 社会保险工作

机关事业人员养老保险按河北省社保要求，按月缴纳基本养老保险和职业年金。11 月 30 日，在上级单位的协调帮助下，积极和河北省社保沟通协调驻冀单位退休合同制职工参加机关事业养老保险，完成退休合同制职工参加机关事业养老保险，解决了河北省社保不接收沧州河务局合同制职工的难题。

完成在职职工 66 人的 2021 年度基本医疗保险、公务员医疗补助、大额医疗补助的缴费工作。每月按时足额缴纳沧州河务局在职职工工伤保险。

10. 职工培训

按照 2021 年度培训计划，以线下培训、职工自学和网络选学相结合的方式开展教育培训。全年组织党委中心组及党委中心组（扩大）学习 15 次，参加学习 163 人次，完成 652 学时；组织职工廉政学习 12 次，参加学习 345 人次，完成 1512 学时；组织支部党员学习、团委学习，参加学习 437 人次，完成 1748 学时；举办工程管理、安全生产、防汛业务知识、水政水资源、《民法典》知识、行政事业单位内部控制管理、人事政策法规和办公室业务、纪检人员培训等 17 个线下培训班，培训 587 人次，完成 2760 学时。

11. 上级督导检查

10 月 28 日，漳卫南局人事处检查组对沧州河务局选人用人、干部人事档案专项审核、企业工资管理等工作进行检查指导。检查组听取了沧州河务局人事管理工作汇报，开展民主评议、个别谈话，查阅干部选拔任用文书档案、干部人事档案、党委会议记录。检查组对沧州河务局人事管理工作予以肯定，解答了工作中的难点问题，指出了存在的不足，并给出了整改意见建议。

12. 地方财政补助

2021 年 2 月，沧州市财政局拨付 2020 年精神文明创建奖和一次性生活补助 108.24 万元。

（杜晓娜）

【安全生产】

1. 安全生产会议

2021 年 4 月 6 日，制定印发《沧州河务局 2021 年安全生产工作要点的通知》（沧工

〔2021〕38号），梳理工作要点，进一步完善和落实安全生产责任。

4月12日，组织召开2021年安全生产工作会议，传达学习水利部、海委、漳卫南局安全生产会议精神，分析当前面临的安全生产工作形势，部署2021年安全生产重点工作，层层签订安全生产责任书，落实安全生产责任。

2. 安全生产检查

全年认真开展安全生产检查和隐患排查，每月各部门（单位）开展安全生产自查，将自查结果报安全生产办公室备案，对排查出的隐患上报系统并限期整改；每季度安全生产领导小组进行安全生产检查，通报安全生产检查情况，并对下个季度安全生产进行风险分析；特殊时期开展特殊检查，2021年安全生产领导小组根据实际情况开展了汛前检查、“安全生产月”检查、“五一”节前检查、汛后安全、国庆假期安全检查、三年专项整治行动检查等特殊时期检查。

3. 安全生产月活动

6月，举办安全生产知识培训班，学习了习近平总书记关于安全生产的重要论述，对安全生产相关制度、安全生产常见概念以及安全生产信息系统常见问题进行讲解。组织开展以“落实安全责任，推动安全发展”为主题的安全生产月活动，参加全国水利安全生产知识网络竞赛《水安将军》趣味活动，参观沧州市人防馆，深入居民小区设立咨询台、发放宣传页、举办小课堂，观看《生命重于泰山》电视专题片。

4. 危险源辨识与风险评价工作

在2020年东光局作为海委工程运行管理安全风险防控试点单位完成危险源辨识工作的基础上，2021年，沧州河务局局属各水管单位按照《海委水利工程运行管理单位安全风采分级管控指导手册》，根据工程特征，组织技术人员对本单位堤防进行危险源辨识与风险评价，并编制完成《堤防危险源辨识与风险评价报告》。

（杜晓娜）

【综合管理】

1. 工作会议

2021年2月22日，组织召开2021年工作会议，全面落实海委、漳卫南局工作会议部署，回顾总结沧州河务局前期各项工作取得的新进展，研究探讨新形势下沧州河务局重点任务，安排部署2021年重点工作。3月15日，制定印发《沧州河务局关于推进2021年重点工作的通知》（沧办〔2021〕32号），梳理汇总全年重点工作，推进全局各项水利事业提质增效。

7月22日，组织召开2021年年中工作会议，传达海委、漳卫南局年中工作会议精神，总结沧州河务局上半年各项工作开展情况，安排部署下半年任务。会议要求，今后着重做好以下几方面工作：深入学习贯彻习近平总书记“七一”重要讲话精神，将其作为当前和今后一个时期的重要政治任务，扎实推进党史学习教育；严阵以待，全力做好水旱灾害防御工作，确保沿河群众生命财产安全；加强工程运行管理，提升工程防洪能力，认真开展南皮局创建、盐山局复核海委示范管理单位工作，以创建为抓手，全面提高工程管理水平；强化监管保护，不断提高水生态和水资源合理利用水平；进一步深化水利改革，加强职工培训，高度重视安全生产工作，夯实内业基础，全面提升综合管理水平。持续推进全面从严治党向纵深发展，严格落实领导干部“一岗双责”，深入贯彻中央八项规定精神，持之以恒整治“四风”，在全局营造风清气正的政治生态。

2. 调整领导分工

12 月 2 日，调整局领导分工如下（沧办〔2021〕115 号）。

陈俊祥：主持党委、行政全面工作，负责水政水资源、水行政执法、河长制、人事工作，分管水政水资源科（水政监察支队）、人事科，联系海兴局。

张华雷：负责机关党务政务、水利宣传、精神文明建设、档案管理、财务、纪检、监察、审计、工会、后勤管理工作，分管办公室、财务科、监察审计科、工会和后勤服务中心，联系东光局、南皮局、盐山局。

刘艳海：负责工程管理、防汛抗旱、安全生产、综合经营、信息化建设，分管工管科（防办）、综合事业管理中心，联系吴桥局、沧盛公司。

3. 表彰先进

1 月 22 日，沧州河务局印发《沧州河务局关于表彰 2020 年度先进单位、先进集体的决定》（沧办〔2021〕14 号），授予东光河务局、海兴河务局“沧州河务局 2020 年度先进单位”荣誉称号，授予办公室、水政科“沧州河务局 2020 年度先进集体”荣誉称号。

4. 综合管理制度

2 月 24 日，制定印发《沧州河务局信息宣传工作管理办法》《沧州河务局工作调研制度》《沧州河务局大事记编写制度》（沧办〔2021〕24 号），加强信息宣传、调研和大事记编写工作。

3 月，开展制度编修工作，对现有 108 个制度进行梳理汇总，完成《沧州河务局制度汇编》。

11 月 12 日，制定印发《沧州河务局会议管理办法》（沧办〔2021〕106 号），加强和规范会议管理，提高会议效率和质量。

12 月 29 日，制定印发《沧州河务局反恐怖应急预案》（沧办〔2021〕130 号），有效预防、及时控制、妥善处置恐怖袭击事件对沧州河务局所辖范围内的河道、水源、堤防、穿堤建筑物及水利工程附属设施的破坏，保障人民群众生命财产安全，维护社会稳定。

5. 宣传工作

宣传工作取得一定突破，深度挖掘沧州水利事业发展中的亮点工作。全年共发布宣传稿件 203 篇，其中《高标准植树，景观化堤防》《共享和谐单位，共享幸福生活》《同心协力，风雨共担》三篇在《中国水利报》刊登；充分利用多媒体技术，拓宽宣传渠道，全年拍摄制作《我的入党故事》《我是党员，强国有我》《我是党员，抗洪有我》《歌唱祖国》《我们的 2021》《奋进中的南皮河务局》等视频；制作画册《图说 2021》，全方位多角度解读 2021 年沧州河务局各项工作开展情况和取得成绩。

6. 档案管理

2 月 22 日，组织召开档案工作专题会议，全力推进档案规范化管理工作，认真总结 2020 年档案规范化建设工作经验，梳理档案管理保护、档案开发利用等方面好的做法以及档案制度二维码、成果编研画册等工作亮点，分析汇总存在的十三个问题，逐一研究整改措施，责任到人，明确时限，着力推动水利档案规范化管理达标和整改工作。

9月13日，建立档案工作检查人员和档案检查对象名录库，统筹规范、有效组织开展沧州河务局档案检查工作。

11月，沧州河务局档案管理规范化达标工作领导小组成员深入吴桥局、南皮局和海兴局，采取预验收的形式，查看现场、翻阅资料，详细了解各单位档案管理工作中的亮点和短板，对各单位档案规范化管理工作进行了自我诊断和评估；同时，结合各单位具体情况，指出不足之处，共同研讨整改措施和方法。

11月24—25日，沧州河务局所属吴桥局、南皮局和海兴局，顺利通过海委档案工作规范化管理考核验收。至此，沧州河务局及所属单位全部通过海委考核验收。

7. 目标管理

11月12日，修订印发《沧州河务局2021年目标管理指标体系》（沧办〔2021〕105号）。

12月20—22日，沧州河务局对各部门、各单位开展年终目标管理考核，东光局、南皮局被评选为“沧州河务局2021年度先进单位”，办公室、水政科、工管科被评选为“沧州河务局2021年度先进集体”。东光局、海兴局被评选为“沧州河务局2021年度宣传工作先进单位”，人事科、工管科被评选为“沧州河务局2021年度宣传工作先进集体”，纪倩倩、杜晓娜、张宝恒被评选为“沧州河务局2021年度宣传工作先进个人”。

12月26—27日，漳卫南局对沧州河务局进行年终目标管理考核。

8. 设施更新改造

7月9日，向漳卫南局请示东光局设施设备更新改造事宜（沧办〔2021〕70号），拟对东光局老化失修的办公设施设备等进行必要的更新改造。重新粉刷办公楼及职工宿舍内外墙，配备办公所需的家具、电器设施、更换展牌内容等，经测算预计资金需求15.016万元。

（杜晓娜）

【党建工作】

1. 党史学习教育和庆祝建党100周年系列活动

3月，召开党史学习教育动员部署会议，宣读了《沧州河务局开展党史学习教育实施方案》（沧党〔2021〕9号），沧州河务局负责人做动员讲话。沧州河务局党委中心组（扩大）充分发挥领学带学作用，分别于4月16日、5月24日、6月9日及6月23日召开党史学习教育四个时期的集中学习，党委成员及各部门、单位负责人参加学习研讨，完成4本指定书籍的学习任务；所属各党支部利用4月、5月、6月的主题党日活动组织全体党员集中观看了四个时期的《党史故事100讲》系列影片，扎实完成四个时期的专题学习。8月26—30日，沧州河务局所属5个党支部陆续召开党史学习教育专题组织生活会，党委成员以普通党员的身份参加了机关党支部的组织生活会，并分别督导了东光局党支部和海兴局党支部的组织生活会。开展党史学习教育期间，沧州河务局组织党员干部职工先后开展祭扫烈士墓、参观黄骅市大赵庄惨案遗址、观看《革命者》《红星照耀中国》《厉害了我的国》等红色电影。同时，根据上级党委统筹安排、沧州河务局结合工作实际，深入开展“我为群众办实事”活动，制定了5件实事计划，至2021年年底前全部落实完成。中国共产党成立100周年之际，沧州河务局先后组织开展建党百年“学习强国”知识竞赛，召开优秀党员表彰大会和建党百年文艺演出，走访慰问了离退休老党员，为16名老党员颁发“光荣在党50年”纪念章，组织全体职工观看庆祝中国共产党成立100周年大会直播。在海委青年干部学习贯彻习近平总书记“七一”重要讲话精神演讲比赛中，沧州河务局高洁、李嘉轩荣获二等奖。

2. “三对标、一规划”专项行动

3—6月，扎实开展“三对标、一规划”专项行动。制定工作方案，按照“全员覆盖，深度参与”的原则，组织全局职工集中参加各专题辅导讲座，做好学习笔记，开展党委中心组（扩大）和以部门、单位为单元的集中学习研讨，共撰写材料51篇。聚焦老难题和新挑战，深入调研，编写完成《沧州河务局“十四五”发展规划》。3月，组织召开专题党委会，研究部署“三对标、一规划”专项行动相关工作，审议通过《沧州河务局党委落实〈水利部党组巡视整改“三对标、一规划”专项行动实施方案〉的工作方案》（沧党〔2021〕6号）。5月，组织召开专题会议，部署安排“三对标、一规划”专项行动“规划编制”阶段工作任务。6月4日，编制完成《沧州河务局“十四五”规划》并上报漳卫南局。

3. 沧州市“两转两促三思考”思想大讨论实干大行动

8—12月，根据沧州市统一部署，组织开展“转观念促发展，转作风促落实，怎么看、怎么办、怎么干”思想大讨论实干大行动活动。制定印发《沧州河务局党委开展“转观念促发展，转作风促落实，怎么看、怎么办、怎么干”思想大讨论实干大行动实施方案》（沧党〔2021〕28号），并召开“两转两促三思考”思想大讨论实干大行动动员部署大会。

4. 党员教育培训

2021年年初，制定理论中心组学习计划，年内按照计划完成党委中心组集中学习14期。落实领导班子成员讲党课，1月、5月、7月、8月、12月，沧州河务局领导班子成员分别讲授了“学习贯彻党的十九届五中全会精神”“从党的历史看加强作风建设”“学习党史　汲取力量　推进沧州河务局高质量发展”“学习习近平建党百年重要讲话精神专题党课”“学习贯彻党的十九届六中全会精神”等专题党课。

按照2021年年初制定的培训计划，开展党员教育培训学习。按要求组织党员干部参加上级单位调训的同时，开展集中培训、职工自学和网络培训，圆满完成全年教育培训工作计划和任务。特别是党员干部通过“学习强国”平台开展学习的热情高涨，自“学习强国”平台开学以来，沧州河务局党员干部的平均日学习积分达40分以上，稳居沧州市直机关第一。12月13日，组织全体党员进行沧州河务局2021年度党员干部政治理论考试。

5. 基层党组织建设

2021年，先后按组织程序设立东光局党支部、吴桥局党支部，7月28日，组织召开党员抗洪动员会议，党员纷纷在抗洪请战书上签字，申请加入到抗洪抢险中去。11月18日，组织开展沧州河务局党支部书记培训班。12月，组织开展党支部标准化规范化评估工作，评定局机关党支部、海兴局党支部、盐山局党支部及沧盛公司党支部为先进等次，东光局党支部为中间等次。全年，按照沧州市直工委党员发展计划，共发展6名党员。

2021 年，先后制定印发《沧州河务局党委重大事项请示报告工作管理办法》（沧党〔2021〕3 号）、《沧州河务局党委成员联系基层党支部工作制度》（沧党〔2021〕25 号）。

4 月，中共沧州市市直工委授予海兴局党支部书记王德“百名好支书”称号。

6 月，海委印发《海委党建工作领导小组关于表彰海委优秀共产党员、优秀党务工作者、先进基层党组织的决定》（海党建〔2021〕3 号），授予姜天钊、张宝恒、任一“优秀共产党员”称号，刘艳海“优秀党务工作者”称号。漳卫南局印发《漳卫南局党委关于表彰优秀共产党员、优秀党务工作者和先进基层党组织的决定》（漳党建〔2021〕31 号），授予张轶天、王莹、杜晓娜、齐军“优秀共产党员”称号，王蕾“优秀党务工作者”称号。沧州河务局印发《沧州河务局党委关于表彰优秀共产党员的决定》（沧党〔2021〕21 号），授予王丙会、王刚、王莹、王蕾、刘艳海、杜晓娜、张轶天、赵明、高洁、范福林、孙世军、张宝恒、刘伟等 13 名同志“优秀共产党员”荣誉称号。沧州河务局姜天钊在沧州市市直工委全市直机关“两优一先”评选表彰活动中，被评为 2021 年优秀共产党员。

6. 共青团建设

强化团委作用，坚持每月一次青年理论学习小组学习，召开青年职工座谈会，发挥青年职工的青春力量。组建志愿服务队，积极参与志愿清洁、文明交通服务、无偿献血等活动。

（杜晓娜）

【纪检监察和党风廉政建设】

2021 年 3 月，组织召开 2021 年党风廉政建设工作会议，传达水利部、海委、漳卫南局会议精神，总结沧州河务局 2020 年党风廉政建设工作，安排部署 2021 年工作任务。4 月，制定印发《沧州河务局党委 2021 年党风廉政建设和反腐败工作要点》（沧党〔2021〕12 号）、《沧州河务局党委落实全面从严治党监督责任 2021 年度任务安排》（沧党〔2021〕13 号）、《2021 年沧州河务局廉政教育计划》（沧党〔2021〕14 号）；5 月，制定印发《沧州河务局党委落实全面从严治党主体责任 2021 年度任务安排》（沧党〔2021〕20 号）。

2021 年，继续实施“一月一学习、两月一课堂、一季一考试、全年一报告”为主要内容的反腐倡廉教育常态化机制。全年召开廉政警示教育大会 2 次，开展廉政知识学习 9 次（包含纪检部门定期向工作群里推送党规党纪学习条目）、廉政党课 3 期、党规党纪测试 4 次、警示教育 2 次。另外，更新廉政宣传栏 1 期，更新廉政提醒卡 1 次。严格落实中央八项规定精神，落实党政机关过紧日子的要求，切实压缩会议培训、文件简报、公务用房使用、公务用车运行等各项支出。对于值班值守、劳动纪律、公务接待、交纳“两费”、海委党组禁酒令、属地婚丧嫁娶规定等作风建设薄弱环节，开展有针对性的工作，对相关规章制度进行深入学习贯彻。开展多层级廉政约谈 5 次。在干部提拔任用和职级晋升中，纪检部门严明政治纪律和政治规矩，强化对相关制度落实情况的监督检查，对民主推荐、考核上报、任前谈话等各环节进行监督，出具廉政鉴定意见 11 份。在“五一”、中秋节、“十一”、春节等重要时间节点作出廉政提醒，对车辆封存、食堂封闭及值班情况开展“四不两直”式的检查，发现苗头及时提醒。全年对基层单位开展廉政检查 2 次。11 月，根据工作需要，调整局属各单位兼职纪检干部（纪检联络员）。

（杜晓娜）

【精神文明建设】

1. 和谐社会共创活动

2021年4月，成立沧州河务局志愿者服务队。5月14日，先后参加沧州市委市直机关工作委员会开展的“学党史、颂党恩、铸党魂”党员环境整治志愿活动和文明实践志愿活动。8月，组织适龄、身体健康的干部职工开展无偿献血活动，共有9名职工成功献血，献血量达到2000mL。9—11月，组织局机关干部职工参加为期两个月的志愿交通服务活动。

2. 和谐机关建设

围绕和谐机关建设，先后组织开展女职工“颂党恩，跟党走”诗词诵读、“浓浓粽香，情暖大家”为主题的端午节包粽子、“迎‘五一’、爱劳动、美环境”大扫除、“猜灯谜 做月饼”、“迎中秋 庆国庆”金秋诗会等活动。组织全局在职职工、离退职工及临时工进行了健康体检。通过发放问卷，征求职工对食堂的意见建议，不断提升食堂饭菜质量和服务水平。国庆节前夕，沧州河务局领导走访慰问部分光荣在党50周年老党员，召开老干部座谈会。年内，沧州河务局再次被评为2019—2020年度“市级文明单位”。

3. 驻村帮扶工作

及时完成帮扶村（海兴县张会亭乡小徐村）第一书记及驻村干部调整工作。9月，沧州河务局党委负责人陈俊祥带领驻村工作组深入海兴县张会亭乡小徐村，开展巩固脱贫成果同乡村振兴有效衔接“六个一”大走访活动，即“唠一回交心话、鼓一次奋斗劲、核一遍基础数、干一天农家活、吃一顿农家饭、做一件贴心事”。

（杜晓娜）

【领导视察】

2021年4月8日，漳卫南局纪委书记王鹏检查指导沧州河务局纪检监察和党建工作。王鹏一行听取专题汇报，与沧州河务局班子成员和职工代表进行座谈，了解沧州河务局纪检监察和党建工作开展情况，并就如何推进纪检监察和党建工作听取职工意见。王鹏指出，2021年是实施“十四五”规划开局之年，要把全面从严治党融入“十四五”建设中，切实压紧夯实全面从严治党“两个责任”，推动全面从严治党与业务工作深度融合，并对如何开展检监察和党建工作提出几点要求：要坚定政治方向，深入贯彻全面从严治党方针，充分发挥全面从严治党引领保障作用；要加强基层党的建设，推动基层党组织全面进步，严肃党内政治生活，严格落实“三会一课”等基本制度；要强化纪律规矩意识，坚持不懈开展纪律教育和廉政警示教育，增强干部职工的纪律规矩意识；要加强基层纪检干部队伍建设，加大纪检干部培训力度，提高纪检干部专业素养、业务能力和工作水平；要坚持党建业务一起抓，将党风廉政建设落实到业务工作中；班子成员要以上率下履行管党治党责任，带头讲专题党课、开展约谈和督导检查。

5月7日，沧州市副市长、漳卫新河河长刘强带队赴漳卫新河海兴堤段巡查调研。刘强一行现场察看漳卫新河香坊、辛集堤段违建点位，听取相关单位“清四乱”工作情况汇报。刘强对近期清障拆违工作予以充分肯定。刘强强调，要提高政治站位，充分认清做好“清四乱”工作的重要性和紧迫性，进一步明确工作重点和关键环节，细化工作措施，限期抓好推动落实；要强化责任落实，齐心协力，加强配合；依法依规妥善做好“清四乱”收尾工作。刘强指出，各乡镇、各单位要切实抓好河长制责任落实，持续加大河湖“清四乱”专项行动力度，要充分发挥各级河长及河道主管部门职责，定期开展巡河工作，加强日常监督检查，推进河长制工作长效化、常态化，确保河长制工作取得扎实成效。

7月5日，漳卫南局副局长张永顺带队赴漳卫新河南皮堤段检查防汛工作。张永顺一行现场检查南皮李家岸倒虹吸工程，听取南皮局有关该工程的介绍，并察看南皮堤段绿化情况，对南皮局绿化工作予以充分肯定。张永顺强调，要始终坚持漳卫南局党委“一个中心，四个保障”基本工作思路，切实做好工程管理工作；汛期已至，要做好防汛度汛工作，确保人民生命和财产安全。

7月25日，沧州市委书记康彦民、市长向辉赴漳卫河海兴、盐山堤段检查防汛工作。康彦民、向辉一行到漳卫新河海兴辛集险工、盐山千童堤段实地检查，听取海兴局、盐山局的防汛工作汇报，详细询问漳卫新河工程运行管理情况、物资储备和上游汛情。康彦民强调，鉴于上游汛情，泄洪流量不断增大，防汛形势十分严峻，要统一思想，提高站位，贯彻落实防汛救灾指示精神，绷紧防汛救灾这根弦，把保障人民生命财产安全放在第一位；要加大巡堤查险频次，做到及时发现及时处理，彻底消除堤防安全隐患；要备足备齐各类防汛抢险物资和机械设备，建立防汛抢险队伍等各项准备；要做好抢险救灾和群众转移安置预案；要做好雨情、汛情、风暴潮信息的预测，科学调度、精准预判，确保群众生命财产安全。向辉指出，要做好“四大”准备，全力做好防汛救援救灾工作；要做好宣传，细化转移安置方案，保障人员妥善安置。

7月29日，漳卫南局一级巡视员张永顺、二级巡视员姜行俭赴漳卫新河海兴堤段检查防汛工作。张永顺一行实地检查下东王险工、抛庄险工，通报上游汛情，听取海兴局防汛备汛工作汇报。张永顺强调，防汛形势十分严峻，要绷紧防汛抢险这根弦，随时做好防大汛、抢大险、救大灾的准备；加强工程巡查24小时不间断，发现险情及时上报及时处置；加强与地方防汛抗旱指挥部成员单位的沟通联系，督促地方部门落实防汛责任，备足各类防汛抢险物资和机械设备，切实保障行洪安全和沿河人民群众生命财产安全。

7月30日，沧州市副市长薛青松赴漳卫新河海兴堤段检查防汛工作。薛青松一行实地检查漳卫新河辛集闸至海丰堤段防汛备汛情况，听取海兴县委、县政府和海兴局的防汛备汛工作汇报。薛青松指出，海兴位于漳卫新河入海口，防汛压力十分艰巨，受风暴潮影响直接导致洪水下泄困难，会出现高水位小流量情况，使堤防长时间高水位浸泡易出现险情，为确保安全行洪，各部门要协同合作做好应对和预判。薛青松强调，各部门要协调配合清除阻水障碍物，确保河道行洪畅通，河务局要做好上游汛情的监测并及时与县防指通报；气象、海洋部门要时刻关注海潮情况，及时发布预警信息；非沿河乡镇及时抽调精干力量支援防汛工作；要提高安全意识，在确保沿河人民群众生命财产安全的同时也要保证防汛工作人员自身安全。

7月31日，水利部运行管理司二级巡视员刘宝军、海委副主任马涛、漳卫南局副局长李瑞江赴漳卫新河海兴堤段检查指导防汛工作。刘宝军一行实地检查下东王险工、抛庄险工和辛集引水闸，听取沧州河务局防汛备汛工作汇报。刘宝军指出，漳卫新河海兴段地处沿海，受上游洪水和下游风暴潮的双重压力，防汛形势十分严峻，要密切监测上游水、雨、汛情和海潮预报；要确保工程巡查不留死角，发现险情及时上报、及时处置；要做好水情信息的上传下达并与地方防指及时通报，发挥防汛参谋作用。

8月2日，水利部河湖管理司副司长刘六宴、漳卫南局副局长付贵增督导漳卫新河防汛和河道清障工作。刘六宴一行实地查看盐山、海兴堤段河道清障和行洪情况，听取沧州河务局防汛和河道清障工作汇报。刘六宴强调，要深入贯彻落实习近平总书记关于防汛救灾工作的重要指示，坚持人民至上、生命至上，抓紧抓实各项措施，以扎扎实实的防汛备汛工作，确保人民群众生命财产安全；要强化预报、预警、预演、预案“四预”措施，备足物资、抢险人员，健全防汛、救灾、转移、安置等全链条防范体系，更加扎实细致地做好行洪防汛各项准备工作；要强化统筹协调，加强与周边省、市、县沟通对接，层层压实各方责任，严格落实各项工作举措，确保安全度汛。

8月2日，水利部运管司二级巡视员刘宝军、漳卫南局副局长李瑞江赴漳卫新河吴桥堤段督导防汛工作。刘宝军一行实地检查沟店铺乡玉泉庄村、沟店铺村、蒋家筌村等堤段，听取沧州河务局防汛工作汇报。刘宝军指出，要高度重视，认清形势，坚决贯彻落实党中央、水利部决策部署；要加强沟通协调，拧紧责任链条，压紧压实各方责任；要做好防范工作，落实落细各项举措，加强预报、预警、预演、预案，排查风险隐患，确保行洪安全。

8月3日，漳卫南局二级巡视员姜行俭率河系组赴漳卫新河东光堤段检查指导防汛抗洪工作。姜行俭一行现场察看白马关险工行洪情况，检查砥桥引水闸临河滩地渗漏封堵情况，听取东光局防汛抗洪工作汇报，并对堤防巡查和值班值守情况进行详细询问。姜行俭强调，漳卫新河行洪过程还将持续，要进一步提高政治站位，杜绝麻痹思想，始终将防汛抗洪作为首要任务；要进一步加强堤防巡查力度，及时排查工程隐患，确保行洪安全；要主动与沿河地方政府及相关部门沟通协作，充分发挥专业优势，为地方首长决策提供技术参考。

9月16日，沧州市副市长尹卫江赴漳卫新河海兴堤段检查水资源保护工作。尹卫江一行重点检查漳卫新河小泊头桥省控水质监测断面，现场询问漳卫新河水情现状，听取海兴局关于上游水情和水资源现状及入河涵闸管监控工作的详细汇报。尹卫江指出，海兴局要加强入河排水闸涵的巡查监管，杜绝入河排污现象的发生；县环保部门负责水质监测和污染源监控；沿河乡镇政府落实河长制，做好河道保洁工作和巡河工作，做到守土有责、守河尽责；各部门齐抓共管将漳卫新河打造成水清、河畅、岸绿、景美的幸福河。

10月12日，河北省应急厅副厅长林长风检查指导漳卫新河东光堤段防汛备汛工作。林长风一行重点查看漳卫新河东光堤段白马关险工，对险工险段值班值守情况及应急抢险物资配备等情况进行详细询问。林长风强调，漳卫新河将持续高水位行洪，各级防汛、应急部门要进一步做好堤防巡查防守工作，严格落实属地责任，始终保持高度警惕，盯紧薄弱区域和部位，加强研判分析会商，扎实做好各项防汛防洪准备工作，确保此次秋汛行洪工作顺利开展。

12月23日，沧州市副市长、漳卫新河市级河长薛青松开展巡河并主持召开漳卫新河市级河长会议，沧州河务局负责人陪同来到漳卫新河左岸盐山县圣佛镇大商村段实地巡察清障工作情况；会上，沿河吴桥、东光、南皮、盐山、海兴等5县县级河长分别汇报

2021年漳卫新河河长制工作落实情况，特别是2021年汛后该局移交“四乱”问题的清理整治情况以及下一步工作安排。沧州河务局负责人就实施管理范围内清障、调整种植结构、漳卫新河治理工程等方面提出建议。薛青松强调，认识要到位，重点要明确，要严格落实河湖长制各项措施，扎实推进“四乱”整治，确保河道行洪畅通，做好水污染防治工作，落实责任加强巡查工作，强化部门联合，形成合力。

12月29日，海委党组成员、纪检组组长秦海鹏带队赴沧州河务局调研基层党建工作，并看望慰问东光局全体职工。调研组一行听取沧州河务局党建工作汇报，查看党建材料，实地查看沧州河务局档案室、荣誉室、水行政执法监控室，详细了解沧州河务局党建和业务工作开展情况，随后奔赴东光局查看职工宿舍、食堂、党建活动室以及堤防工程现场。秦海鹏强调，要把党的十九届六中全会精神的贯彻落实作为当前政治建设的一项重要任务，深刻领会党的百年奋斗的初心使命，深刻领会习近平新时代中国特色社会主义思想的“十个明确”的丰富内涵，深刻领会“两个确立”对推进中华民族伟大复兴的决定性意义，深刻领会中国共产党百年奋斗历程中“十个坚持”的宝贵经验，深刻领会决议中关于加强党的全面领导和加强党的建设的经验总结，教育引导全体党员树牢“四个意识”、坚定“四个自信”、自觉做到“两个维护”，为推动新阶段水利高质量发展作出更大贡献。秦海鹏指出，要深入落实李国英部长关于“四强”党支部建设的有关要求，建设政治能力强、支部班子强、党员队伍强、建设作用发挥强的党支部，推动党支部建设全面过硬。

（杜晓娜）

岳城水库管理局

【概况】

岳城水库管理局隶属水利部海委漳卫南局，由漳卫南局授权在其管辖范围内行使水行政管理职责，为具有行政职能的事业单位。管辖岳城水库水利枢纽工程及附属设施。机构内设6个科室，下属6个直属单位和1个维修养护公司。全局现有干部职工228人，其中在职人员123人、离退休人员105人。

2021年单位主要负责人如下。

局　长：倪文战

副局长：张建军　赵宏儒　李修勤　李永宁

【工程建设与管理】

常态化精细化抓实工程管理，完善管理制度，落实维修养护计划，提升工程管理面貌。修订完善《防洪预案》《大坝安全管理应急预案》并获得邯郸市批准。对主体工程、闸门及启闭机、机电设备、附属设施、自动控制设施等工程及设施设备进行维修养护，重点对测压管进行冲洗校验，对进水塔和溢洪道混凝土进行集中维修及防碳化处理。2021年共投入养护资金440.93万元。对汛期出现的闸门水封漏水、排水沟渗流流量计进行紧急抢修，对坝坡损坏、办公用房漏水实施维修。组织开展测压管冲洗校验，定期开展大坝观测，严谨分析数据，按时上报至监测平台。完成设备的二维码编制管理。岳城水库工程运行状态平稳良好，各项机电设施、闸门运行正常。

（曹文杰）

【防汛工作】

坚持人民至上、生命至上的理念，以防洪减灾为主体，充分发挥岳城水库的综合效益。4月上旬组织完成汛前检查工作，对检查中发现的问题及时整改。重点对大坝、供配电设施、闸门及启闭设施、水雨情测报设施、防汛通信、工程安全监测设施及防汛物料、抢险物料、安全度汛措施等进行检查，对有关设施设备进行运行调试，发现问题及时处理，并上报汛前检查报告。

6月1日开始上汛，重点岗位实行24小时值班。严格执行领导带班值班制度，严肃汛期劳动纪律。加强防汛业务培训，做到防汛值班人员熟悉雨水情测报、卫星电话使用、紧急事件处置等工作。

7月11日以后，岳城水库先后经历5次历史罕见的强降雨过程。其中7月22日6时水库入库流量2640m^3/s，被确定为“漳卫河2021年第1号洪水”。10月7日11时，入库流量2010m^3/s，被确定为“漳卫河2021年第2号洪水”。

汛期，岳城水库管理局随时收集掌握分析上游及水库周边雨水情信息，处理各种来文来电，快速准确上传下达各类信息，及时与漳卫南局、海委、邯郸防汛抗旱指挥部、安阳防汛抗旱指挥部等各单位沟通联系并建立信息共享机制。启动Ⅲ级应急响应4次，Ⅱ级应急响应3次，Ⅰ级应急响应1次，每天进行防汛会商，并多次与海委、漳卫南局、两地市同步会商。共组织会商89次，并形成会商记录89份。全局干部职工开展常规性特别巡视与专业性数据监测、重点部位持续监测、昼夜不间断巡视检查。7月22日至10月25日，共组织巡查177次，出动2936余人次，形成巡查记录183份。

10月10日5时，水库水位152.30m，蓄水量达8.40亿m^3，创造了自建库以来的历史极值。主汛期洪水防御、削峰接近100%。时隔25年再次启用溢洪道、泄洪洞双通道泄洪，下泄流量控制850m^3/s以下，汛期共向漳河泄洪17.91亿m^3，岳城水库的夏秋连汛洪水防御圆满收官。工程安全、调度精准，拦洪减灾、错峰减压效益明显。

（曹文杰）

【水政水资源管理】

1. 清乱清障

加强执法打击力度，联合河湖长办开展执法，加强“四乱”问题清理整治；联合地方河长办对河道管理范围内违建和树障等开展集中整治和专项清理，共拆除6处砖混建筑、清理鱼塘13个，清理树障2万余平方米。

2. 普法宣传

加强普法教育，提升法治能力。共悬挂条幅60余条、展示“历史治水名人”挂图30余张、主题宣传标语50余条，制作宣传栏（牌）80余块，发放宣传材料2000余份，开展视频学习20余次。

3. 加强对取水计划的监督管理

开展取用水专项整治，加强岳城水库饮用水水源地规范化建设，汛期组织水面漂浮物打捞。巩固提升节水机关建设成果，对岳城水库驻地机关院实施节水改造升级，落实水资源刚性约束，加强示范，推进节约集约用水。

4. 日常监测

每月配合漳卫南局水保处开展水质日常监测，配合完成入库排污口水质水量监测工作，及时上报水质水量及水污染信息。协助漳卫南局水文处开展岳城水库水源地监测、入库排污监测、藻类监测、富营养化监测等。配合漳卫南局水文处、生态环境部海河流域环保监督站及龙网公司等管理运行单位，开展坝上和观台水质自动化监测站运行管理和维护工作。强化与邯郸市自来水公司、安阳市幸福渠管理处建立水质监测数据共享机制，加强各方数据的分析比对。

（曹文杰）

【供水工作】

自3月25日至4月27日，岳城水库向邯郸东部平原供春灌用水，累计供水2300万m^3。向邯郸、安阳两市供水合计3251万m^3。

（曹文杰）

【水文工作】

1. 测验设备设施的维修、养护工作

进行漳河站测流缆道的支架、拉锚、钢丝绳及缆道接地设施的维护保养；对民有渠、漳南渠两站缆道维护保养；水位、降雨仪器维护保养；水准点引测、坝上水尺零点高程测量及漳河、民有渠、漳南渠大断面测量。

2. 落实责任

建立安全生产制度。根据实际工作需要，签订《岳城水库水文站职工安全生产责任书》，职责层层分解。

3. 预案编制

根据《海委办公室关于开展水文测站超标洪水测报预案编制工作的通知》（办水文〔2021〕1号），岳城水库水文站及时组织人员编写完成《岳城水库水文站超标准洪水测报预案》。

4. 学习规范

组织职工认真学习《水情信息编码标准》和报汛任务书，使每位职工都能单独完成列报、发报工作，准确、及时地向上级及防汛部门提供雨水信息，共拍发雨水情电报600余份。

5. 资料整编

严格实施"四随"制度，做好水文资料的在站整编工作。2021年的各种资料做到日清月结，达到"一算二校"工作程序。水位、降水量自记清晰明朗，无一处断线情况发生。资料质量达到规范整编的要求，水文原始资料即时入库。

（曹文杰）

【人事管理】

1. 干部任免

2月1日，任命李明为办公室（党委办公室）四级主任科员，免去其人事科四级主任科员；任命徐永彬为水政水资源科（水政监察支队）四级主任科员，免去其办公室（党委办公室）四级主任科员；任命秦何聪为水政水资源科（水政监察支队）四级主任科员，免去其工程管理科（防汛抗旱办公室）四级主任科员。

3月29日，任命赵改娣为办公室（党委办公室）三级主任科员；任命左晓楠为财务科三级主任科员；任命李竹花为人事（监察审计）科三级主任科员。

7月6日，任命秦何聪为岳城水库管理局水政科副科长（试用期一年），免去岳城水库管理局水政科四级主任科员职级；任命蔡秀峰为岳城水库管理局工管科副科长（试用期一年），免去岳城水库管理局工管科四级主任科员职级。聘任侯亚男为岳城水库管理局工程运行监测中心副主任（副科级）（试用期一年）；聘任刘阳为岳城水库管理局岳城水库水文站副站长（副科级）（试用期一年）；聘任李语录为岳城水库管理局保安中心副主任（副科级）（试用期一年）。

7月20日，经任职试用期满考核合格，岳城水库管理局党委任命李竹花为人事（监察审计）科副科长。

7月29日，晋升邓雅慧为人事（监察审计）科四级主任科员。

9月3日，任命秦何聪、徐永彬为水政科三级主任科员；任命朱秀美为财务科三级主任科员；任命张晶楠为人事（监察审计）科三级主任科员；任命蔡秀峰、于江怀、杨云霄为工管科三级主任科员；任命刘虎、邢红芳为工会三级主任科员。

2. 人事管理

2月1日，周拥军由后勤服务中心调整至信息中心工作；陈晓丽由信息中心调整至保安中心工作；潘玉新由综合事业管理中心（供水中心）调整至保安中心工作。招录两名参照公务员法管理人员（张凯、白佳乐）。

3. 职称评定

7月19日，聘用韩杉杉、杨照美、于杨卓艺为专业技术十一级岗位。

7月29日，聘用成章凯为工勤二级岗位。

11月30日，聘用李乐水、杨蕊帆为专业技术十二级岗位。

12月31日，聘用吕树森为工勤技能二级岗位。

4. 表彰奖励

岳城水库管理局先后被漳卫南局评为“2021年度先进集体”“2021年度工程管理先进单位”“2020年度宣传信息工作先进集体”。在漳卫南局“共忆百年党史、奋进崭新征程”竞赛中荣获优秀组织奖。漳卫南局直属岳城水库水政监察支队在2021年度被海委考核为“优秀”；第一党支部被海委党建工作领导小组授予“海委先进基层党组织”荣誉称号；第三党支部被海委党建工作领导小组授予“2021年度防汛抗洪先锋党组织”荣誉称号；陈宇灿、王小川、蔡秀峰、王立峰、杨云霄、于江怀、曹文杰等7人的“基于微信小程序的岳城水库主要工程设施信息数字化管理及实时展示技术”荣获漳卫南局技术创新及推广应用优秀成果。

岳城水库管理局党委被中共邯郸市委市直机关工委授予“邯郸市直机关先进基层党组织”荣誉称号；岳城水库管理局被邯郸市城市管理综合行政执法局授予“园林式单位”荣誉称号，荣获中共邯郸市委市直机关工委“庆祝中国共产党成立100周年”党史知识竞赛组织奖；被中共邯郸市委宣传部评为2020年度“学习强国”平台先进学习组织；荣获邯郸市公安局2021年度内保单位“安全防范红旗单位”；岳城水库管理局驻中行村工作队被中共邯郸市委组织部评为“2020年扶贫脱贫先进工作队”。

王小川荣获“全国水旱灾害防御工作先进个人”；邢红芳在2021年水利部第五批“组团式”技术人才援助阿里工作中被中共阿里地区水利局党组评为“优秀援藏专家”；谢吉亭被海委党建工作领导小组授予“海委优秀党务工作者”荣誉称号；赵宏儒、祁宇涛被海委党建工作领导小组授予“海委优秀共产党员”荣誉称号；蔡秀峰被中共漳卫南局委员会授予“优秀党务工作者”荣誉称号；赵建勇、李大鹏、陈宇灿被中共漳卫南局委员会授予“优秀共产党员”荣誉称号；左晓楠、曹文杰被中共漳卫南局委员会授予“庆祝中国共产党成立100周年优秀共产党员”荣誉称号；潘云峰荣获“邯郸市直机关百名好支书”荣誉称号；蔡秀峰荣获“邯郸市市直机关优秀共产党员”荣誉称号；曹文杰被邯郸市直机关妇女工作委员会评为市直机关“最美女性”和“三八红旗手”；邢红芳家庭被邯郸市直机关妇女工作委员会评为市直机关“最美家庭”；王利民荣获邯郸市公安局2021年度内保单位“个人嘉奖”；李语录在2020年度荣获邯郸市扶贫脱贫优秀驻村工作队员；侯亚男在海委青年干部学习贯彻习近平总书记“七一”重要讲话精神演讲比赛中荣获优秀奖；赵建勇、王亚伟、祁宇涛、左晓楠、王其年等19人在“学习强国”平台2020年度学习中被中共邯郸市委宣传部评为全市“学习强国”总积分学习标兵。

（曹文杰）

【综合管理】

2021年，岳城水库管理局共召开党委会24次、局务会4次、局长办公会15次、专题民主生活会1次；截至12月31日，印发党群类文件27件，印发行政类文件77件。举办新闻与公文写作培训班，全年信息宣传报道281篇次。完成2020年档案整编归档，组织档案管理人员培训及档案知识答题。牢固树立水利行业节水机关标杆意识，完成岳城水库驻地节水型单位创建工作。及时规范编制部门预算，在实际工作中严格执行预算。财务管理、资产管理制度健全，财务开支计划签报和报销审批层层把关，会计信息资料真实、准确、完整。坚持“人民至上、健康至上”理念，扎实抓好新冠肺炎疫情防控，并根据疫情变化做好常态化防控各项工作，抓实疫情防控对内对外协调联络、防控措施制定、人员排查检测、防疫物资采购等，确保外防扩散、内防输入，确保工作有条不紊开展，2021年按照邯郸市疫情防控政策部署，每周一对全局干部职工进行核酸检测。

（曹文杰）

【安全生产】

将安全生产工作纳入年终目标考核，实行一票否决。签订年度安全生产责任书，配备安全监督管理专职人员1名、兼职人员19名，按照安全生产标准一级达标要求，开展安全生产工作，并持续完善健全安全生产监督管理网络。按要求开展“安全生产月”活动，组织开展安全生产知识培训。

（曹文杰）

【党群工作】

党委主要负责人切实履行抓党建第一责任人的职责，牢固树立重视党建、大抓党建的鲜明导向，聚焦主责主业，统筹兼顾，及时召开党委会、党建联席会议，研究安排党建工作。制定《2021年党建工作计划》《2021年党建工作要点》《创建党建品牌活动实施方案》等，调整党建工作领导小组，明确任务、落实责任，规定完成时限。

研究制定《党委理论学习中心组学习计划》《学习贯彻党的十九届五中全会精神学习方案》《党史学习教育工作方案》《党史学习教育工作计划》《“三对标、一规划”专项行动工作方案》等，对党委理论中心组学习的主要内容、学习时间、学习计划、学习方式、学习制度等都做了明确的规定。党委中心组开展集体学习18次、集体研讨18次、支部学习70次，开展主题党日活动39次，全局党员干部学习参与率达95%以上。

各支部结合工作职责，完善《全面从严治党主体责任清单》，进一步细化分解任务，抓党建的计划方案组织进一步完善加强。及时组织开展支部书记述职、组织生活会和民主评议党员活动，以此激励党支部和全体党员创先争优。全体党委成员积极参加组织生活会和以普通党员的身份参加所在党支部的学习和讨论，并定期开展谈心谈话活动，党委成员坚决执行民主集中制和遵守“三会一课”制度，坚持开展上党课。发展预备党员1名，入党积极分子2名，递交入党申请书2份。

开展学习教育实践活动，组织党员干部参观晋冀鲁豫烈士陵园、跃峰渠纪念馆、冀南山底抗日地道遗址、磁县直南党史馆等红色教育基地，传承红色基因、赓续红色血脉、汲取前行动力。

建立干部职工交流谈心制度，及时征求职工意见和建议，全面了解职工思想动态。采取走访、发放调查问卷、设立意见征求箱等多种形式，征集职工意见和建议，对职工反映的宿舍、机关院落、食堂管理等问题结合“我为群众办实事”进一步妥善解决。

（曹文杰）

【党风廉政建设】

及时召开党风廉政建设工作会议，安排部署2021年度党风廉政建设工作，提出年度工作要点，结合工作实际研究制定《全面从严治党主体责任2021年度任务安排》《2021年廉政警示教育活动方案》《公务接待中收取伙食费和交通费的标准》等文件。不断加强干部职工的监督管理，及时开展廉政约谈。开展常态化警示教育，开展廉政培训4次，组织观看警示教育片4次。纪检监察部门协助党委推进全面从严治党向纵深发展，结合年度任务安排，研究制定《纪检监察工作要点》《全面从严治党监督责任2021年年度任务安排》等文件，落实各项纪检监察工作。纪检监察人员列席党委会，针对党委贯彻落实民主集中制原则、“三重一大”制度执行，“三会一课”制度落实进行监督。针对党委民主生活会、组织生活会、民主评议党员、评先评优、疫情防控、天德公司党支部成立、补支部书记、汛期工作纪律、干部选拔、职级晋升、巡察整改落实等进行监督。紧盯元旦、春节等关键时间节点，发送廉政短信，开展公务用车封存及使用检查工作。

（曹文杰）

【精神文明建设】

重视文明创建载体建设和活动实践，在活动中践行文明意识，通过各项活动推进知行合一，加强习近平新时代中国特色社会主义思想学习教育、党史学习教育、“十四五”时期规划学习教育，提升政治站位，增强政治“三力”；清明节缅怀先烈、端午节再忆先贤，道德讲堂潜移默化，不断厚植干部职工的爱国主义情怀，弘扬社会主义核心价值。法制宣传、公益广告积极教育引导干部职工和机关周边群众，春风化雨、润物无声发挥文明创建的辐射力。刊播抗疫、社会主义核心价值观等主题公益广告40余次，既教育了干部职工，也对周边群众进行正面引导。举办道德讲堂12次，讲职业道德、讲党史国史，讲改革开放，讲优秀传统文化和故事，增强干部职工“四个自信”，坚定理想信念，坚定跟党走、建强国、实现中国梦；张贴发放节约用水宣传画（页）300余份，发挥行业优势，倡导节约资源、珍惜水源；举办职工读书研讨两次，激发青年职工的爱国情、创业情，立足岗位奉献水利。

（曹文杰）

四女寺枢纽工程管理局

【概况】

四女寺枢纽工程管理局（以下简称“四女寺局”）隶属水利部海委漳卫南局，由漳卫南局授权在其管辖范围内行使水行政管理职责，为具有行政职能的事业单位。管辖范围包括四女寺南闸、北闸、节制闸、船闸、倒虹吸工程和三角洲以及减河右岸0.205km，老减河左岸与岔河右岸重合段0.25km，岔河左岸0.28km，卫运河右岸0.3km，南运河右岸0.145km，船闸闸室段从闸室左岸墙外侧起向外12m宽度范围内的平地以及闸室上、下游堤内护坡。主要职责是在管辖范围内负责组织实施流域性的法律、法规，并执行流域性的有关政策；对管辖范围内的工程实施统一管理和维护，确保工程安全运行，按照规定或授权建设和管理所管辖范围内的水利工程；负责管辖范围内的水资源的统一管理及开发、利用、节约、保护，实行水量统一调度；负责管辖范围内的水行政执法和水政监察，调处边界水事矛盾和纠纷；编制本枢纽洪水预报方案和防洪抢险预案，实施防洪调度，负责本枢纽水文情报预报、气象和通信等工作；编制水利投资年度计划，批准后组织实施；负责国有资产的运营和监督，利用水土资源和人才技术优势，开展综合经营工作。承办漳卫南局授权与交办的其他事宜。机构内设6个科室、下属3个直属单位和1个维修养护公司。全局现有干部职工108人，其中在职人员65人、离退休人员43人。

2021年单位主要负责人如下。

局　长：李才德

副局长：张如旭　师家科　何传恩

【工程管理】

1. 日常维修养护

2021 年 1 月 8 日，漳卫南局批复《四女寺枢纽工程管理局 2021 年水利工程维修养护技术实施方案》（漳建管〔2021〕4 号）。2021 年，四女寺枢纽工程维修养护项目投入经费 173.33 万元，全年主要对水工建筑物、闸门、启闭机、机电设备及附属设施进行经常化、日常化清洁和维护保养，定期检查、检测。主要工程量包括：养护土 800m^3，护坡勾缝修补 1620m^2，反滤排水设施维修养护 115m，混凝土修补 330m^2，裂缝处理 200m^2，闸门维修养护 1410m^2，启闭机防腐 1594m^2，启闭机房维修养护 2663m^2，护栏维修养护 1770m，绿化 6050m^2。

（李光桥）

2. 引黄倒虹吸工程进、出口闸维修

2021 年 5 月 25 日，漳卫南局批复引黄倒虹吸工程进、出口闸维修项目（漳资源〔2021〕16 号），批复经费 93.5 万元。该项目 7 月 14 日正式实施，12 月 15 日完工。主要工程量包括：闸门制造安装 1 孔，钢丝绳更换 540m，闸门防腐 650m^2，电气改造 6 孔，止水更换 1.4t，闸门侧轮维修 20 个，闸门槽防护网 36m^2，启闭机房顶维修 86.4m^2，路面、栏杆恢复 1 项，闸门顶拉杆制作安装 3 孔，机架桥防腐 200m^2，引桥（扶梯）刷漆 100m^2，标志标牌制作安装 2 套。

（李光桥）

3. 枢纽绿化

自 3 月起，开展四女寺枢纽绿化工作，在北进洪闸上游卫运河左堤 600m 堤顶种植国槐 380 棵，合欢树 30 棵。在办公楼西边原北闸除险加固项目部材料加工及工人生活区绿化 6000m^2，种植樱花 100 棵、榆叶梅 102 棵、紫薇 38 棵、海棠 50 棵。

（李光桥）

4. 复耕土地

2021 年复耕土地 70 亩。土地多为施工用地回填，用挖掘机、装载机平整土地，人工清理垃圾，维修原有水渠，改良土壤墒情，达到农田种植条件。2021 年种植玉米 70 亩，收获玉米 22500kg。之后，做好后期土地改良，种植耐碱、抗旱小麦 70 亩。

（李光桥）

【四女寺枢纽北进洪闸除险加固工程】

四女寺枢纽北进洪闸除险加固工程 4 月先后通过竣工环境保护验收、水土保持验收，月通过档案专项验收，8 月完成竣工验收技术鉴定工作。12 月 1 日，海委在山东德州召开竣工验收会议，同意四女寺枢纽北进洪闸除险加固工程通过竣工验收，标志着工程正式转入运行管理、全面发挥效益的新阶段。海委副主任翟学军出席并讲话，总工梁凤刚主持竣工验收，漳卫南局局长张永明、副局长付贵增出席。

（杨泳鹏）

【水旱灾害防御】

调整防汛组织机构及防汛抢险队，明确分工，细化责任，开展汛前检查巡查。编制

《2021年四女寺枢纽防洪抢险预案》，修订《四女寺枢纽工程2021年度汛方案》。严格落实防汛值班制度，各职能组24小时坚守岗位，确保雨水情等及时上传下达。开展启用备用发电机启闭闸门演练，举办防汛抢险知识培训班，做好防汛人员教育培训，提高全员防汛业务水平。枢纽行洪期间，严格执行上级调度令。每天对枢纽水工建筑物、闸门、启闭机、机电设备等进行巡查检查，发现问题及时处理上报。及时做好四女寺枢纽工程水雨毁统计上报工作。

7月25日9时30分，上游水头到达四女寺枢纽。7月25日16时，节制闸开闸行洪。7月25日20时，南进洪闸开闸行洪。7月26日8时，北进洪闸开闸泄洪。至此，四女寺枢纽节制闸、南进洪闸、北进洪闸全部开启行洪。

自7月25日16时开启节制闸起至12月31日8时，2021年四女寺局共启闭闸门121次。夏汛最大洪峰流量932.6m^3/s，于8月4日5时30分通过四女寺枢纽。秋汛最大洪峰流量1132m^3/s，于10月12日18时通过四女寺枢纽。截至12月31日，枢纽累计泄洪56.16亿m^3，其中节制闸泄洪4.66亿m^3，北进洪闸泄洪29.5亿m^3，南进洪闸泄洪22亿m^3。

（李洪德）

【输水工作】

1. 南水北调东线一期工程北延应急供水

四女寺局2021年4月28日16时至16时10分相继开启倒虹吸进、出口闸闸门。5月11日14时，水头到达耿李杨监测断面。5月31日16时，六五河节制闸关闭。本次输水历时21天，四女寺局完成耿李杨及东张庄共两个断面的水文测验工作，两个监测断面共进行流量测验88测次、水位观测240次、含沙量测验20次，向漳卫南局水文处发送报文45次。耿李杨监测断面累计过水3490.2万m^3，最大流量61.0m^3/s，最高水位19.24m，最大含沙量0.139kg/m^3，东张庄监测断面最大流量29.0m^3/s，最高水位19.42m。

（张奇）

2. 引黄济冀潘庄线路输水

四女寺局2021年4月28日16时至16时10分相继开启倒虹吸进、出口闸闸门。5月9日6时，水头到达耿李杨监测断面。7月12日18时，第三店监测断面河干。本次输水历时65天，四女寺局完成耿李杨及第三店两个断面水文测验工作。流量测验210测次，水位观测1840次，含沙量测验122次，向漳卫南局水文处发送报文134次。耿李杨监测断面累计过水17467万m^3，最大流量61.0m^3/s，最高水位19.24m，最大含沙量0.143kg/m^3，第三店监测断面累计过水16492万m^3，最大流量61.1m^3/s，最高水位16.20m，最大含沙量0.086kg/m^3。

（张奇）

3. 水样采集

（1）输水期间的水样采集。输水期间，每周一采集水样送至漳卫南局，配合水文处做好输水期间的水质达标工作。

（2）日常水样采集。2021年，四女寺局对四女寺、第三店、王营盘、玉泉庄、田龙庄、袁桥闸共 6 个区域进行水样采集，全年共完成水样采集 36 次，为水质监测成果提供原始数据和资料。

（张奇）

【水政水资源管理】

1. 水政监察

加大水政巡查力度，推进执法“三项制度”落实，重点区域每周必查，一般区域每月必查，巡查记录痕迹化。“21·7”漳卫河行洪期间，与公安民警密切协作，积极劝阻群众围观，制止水事违法行为，确保枢纽工程安全度汛。9 月 17 日，举办水行政执法普法培训班。联合德州市、武城县两级文物管理部门，开展业务交流，组织联合执法，做到信息共享，资源互补，有力维护枢纽工程秩序。

围绕“深入贯彻新发展理念，推进水资源集约安全利用”宣传主题，开展纪念第二十九届“世界水日”和第三十四届“中国水周”宣传活动。联合四女寺村委会，在集市设立宣传站，发放宣传手册 100 余份、传单 200 余份。在办公楼设立宣传专栏，摆放展板 2 个、张贴标语和宣传画 50 余条，利用微信平台、单位电子屏开展水法律法规、节水小常识宣传。组织参加水利部《长江保护法》网络知识答题和海委网络知识答题。12 月 4 日，围绕“以习近平法治思想为指引，坚定不移走中国特色社会主义法治道路”宣传主题，开展“12·4”国家宪法日宣传。

2. 河湖管理

“21·7”漳卫河行洪期间对枢纽管辖范围进行排查梳理，排查危害河道行洪安全的问题隐患，协调地方河长办，做好整改落实，确保工程安全。深化与地方河长办公室的联络机制，实行联防联控。定期通报河长制工作开展情况及水资源、水行政执法等工作动态。

3. 水资源管理与保护

加强流域水资源调查统计，严格执行水资源信息通报制度，每日记录闸前蓄水过水情况，每月上报水资源月报。组织参加漳卫南局节水问卷调查及上级组织的各项网络知识答题活动，发放“珍惜水资源，停水 1 小时”活动倡议书，组织拍摄“节水中国　你我同行”微视频。

（翟淑全）

【水法治文化广场】

2021 年 11 月 29 日，经海委授予，漳卫南局首个普法基地——四女寺水法治文化广场正式揭牌。法治广场于 2021 年 10 月底建成，整体选用代表海河发源地黄土高原的黄色、代表河水的蓝色和德州地区龙山文化代表黑陶的深灰浅灰色。广场一期打造的是“法沁海沅”林荫大道，整个大道分为 4 个部分，分别是“法治、治水名人廊”“治水思路”“法治格言”“趣味说法”。该广场依托京杭大运河和漳卫新河交汇处的四女寺枢纽，将法律法规、名人事迹、法治格言等内容与运河文化、历史事件、流域治理、水生态文明等元素融合，以“法治时空·学在其中”为主题理念，将法治与治水联动科普，使水利职工和社会公众在休闲娱乐过程中自觉接受水法治熏陶，持续提高法治理念和法治素养，营造浓厚的水法治文化氛围。

（周晓宇）

【人事管理】

1. 干部任免

(1) 8月20日，经任职试用期满考核，中共四女寺局党委研究决定，任命王丽苹为办公室（党委办公室）主任，任命孙磊为引黄倒虹吸工程管理所所长（四人事〔2021〕8号）。

(2) 9月26日，漳卫南局印发《漳卫南局关于处级干部工作调整的通知》（漳人事〔2021〕57号），根据工作需要，经研究决定，张如旭主持四女寺局全面工作。

(3) 9月26日，漳卫南局印发《漳卫南局党委关于李才德免职的通知》（漳任〔2021〕58号），漳卫南局党委2021年2月20日研究决定，免去李才德的四女寺局局长职务。

(4) 9月27日，漳卫南局印发《漳卫南局党委关于李才德同志免职的通知》（漳党〔2021〕50号），漳卫南局党委2021年2月20日研究决定，免去李才德四女寺局党委书记职务。

(5) 12月31日，漳卫南局印发《漳卫南局关于张如旭任职务职级的通知》（漳任〔2021〕77号），漳卫南局党委2021年9月26日研究决定，任命张如旭为四女寺局副局长、一级调研员。

(6) 2022年1月6日，漳卫南局印发《漳卫南局党委关于张如旭同志任职的通知》（漳党〔2021〕74号），漳卫南局党委2021年9月26日研究决定，任命张如旭同志为四女寺枢纽局党委书记。

（王丽苹）

2. 参照公务员法管理人员职级晋升

(1) 10月25日，经试用期满考核合格，刘学敏任办公室（党委办公室）一级科员；周晓宇任工程管理科（防汛抗旱办公室）一级科员（四人事〔2021〕10号）。

(2) 11月12日，中共四女寺局党委研究决定：张俊美任办公室（党委办公室）三级主任科员；陈冉冉任财务科三级主任科员；吴志文任工程管理科（防汛抗旱办公室）三级主任科员；吴强任工程管理科（防汛抗旱办公室）三级主任科员；刘玉兵任工会三级主任科员；赵海鸽任财务科四级主任科员；李思聪任工程管理科（防汛抗旱办公室）四级主任科员；张浩然任工程管理科（防汛抗旱办公室）四级主任科员。以上人员职级起算时间自2021年11月起算（四人事〔2021〕12号）。

（刘青华）

3. 事业编制人员职称评定与岗位聘用

(1) 11月29日，经漳卫南局认定，许兴虎、宋佳具备助理工程师任职资格，专业技术资格取得时间为2021年11月29日（漳人事〔2021〕69号）。

(2) 11月30日，四女寺局聘任宋佳、许兴虎岗位专业技术岗十二级（2021年11月取得助理工程师资格），自2021年11月30日至2024年11月30日，聘期三年（四人事〔2021〕13号）。

（刘青华）

4. 机构设置与调整

（1）2月23日，四女寺局印发《四女寺局关于成立2020年度职称申报初步评审小组的通知》（四人事〔2021〕3号），经研究，成立2020年度职称申报初步评审小组，人员组成如下。

组　长：何传恩

成　员：李洪德　谢　磊　王丽苹　孟跃晨　孙　磊　徐泽勇　刘青华

评审小组下设办公室，由人事（监察审计）科负责初步审核工作具体事宜。

（2）2月25日，四女寺局印发《四女寺局关于调整文明单位建设领导小组的通知》（四文明办〔2021〕1号），根据工作需要，现对四女寺局文明单位建设领导小组进行调整，人员组成如下。

组　长：师家科

副组长：何传恩

成　员：王丽苹　杨泳鹏　张志军　谢　磊　李洪德　席　英　孙　磊　武　军　杨长柱　王子忠

领导小组负责贯彻落实建设省级文明单位工作的精神和要求，部署四女寺局建设省级文明单位工作，研究解决建设省级文明单位工作的重要问题。

（3）3月15日，四女寺局印发《四女寺局关于调整安全生产领导小组的通知》（四工管〔2021〕1号），经研究，决定调整安全生产领导小组，人员组成如下。

组　长：师家科

副组长：何传恩

成　员：李洪德　王丽苹　翟淑金　张志军　谢　磊　席　英　孙　磊　武　军　杨长柱　王子忠

安全生产领导小组下设办公室，办公室设在工管科，承担安全生产日常管理工作。

（4）3月15日，四女寺局印发《四女寺局关于调整各部门安全员的通知》（四工管〔2021〕2号），根据工作需要，现对四女寺局安全员进行调整，人员组成如下。

办公室：刘学敏

水政科：翟淑金

财务科：陈冉冉

人事（监察审计）科：刘青华

工管科：周晓宇

工　会：刘玉兵

引黄倒虹吸管理所：徐泽勇

综合事业管理中心：边文生

后勤服务中心：韩洪光

德泓公司：李光桥

（5）3月15日，四女寺局印发《四女寺局关于成立四女寺枢纽维修养护项目管理办公室的通知》（四工管〔2021〕3号），成立四女寺枢纽维修养护项目管理办公室（简称“项目办”），人员组成如下。

主　任：何传恩

成　员：李洪德　张志军　孟跃晨　王　玲　刘青华　吴强　周晓宇

项目办负责对四女寺局2021年维修养护项目进行全过程监督和管理，包括质量控制、进度控制、财务审计管理、安全生产、档案整理和验收等相关工作。

(6) 5月8日，四女寺局印发《四女寺局关于成立四女寺局内部控制建设领导小组的通知》(四人事〔2021〕6号)，经研究，成立四女寺局内部控制建设领导小组，人员组成如下。

组　长：师家科

副组长：何传恩

成　员：王丽苹　张志军　谢　磊

领导小组下设办公室，负责领导小组日常工作，办公室设在财务科，办公室主任由张志军兼任。领导小组及办公室成员因工作和职务变动不再担任成员的，由继任者担任，不再另行发文。

(7) 5月20日，四女寺局印发《四女寺局关于调整水闸调度运行小组的通知》(四工管〔2021〕5号)，根据工作需要，现对四女寺局水闸调度运行小组进行调整，人员组成如下。

组　长：李洪德

现场机旁运行操作人员：丁同喜　王永鑫

集中控制运行操作人员：周晓宇　张　奇

远程控制运行操作人员：宋　佳　许兴虎

电气设备运行操作人员：陈寿林　韩洪光

备用发电机运行操作人员：张　振　岳明虎

现场安全管理人员：孟跃晨　王　玲　吴　强

水情测报人员：王艳弟（德州市水文中心）

设备维修养护总负责人：王子忠

1) 水闸调度运行小组的工作职责：负责水闸的调度运行，确保水闸正常、安全运行；严格执行水闸操作规程和上级指令，做好闸门启闭工作；负责做好闸门运行启闭前、后的观测、检查工作，发现异常，及时处置和报告，避免事故发生；负责机电设备和水工建筑物的日常维护、保养工作，保证水闸运行状态良好。

2) 水闸调度运行小组的工作要求：特种作业人员必须持证上岗；运行操作完成后应及时填写运行记录。

3) 水闸调度运行小组值班制度：上班期间，全体运行管理人员均不得无故迟到、早退和缺勤、离岗；遇极端天气、汛期和河道行洪期间必须2人或以上同时在岗，做好运行管理、防汛、排涝等工作；值班人员不能擅自离岗，更不能找人顶岗，一经发现，作严肃处理；汛期全体水闸调度运行小组人员必须保持通信畅通，原则上不得离开本市范围，有特殊情况的需报请四女寺局领导批准。

(8) 5月21日，四女寺局印发《四女寺局关于调整2021年防汛抗旱组织机构的通知》(四工管〔2021〕7号)，现对四女寺局2021年防汛抗旱组织机构调整如下。

1) 局防汛抗旱工作领导小组。

组　长：师家科

副组长：何传恩　上官利

成　员：李洪德　王丽苹　杨泳鹏　张志军　席　英　孙　磊　武　军　杨长柱
　　　　赵玉峰（德州市水文中心）

2）职能组。

综合调度组

组　长：李洪德

成　员：主要由工管科（防办）、倒虹吸工程管理所（水文站）人员组成

情报预报组

组　长：杨泳鹏

成　员：主要由水政科、综合事业中心人员组成

后勤物资保障组

组　长：张志军

成　员：主要由后勤服务中心、财务科人员组成

3）防汛抗旱办公室。

防汛抗旱工作领导小组下设防汛抗旱办公室，办公室设在工程管理科，负责防汛抗旱日常管理工作。

(9) 5 月 21 日，四女寺局印发《四女寺局关于调整 2021 年四女寺枢纽工程防洪抢险队的通知》（四工管〔2021〕8 号），经研究，决定调整 2021 年四女寺枢纽工程防洪抢险队，人员组成如下。

队　长：何传恩

副队长：李洪德

1）第一组。

组　长：孟跃晨

成　员：上官利　张志军　刘玉兵　胡　平　杨长柱　孙　磊　曲志勇　薛德武
　　　　武　军　王光恩　康晓磊　徐泽勇　李臣山　张　奇　许兴虎

2）第二组。

组　长：王子忠

成　员：韩洪光　张洪元　王永鑫　崔志华　李光桥　张　鹏　王春刚　吴　强
　　　　陈寿林　边文生　马泽旺　张　振　唐新洲　丁同喜　刘炳亮　岳明虎

(10) 6 月 15 日，四女寺局印发《四女寺局关于成立引黄济津潘庄线路漳卫新河倒虹吸工程维修项目办公室的通知》（四水文〔2021〕3 号），经研究，决定成立引黄济津潘庄线路漳卫新河倒虹吸工程维修项目办公室，人员组成如下。

主　　任：师家科

副 主 任：何传恩

技术负责人：李洪德

项目办公室下设综合组、质检组、财务组。

综合组负责协助领导做好施工方、各部门之间的协调工作，负责信息档案资料、后勤

保障工作；组长为王丽苹，成员为许兴虎。

质检组负责项目建设计划管理、项目施工安全、施工质量、施工进度等工作；组长为孙磊，成员包括孟跃晨、徐泽勇、王玲、张奇。

财务组负责项目建设资金的支付、会计核算、报表编制财务管理工作；组长为张志军，成员包括陈冉冉、刘青华。

（11）10月22日，四女寺局印发《四女寺局关于成立询价小组的通知》（四人事〔2021〕9号），经研究，决定成立询价小组，人员组成如下。

组　长：张如旭

副组长：师家科　何传恩

成　员：张志军　王丽苹　翟淑金　刘青华　李洪德　席　英　孙　磊　武　军　杨长柱　王子忠

（12）11月22日，四女寺局印发《四女寺局关于成立高质量发展领导小组的通知》（四人事〔2021〕11号），经研究，决定成立四女寺局高质量发展领导小组，人员组成如下。

组　长：张如旭

副组长：师家科　何传恩　上官利

成　员：王丽苹　杨泳鹏　张志军　刘青华　李洪德　席　英　孙　磊　武　军　杨长柱　王子忠

领导小组下设办公室，负责高质量发展日常工作。

主　任：上官利（兼任）

副主任：武　军

成　员：刘学敏　赵广伟　张　奇　许兴虎　宋　佳

5. 人员变动

2021年，四女寺局新招录2名参照公务员法管理人员：上官辛心（人事科）、赵广伟（工管科）。

截至2021年12月31日，四女寺局共有职工108人。其中，在职职工65人（包括参照公务员法管理人员27人、事业编制人员24人、德泓公司14人），退休人员43人。

6. 职工教育培训

制定《四女寺局2021年培训工作计划》，全年举办安全生产知识培训、防汛抢险知识培训、党风廉政建设培训、节水宣传培训等共计9个培训班，受训368人次，培训计划完成率为100%。组织职工到吴桥闸管理所、聊城局、邢衡局等单位参观学习。参加水利部网络教育培训，网络学习合格率为100%。全年举办道德讲堂5期，党委中心组学习22次。

（刘青华）

【党建工作】

制定《四女寺局党委落实全面从严治党主体责任2021年度任务安排》（四党〔2021〕

14 号）、《四女寺局 2021 年党建工作要点》（四党〔2021〕14 号），严格落实全面从严治党主体责任。开展“三对标、一规划”专项行动，制定《四女寺局“三对标、一规划”专项行动工作方案》（四党〔2021〕5 号）并安排专题集中学习研讨，组织收看水利部辅导讲座，印发学习材料。党委中心组及各部门分别开展“政治对标”“思路对标”等专题学习研讨，认真做好学习研讨记录。在学习研讨的基础上，立足四女寺局发展实际，从防洪减灾、工程管理、基础设施建设等 5 个方面，制定四女寺局“十四五”发展规划。开展党史学习教育活动，成立四女寺局党史学习教育领导小组，制定《四女寺局党委关于开展党史学习教育实施方案》（四党〔2021〕6 号），召开党史学习教育动员大会，印发《四女寺局党委党史学习教育工作计划》（四党〔2021〕11 号）、《学习贯彻习近平总书记在庆祝中国共产党成立 100 周年大会上重要讲话精神工作方案》（四党〔2021〕18 号）等文件，党委中心组及各支部组织开展新民主主义革命时期、社会主义革命和建设时期等专题学习研讨。“七一”前后，领导班子成员分别讲授题为“学党史　悟真理　作表率”“发扬党的优良传统　全面履行党员职责”的专题党课。组织党员干部收看专题讲座、红色观影、参观郭鲁纪念馆及德州市庆祝中国共产党成立 100 周年主题展览等活动，为 4 位老同志颁发“光荣在党 50 年”纪念章。8 月 20—25 日，各支部召开“学党史、悟思想、办实事、开新局”专题组织生活会。扎实开展“我为群众办实事”实践活动，7 项重点任务全部按照时间节点完成。

7 月，对四女寺局第一党支部支部委员进行增补。

（王丽苹）

【党风廉政建设】

召开四女寺局 2021 年党风廉政建设工作会议，安排部署 2021 年党风廉政建设重点工作任务。调整党风廉政建设责任分解及党风廉政建设领导小组办公室。制定《四女寺局落实全面从严治党监督责任 2021 年度任务安排》（四党〔2021〕10 号），加强全面从严治党监督责任落实。通过抽查党员活动签到表、党员个人学习笔记，监督党员干部积极参加党的组织生活。及时补充干部廉政档案，督促各部门抓好廉政风险防控工作。严格执行禁酒令、属地婚丧嫁娶有关规定，做好婚丧嫁娶事宜报告备案工作。坚持节假日公车定点封存，做好公车使用管理监督。对落实新冠肺炎疫情防控进行监督，督促落实离德备案制度。开展干部职工非职务违法犯罪专项治理及领导干部违规经商办企业专项治理，做好防汛工作监督检查。开展新入职人员岗前廉政谈话、各部门负责人集体廉政约谈、“双节”党风廉政恳谈会等活动。制定《四女寺局 2021 年廉政警示教育活动工作方案》（四党〔2021〕12 号），利用道德讲堂、党风廉政培训班、楼道文化、电子屏弘扬廉洁精神，培育廉洁理念，倡导廉洁风尚，构建风清气正的政治生态。紧抓重要节点，紧盯关键少数，利用节假日通过工作群及时发送廉政提醒和廉洁倡议书，做到警钟长鸣，防患于未然。

（刘青华）

【高质量发展】

四女寺局立足工作实际，通过摸底排查、座谈交流、召开专题会议等方式，充分综合各方意见建议，紧盯工程短板、经费短缺、人员后备力量不足等关键问题，科学分析、准确把握四女寺局发展形势，从发展的规范性、可持续性、多样性和共享性等 4 个方面细分了 27 项具体任务，制定四女寺局高质量发展规划和台账，明确牵头领导、责任部门和完成时限。

借助夏秋连汛和“清四乱”的契机，四女寺局主动出击，通过 3 期拆违断行行动，拆除存在十几年的船闸上游围堰道路，做好枢纽道闸、门卫岗亭、单位标志石等硬件建设，实现四女寺枢纽三角洲封闭管理。全力做好枢纽区封闭管理后续工作，设计检查路线，规范解说内容，培养专职讲解员，统一单位服装，佩戴工作胸牌，开展卫生评比，凝聚职工力量，树立单位形象。

开展合同清理专项行动，深入推进四女寺枢纽三角洲“钉子户”清零工作。先后完成铁塔公司铁塔拆除、机关院内老旧房屋拆除、轧花厂侵占房屋退出、河北涯村民占用土地退出等，枢纽辖区面貌焕然一新。

（刘学敏）

【财务管理】

（1）10 月 22 日，四女寺局印发《四女寺局询价工作制度》（四财〔2021〕7 号）。

（2）9 月 22 日，漳卫南局印发《漳卫南局关于 2016 年行政事业单位国有资产核实结果的批复》（漳财务〔2021〕48 号），批复四女寺局 2016 年行政事业单位国有资产核实结果，请依据批复结果和《行政事业单位资产清查核实管理办法》规定进行账务处理，及时调整资产管理信息系统相关数据，并进一步落实国有资产管理责任，细化管理要求，完善管理制度，确保国有资产安全完整和高效使用。

（3）4 月 20 日，漳卫南局印发《漳卫南局关于 2021 年预算的批复》（漳财务〔2021〕18 号），对《四女寺局关于 2021 年部门预算“二上”的请示》（四财〔2021〕1 号）进行批复。

（4）8 月 23 日，漳卫南局印发《漳卫南局关于批复 2020 年度部门决算的通知》（漳财务〔2021〕41 号），根据《海委关于批复 2020 年度部门决算的通知》（海财务〔2021〕15 号）要求，对四女寺局上报的 2020 年度决算报告进行批复。

（5）12 月 7 日，漳卫南局印发《漳卫南局关于调剂 2021 年预算的通知》（漳财务〔2021〕58 号），根据《海委关于调剂 2021 年预算的通知》（海财务〔2021〕44 号）要求，对四女寺局 2021 年预算进行调整。

（6）开展内部审计工作。4 月 29 日，成立审计小组对四女寺局 2020 年度维修养护经费管理使用情况进行审计，并将审计情况进行通报。

（王丽芊）

【精神文明建设】

印发《四女寺局文明单位创建实施方案》（四文明办〔2020〕2 号）、《四女寺局开展习近平新时代中国特色社会主义思想和中国梦学习教育活动实施方案》（四文明办〔2020〕3 号）、《四女寺局关于举办 2021 年道德讲堂暨职工大讲堂的通知》（四办〔2021〕1 号）等文件，分解各部门省级文明单位建设指标。组织开展《德州市文明行为促进条例》宣传、“美化枢纽，助力创城”“文明健康始于心 绿色生活践于行”等志愿服务活动，向四女寺局职工发出创建节约型机关的倡议书。开展“党史里的中国”读书月，举办“长江之子——郑守仁”读书交流会，积极参加漳卫南局“我来读原著”、红歌演唱会、知识竞赛等活动。组织开展工间操比赛、健步走、“我们的节日”等文体活动，进行新春视频拍摄。2021年，四女寺局继续保持“省级文明单位”荣誉称号。

（刘学敏）

【安全生产】

制定《四女寺局2021年安全生产工作要点》（四工管〔2021〕9号）、《四女寺局2021年“安全生产月”活动实施方案》（四工管〔2021〕12号），明确安全生产工作重点。调整安全生产领导小组和各部门安全员，明确工作职责。开展四女寺枢纽工程安全隐患排查行动和“防汛查弱项补短板保安全”警示教育活动，制定《四女寺枢纽工程安全隐患排查行动方案》（四工管〔2021〕13号），进行全面隐患排查治理。举办安全生产知识培训班，观看安全生产警示教育片，组织消防演练，现场模拟灭火器的使用。组织专业人员对水工建筑物、机电设备、防汛仓库、35kV防汛专线、车辆等进行专项检查，及时消除安全隐患，确保四女寺局各项工作安全有序进行。

（李洪德）

【领导视察】

（1）4月21日，国务院发展研究中心党组成员、副主任隆国强在德州市委常委、常务副市长刘长民及漳卫南局党委委员、纪委书记王鹏陪同下，考察参观四女寺枢纽工程。

（2）5月2日，德州市委书记田卫东到四女寺局调研。

（3）5月13日，德州市副市长董绍辉在漳卫南局副局长李瑞江陪同下到四女寺局调研。

（4）5月18日，中国水利报社综合专题部主任果天廓到四女寺局开展“‘防汛备汛问工程’记者行”调研采访活动，就四女寺枢纽北进洪闸除险加固完工后防汛度汛准备、运河文化建设等情况开展调研。

（5）6月2日，山东省人大常委会副主任王随莲到四女寺局视察工作。

（6）6月17日，人民日报等多家中央主流媒体到四女寺局开展“海河流域发展的水力量”调研采访活动。

（7）6月30日，德州市委常委、常务副市长刘长民到四女寺局调研。

（8）7月2日，漳卫南局党委委员、副局长张永顺率组到四女寺局检查防汛工作。

（9）7月8日，漳卫南局党委委员、纪委书记王鹏到四女寺局开展调研并检查督导工程管理、防汛备汛等工作。

（10）7月22日，山东省副省长汲斌昌到四女寺局调研防汛工作，漳卫南局副局长付贵增陪同调研。

（11）7月27日，漳卫南局一级巡视员张永顺带领巡河组到四女寺局检查指导防汛抗洪工作。

（12）7月29日，水利部运行管理司二级巡视员刘宝军带领水利部工作组到四女寺局检查防汛工作，漳卫南局副局长李瑞江陪同检查。同日，德州市副市长董绍辉到四女寺局检查防汛工作。

（13）7 月 30 日，山东省副省长汲斌昌到四女寺局检查防汛工作。同日，山东省水利厅副厅长、山东省南水北调局副局长马承新到四女寺局检查防汛工作。

（14）8 月 1 日，德州市董绍辉副市长到四女寺局检查行洪工作。

（15）8 月 2 日，水利部运行管理司二级巡视员刘宝军到四女寺局检查防汛工作，漳卫南局副局长李瑞江陪同检查。同日，水利部河湖司副司长刘六宴到四女寺局检查防汛工作，漳卫南局副局长付贵增陪同检查。

（16）8 月 11 日，山东省委书记刘家义到四女寺局调研防汛工作，漳卫南局局长张永明陪同调研。

（17）8 月 19 日，海委一级巡视员刘学峰到四女寺局检查强降雨防范工作，漳卫南局副局长李瑞江陪同检查。同日，大运河保护利用指挥部指挥长翟长生到四女寺局调研船闸保护修复及枢纽规划设计和景区改造提升相关工作。

（18）9 月 7 日，漳卫南局裴杰峰副局长检查指导四女寺局水旱灾害防御工作。

（19）9 月 8 日，山东省文化和旅游厅党组书记、厅长王磊到四女寺局开展调研。

（20）10 月 1 日，德州市委书记田卫东到四女寺枢纽检查防汛工作，德州市常务副市长刘长民、德州市委秘书长张安民，漳卫南局党委委员、副局长裴杰峰参加检查。

（21）10 月 4 日，山东省委副书记、代省长周乃翔到四女寺局检查指导防汛工作，漳卫南局党委书记、局长张永明参加检查。

（22）10 月 6 日，德州市委副书记苑衍刚到四女寺局检查防汛工作。同日，德州军分区司令员刘志刚到四女寺局检查防汛工作。

（23）10 月 7 日，漳卫南局一级巡视员张永顺率领南运河、漳卫新河（含四女寺枢纽）河系组检查指导四女寺枢纽防汛工作。

（24）10 月 9 日，山东省应急管理厅副厅长邵光东到四女寺局检查防汛工作。同日，山东省水利厅副厅长王金建四女寺局检查防汛工作。

（25）10 月 12 日，德州市副市长董绍辉到四女寺局检查秋汛防御工作。同日，河北省应急管理厅副厅长林长风到四女寺局检查秋汛防御工作，漳卫南局党委委员、副局长付贵增参加检查。

（26）10 月 22 日，长江设计集团有限公司（长江勘测规划设计研究院）副总经理胡维忠到四女寺局交流工作，漳卫南局副局长裴杰峰陪同。

（27）11 月 13 日，德州市副市长马俊昀到四女寺局调研运河文化遗产保护工作。

（28）11 月 19 日，山东省委改革办专职副主任杨占辉到四女寺局调研。

（29）11 月 23 日，海委一级巡视员靳怀堾到四女寺局检查指导工作，漳卫南局党委委员、纪委书记王鹏陪同。同日，山东省发展改革委社会处处长杨宝利到四女寺局调研大运河保护利用工作。

（30）11 月 29 日，海委副主任翟学军、总工梁凤刚，到四女寺局为四女寺水法治文化广场揭牌，漳卫南局局长张永明、副局长付贵增出席揭牌仪式。

（刘学敏）

【表彰奖励】

(1) 1月19日，漳卫南局印发《漳卫南局关于表彰“十大优秀青年”的通报》（漳机党〔2021〕2号），四女寺局张俊美被授予漳卫南局“十大优秀青年”荣誉称号。

(2) 2月4日，漳卫南局印发《漳卫南局关于表彰2020年度宣传信息工作先进集体和先进个人的通知》，四女寺局王丽苹、杨泳鹏荣获漳卫南局2020年度宣传信息工作先进个人。

(3) 2月24日，四女寺局印发《四女寺局关于机关公务员及直属企事业单位职工2020年度考核结果的通知》（四人事〔2021〕4号），机关公务员2020年度考核结果：优秀等次人员包括王丽苹、席英、翟淑金；直属事业单位职工2020年度考核结果：优秀等次人员包括李臣山、张洪元、潘翠云；企业职工2020年度考核结果：优秀等次人员为张鹏。

(4) 3月3日，漳卫南局印发《漳卫南局关于公布局属各单位2020年度处级领导班子和处级干部考核优秀结果的通知》（漳人事〔2021〕17号）。按照2020年度考核情况，经漳卫南局党委研究决定，何传恩年度考核等次为优秀，根据《公务员奖励规定》，给予嘉奖。

(5) 6月17日，海委印发《海委党建工作领导小组关于表彰海委优秀共产党员、优秀党务工作者、先进基层党组织的决定》（海党建〔2021〕3号），四女寺局王丽苹荣获海委优秀党务工作者，武军、孟跃晨荣获海委优秀共产党员。

(6) 7月16日，漳卫南局印发《漳卫南局党委关于表彰优秀共产党员、优秀党务工作者和先进基层党组织的决定》（漳党〔2021〕31号），四女寺局第二党支部被授予漳卫南局直属机关“先进基层党组织”荣誉称号；翟淑金、王子忠、韩洪光等3名党员被授予漳卫南局直属机关“优秀共产党员”荣誉称号。

(7) 10月13日，德州市直机关工委在四女寺枢纽工程举办授旗授牌活动，为漳卫南局防汛抗洪党员突击队授旗，为防汛抗洪党员先锋岗授牌。四女寺局一支部被授予“德州市直机关防汛抗洪党员先锋岗”。

（王丽苹）

水闸管理局

【概况】

水闸管理局隶属水利部海委漳卫南局，由漳卫南局授权在其管辖范围内行使水行政管理职责，为具有行政职能的事业单位。管辖祝官屯枢纽、袁桥闸、吴桥闸、王营盘闸、罗寨闸、庆云闸、辛集闸及滨州市无棣县境内漳卫新河至入海口，堤防长度30.6km。机构内设7个科室，下属10个直属单位和1个维修养护公司。截至2021年12月底，全局干部职工159人，其中在职人员106人、离退休人员53人。

2021 年单位主要负责人如下。

局　长：刘敬玉

副局长：薛德训　贾　卫　石　屹　于清春　刘　洋

【工程管理】

强化一线养护队伍管理，认真开展水利工程日常维修养护。完成了无棣河务局堤顶路面维修 1000m^2，堤顶备土牛 3200m^3，修整畦田界埂 1200 余米，清理堤坡杂草共约 12 万 m^2，袁桥闸管理所更换完成 5 套现地控制柜。汛后及时对损坏的上堤坡道、畦田界埂及堤顶路面进行了修复，对损坏的闸区附属设施进行了维护，对漏雨的配电室、发电机房等进行了维修。开展了王营盘、罗寨闸安全鉴定工作。

做好海委水利工程管理示范单位创建工作，所属吴桥闸管理所以 925 分的成绩顺利通过复核验收。

（李兴旺）

【水旱灾害防御】

优化调整水旱灾害防御组织机构，召开水旱灾害防御工作会议。做好防洪预案修订、安全隐患排除、防汛抢险物资盘查储备、防汛检查指导等防汛准备工作。

面对罕见夏秋连汛，层层压实防汛责任，落实落细各项防汛措施，确保度汛安全；强化值班值守，严肃值班纪律，加强对防汛工作的督导检查；密切监视水雨情，加强信息报送，确保雨情、水情、险情信息畅通；完成水情报汛及洪水应急测验任务；加强水闸调度运行，充分发挥水闸的作用；及时启动调整防汛Ⅲ级、Ⅱ级、Ⅰ级应急响应，加密会商研判；强化与地方的协同配合，发挥好防汛参谋职能。夏秋汛期间，水闸管理局共组织防汛会商 30 次，启动调整 10 次应急响应，值班带班 1850 人次，巡查 4500 人次，闸门调度 27 次，及时有效处置险情 2 处，辛集闸最大泄洪流量 947m^3/s，累计总泄量达 30.9 亿 m^3。

加强水文工作，抓好测站管理，汛前对水文设施设备进行维修维护，做好汛期报汛、水文测验、水质采样等工作。2021 年报送水文基础信息 3000 余条，完成水文测验 5600 余次、水文巡测 15 次、水质采样 7 次。

（贾晓洁　魏序）

【水政水资源管理】

1. 水法规宣传

组织开展纪念第 29 届“世界水日”和第 34 届“中国水周”宣传活动、“12·4”国家宪法日宣传活动，共散发宣传材料 7200 余份，张贴宣传标语、宣传画（海报）75 幅（张），悬挂横幅 10 条。

2. 水行政执法

落实各项水政监察制度，强化执法巡查，严格执法程序，及时发现和查处各类水事违法案件。2021 年，辖区内无现场处理水事违法案件，未发生因执法程序过错引起的各类诉讼案件。

3. 节水工作

坚持“节水优先”，落实用水管理制度，严格控制用水量，按时报送用水信息，开展节水型单位自查，抓好节水型单位建设。

4. 河长制工作

2021年8月，所属无棣河务局联合无棣县河长办开展漳卫新河孟家庄修船厂清理整治工作，共组织各类技术人员93人，出动挖掘机19台、推土机2台、装载机4台、自卸汽车15辆、运输车12辆及若干其他辅助设施，完成9艘船体拆解外运10000t（2艘完整船体8000t，7艘拆解剩余船体2000t）；完成修船厂办公、住宿、供电设备等配套设施清理，共拆除修船厂及养虾池管理房13间、集装箱24个、变压器5台、电杆15根、线缆3450m、道路670m；外运土方（垃圾）3.5万m^3，清理虾池（鱼池）535.5亩。

深入开展全面再推进河湖“清四乱”工作，联合4个市、6个县的人民政府，积极开展河道清障，历时3个多月，累计出动执法人员98人次、挖掘机31台、运输车10余辆，清理打捞船1只、树障17126m^2、违建房屋3处515m^2，截至2021年12月底，管辖范围内23处“四乱”问题全部清零。

5. 水资源管理与保护

规范供水和水费征收，实行合同供水，及时下达年度取水计划，要求各取水户按计划取水；完成发证取水口2021年取水工作总结和2022年取水计划的编制、取水许可电子证照更换工作；配合漳卫南局开展2021年度取用水监督检查；定期开展取水许可监督检查，2021年度开展取水监督检查16次。完成取用水管理专项整治行动整改提升工作，管辖范围内共8处取水口问题全部销号。配合漳卫南局做好2021年漳卫新河庆云至辛集河段生态补水相关工作。落实水资源信息通报、水污染月报制度，完成管辖范围排水（污）口调查；2021年未发生重大水污染事件。

（耿书迪）

【人事管理】

1. 人事任免

（1）处级干部任免。

1）2021年2月20日，漳卫南局党委研究决定，李才德任水闸管理局二级调研员（漳任〔2021〕59号）。

2）2021年6月1日，漳卫南局党委研究决定，分别免去薛德训同志、贾卫同志的中共水利部海委漳卫南运河水闸管理局委员会委员职务（漳党〔2021〕29号）。

3）2021年6月1日，漳卫南局党委研究决定，分别免去薛德训、贾卫的水闸管理局副局长职务（漳任〔2021〕14号）。

4）2021年6月1日，漳卫南局党委研究决定，任命刘洋同志为中共水利部海委漳卫南运河水闸管理局委员会委员（漳党〔2021〕30号）。

5）2021年6月1日，漳卫南局党委研究决定，任命刘洋为水闸管理局副局长（漳任〔2021〕15号）。

6）2021年6月1日，漳卫南局党委研究决定，刘洋任水闸管理局三级调研员，免去其沧州河务局三级调研员职级（漳任〔2021〕60号）。

（2）科级干部任免。

1）2021 年 10 月，经任职试用期满考核合格，水闸管理局任命马连祯为王营盘闸管理所所长（闸人事〔2021〕72 号）。

2）2021 年 12 月 7 日，水闸管理局党委研究决定，任命刘学峰为工程管理科（防汛抗旱办公室）科长职务、一级主任科员职级，免去其祝官屯枢纽管理所所长职务、一级主任科员职级；免去李兴旺的工程管理科（防汛抗旱办公室）科长职务（闸人事〔2021〕80 号）。

3）2021 年 12 月 13 日，水闸管理局印发《水闸管理局关于刘春华免职退休的通知》（闸人事〔2021〕81 号），自 2021 年 12 月 7 日，免去刘春华庆云闸管理所所长职务，正式退休。

4）2021 年 12 月 21 日，水闸管理局党委研究决定，任命张元军为无棣河务局副局长（试用期一年），免去其无棣河务局四级主任科员职级（闸人事〔2021〕92 号）。

2. 公务员职务与职级并行

（1）2021 年 1 月 7 日，漳卫南局党委研究决定，王海燕任水闸管理局四级调研员，职级任职时间自 2020 年 12 月起算（漳任〔2021〕4 号）。

（2）2021 年 8 月 12 日，漳卫南局党委研究决定，周云波、翟永英、李兴旺分别任水闸管理局二级调研员，免去以上人员原任职级，职级任职时间自 2021 年 8 月起算（漳任〔2021〕50 号）。

（3）2021 年 7 月 12 日，水闸管理局研究决定，蔡丽霞任人事科（监察审计科）一级主任科员，免去其二级主任科员；刘建任吴桥闸管理所一级主任科员；王雪松任吴桥闸管理所二级主任科员，免去其三级主任科员（闸人事〔2021〕56 号）。

（4）2021 年 12 月 14 日，漳卫南局党委研究决定，免去刘春华的庆云闸管理所三级调研员职级（漳任〔2021〕75 号）。

3. 机构设置与调整

（1）2021 年 3 月 3 日，水闸管理局印发《水闸管理局关于调整职称申报审核领导小组的通知》（闸人事〔2021〕20 号）。由于人员变动，现将职称申报审核领导小组人员做如下调整。

组　长：薛德训

成　员：翟永英　王　静　李　磊　翟秀平　李兴旺　蔡丽霞　王海燕　刘廷志　金松森　范连东　刘学峰　霍　光　刘　建　马连祯　姜东峰　刘春华　杨海春　李晓阳　王　峰

（2）2021 年 5 月 27 日，水闸管理局印发《水闸管理局关于调整 2021 年水旱灾害防御组织机构的通知》（闸工管〔2021〕46 号），对水闸管理局 2021 年水旱灾害组织机构进行调整。

1）水闸管理局水旱灾害防御工作领导小组。

组　长：刘敬玉

副组长：薛德训　贾　卫　石　屹　于清春　段俊秀

成　员：李兴旺　王　静　李　磊　翟秀平　翟永英　王海燕　刘廷志　金松森　范连东

2）局领导水旱灾害防御工作职责及包河包闸分工。

刘敬玉：负责水闸管理局水旱灾害防御全面工作。

薛德训：分管祝官屯枢纽、袁桥闸水旱灾害防御工作。

贾　卫：分管吴桥闸、王营盘闸水旱灾害防御工作。

石　屹：分管无棣河务局水旱灾害防御工作。

于清春：分管罗寨闸、庆云闸水旱灾害防御工作。

3）职能组。

水闸管理局水旱灾害防御工作设立8个职能组，各组组长由相应科室主要负责人担任，若其工作岗位发生变动由继任者担任。

综合调度组

组　长：李兴旺

成　员：主要由工管科人员组成

职　责：负责组织、指导防洪预案的编制；负责局属工程的调度；负责组织防洪抢险演习和技术培训；负责灾情的统计上报；负责局属防汛物资的调度工作；负责局水旱灾害防御日常工作。

情报预报组

组　长：金松森

成　员：主要由水文中心人员组成

职　责：负责雨水情测报及洪水预报工作；负责雨水情应用系统的运行维护；负责水文巡测及水质监测工作。

清障组

组　长：李　磊

成　员：主要由水政科人员组成

职　责：负责组织有关水旱灾害防御法规、政策的宣传工作，督办河系违章建筑和阻水障碍及其他影响防洪安全的水事违法案件。

物资保障组

组　长：翟秀平

副组长：王长振

成　员：主要由财务科人员组成

职　责：负责全局水旱灾害防御资金的使用、检查和监督，负责防汛物资的储备管理。

宣传报道组

组　长：王　静

成　员：主要由办公室人员组成

职　责：负责密切关注水旱灾害防御工作动态，做好有关信息发布和报道工作。

动员组

组　长：王海燕

成　员：主要由工会人员组成

职　责：负责水旱灾害防御工作的思想动员及教育工作。

检查督导组

组　长：翟永英

成　员：主要由人事科人员组成

职　责：负责水旱灾害防御组织机构调整、人力资源配置，负责对水旱灾害防御工作中渎职失职、违纪违法行为进行调查和处理。

通信信息及后勤保障组

组　长：刘廷志

副组长：范连东

成　员：主要由后勤服务中心、综合事业管理中心人员组成

职　责：负责防汛通信联络，保障通信畅通；负责计算机网络、水文遥测、工程视频、视频会商等系统的运行维护。负责防汛车辆及水、电等后勤保障工作。

4）水旱灾害防御办公室。

主　任：石　屹

副主任：李兴旺

成　员：劳道远　孙会权　贾晓洁　苗迎秋

4. 职工培训

2021 年，水闸管理局共举办水资源管理培训班、安全生产培训班、水文测验培训班、水行政执法及河湖管理等 6 个培训班，先后组织参加“安全生产月”答题、海委中共党史知识百题竞答网络答题、黄河流域生态保护和高质量发展知识答题等活动。

参加水闸管理局举办的培训班共计 263 人次；参加上级举办的各类培训班 150 人次；基层闸所按计划完成单位的培训任务。

参照公务员法管理人员 42 人脱产培训人均 132 学时，网络在线培训人均 84 学时；事业编制人员 48 人脱产培训人均 115 学时，网络在线培训人均 67 学时；企业人员 17 人脱产培训人均 96 学时，网络在线培训人均 50 学时。全局培训率达到 100%，人均年脱产（网络）培训达 190 学时。

5. 人员变动

5 月 17 日，张淼从邯郸河务局调入水闸管理局后勤服务中心；6 月 17 日，刘洋由沧州局调入水闸管理局；9 月 29 日，李才德由四女寺局调入水闸管理局。

3 月 16 日，孙凤祥由海斗公司调入集团公司；3 月 29 日，车继滨、李波、陈兆明调入海斗公司。

2 月，参照公务员法管理人员范书春退休；12 月，参照公务员法管理人员刘春华退休。

截至 2021 年 12 月 31 日，水闸管理局在职职工 106 人，其中参照公务员法管理人员 41 人、事业编制人员 48 人、海斗公司 17 人。退休人员 53 人，其中海斗公司 1 人。

6. 职称评定与事业编制人员岗位聘用

（1）2021 年 7 月 30 日，漳卫南局印发《漳卫南局关于公布、认定 2020 年度专业技术职务任职资格的通知》（漳人事〔2021〕44 号），经漳卫南局认定，霍子龙、贾金涛具

备助理工程师任职资格。

（2）2021 年 11 月 29 日，漳卫南局印发《漳卫南局关于认定专业技术职务任职资格的通知》（漳人事〔2021〕69 号），经漳卫南局认定，杨晓帅具备助理工程师任职资格。专业技术资格取得时间为 2021 年 11 月 29 日。

（3）2021 年 5 月 28 日，水闸管理局印发《关于张淼专业技术岗位聘用的通知》（闸人事〔2021〕47 号），聘用张淼为专业技术岗位九级（聘期自 2021 年 6 月至 2023 年 12 月）。

（4）2021 年 7 月 12 日，水闸管理局印发《水闸管理局关于事业编制人员专业技术岗位聘用的通知》（闸人事〔2021〕53 号），聘用李国兴为专业技术岗位六级，李昊为专业技术岗位十一级（聘期自 2021 年 7 月至 2024 年 7 月）。

（5）2021 年 7 月 30 日，水闸管理局印发《水闸管理局关于事业编制人员专业技术岗位聘用的通知》（闸人事〔2021〕59 号），聘用霍子龙、贾金涛为专业技术岗位十二级（聘期自 2021 年 7 月至 2024 年 7 月）。

（6）2021 年 11 月 29 日，水闸管理局印发《水闸管理局关于事业编制人员专业技术岗位聘用的通知》（闸人事〔2021〕76 号），聘用杨晓帅为专业技术岗位十二级（聘期自 2021 年 11 月至 2024 年 10 月）。

7. 表彰奖励

（1）2021 年 1 月 28 日，漳卫南局印发《漳卫南局关于表彰 2020 年度先进单位、先进集体的通报》（漳办〔2021〕2 号），授予水闸管理局“漳卫南局 2020 年度先进单位”荣誉称号。

（2）2021 年 1 月 29 日，漳卫南局印发《漳卫南局关于表彰 2020 年度工程管理先进单位与先进水管单位的通报》（漳建管〔2021〕7 号），授予祝官屯枢纽管理所、王营盘闸管理所“2020 年度工程管理先进水管单位”荣誉称号。

（3）2021 年 2 月 24 日，水闸管理局印发《水闸管理局关于表彰 2020 年度先进单位的通报》（闸办〔2021〕17 号），授予祝官屯枢纽管理所、吴桥闸管理所、王营盘闸管理所“2020 年度先进单位”荣誉称号；授予袁桥闸管理所、罗寨闸管理所“2020 年度工程管理先进单位”荣誉称号；授予庆云闸管理所“2020 年度党建工作先进单位”荣誉称号；授予无棣河务局“2020 年度水政执法先进单位”荣誉称号；授予海斗公司“2020 年度精神文明建设贡献奖”。

（4）2021 年 2 月 24 日，水闸管理局印发《水闸管理局关于 2019 年、2020 年工作创新获奖项目的通报》（闸工会〔2021〕18 号），经局长专题办公会审定，结果如下。

1）工程技术创新项目。

a. 一等奖：王营盘闸管理所“闸门大轮拆卸新技术”项目。

b. 二等奖：罗寨闸管理所“滑轮组改良技术（玻璃钢滑轮组外壳）”项目。

c. 三等奖：王营盘闸管理所“闸门侧止水堵漏新工艺新技术”项目。

d. 优秀奖：祝官屯枢纽管理所“闸门门槽检修专用工具”项目、袁桥闸管理所“螺旋式法兰连接螺栓专用拆卸工具”项目、庆云闸管理所“检修桥门锁创新”项目。

2）工作管理创新项目。

a. 一等奖：袁桥闸管理所“二维码便捷工具”项目。

b. 二等奖：袁桥闸管理所“实物档案展示柜”项目。

c. 优秀奖：吴桥闸管理所“闸门防护装置”项目、水政水资源科“净水机废水收集利用装置”项目。

（5）2021 年 3 月 3 日，漳卫南局印发《漳卫南局关于公布局属各单位 2020 年度处级领导班子和处级干部考核优秀结果的通知》（漳人事〔2021〕17 号），水闸管理局贾卫年度考核等次为优秀，给予嘉奖。

（6）2021 年 3 月 26 日，水闸管理局印发《关于刘学峰等 14 名工作人员嘉奖的通报》（闸人事〔2021〕30 号），对 2020 年度考核优秀的以下 14 名工作人员予以嘉奖：刘学峰、霍光、刘建、周云波、翟永英、李兴旺、李娜、张恩生、张云松、李国兴、刘廷志、邵荣耀、刘庆玲、王伟。

（翟永英　王静）

【综合管理】

（1）开展目标管理，细化分解漳卫南局目标管理体系，明确责任分工。重视宣传工作，规范和加强水旱灾害防御信息发布，严格稿件审批流程，强化正面宣传和舆论引导。加强档案管理，做好了“21·7”洪水和秋汛档案整编与移交工作；2021 年 12 月，王营盘闸管理所、岁寨闸管理所、庆云闸管理所、尢棣河务局通过水利档案工作规范化管理三级单位评估验收（海委办档〔2021〕15 号）。

（2）抓实抓细安全生产。制定年度安全生产工作要点、“安全生产月”活动实施方案，层层落实安全生产责任制，深入开展安全生产专项检查和隐患排查治理，做好网络信息安全演练相关工作，各水管单位分别制定《水利工程运行管理安全风险分级管控指导手册》，全年未发生任何安全生产事故。

（3）抓好经济工作。强化内控管理和预算执行，严控非刚性支出，节约公用经费开支，按计划完成财政资金序时支付进度，创收公用支出同比 2020 年减少 60%。下达经济责任考核指标，与评先树优挂钩，提高基层单位创收积极性。加强国有资产管理，对往来款进行清理。完成社保清算自筹资金筹集工作。

（4）做好常态化新冠肺炎疫情防控工作，全面落实各项防控措施，全局未发生新冠肺炎感染病例。

（翟秀平　孙会权）

【全面从严治党】

（1）强化思想理论武装，通过党委中心组学习、党支部“三会一课”、主题党日等形式，对习近平新时代中国特色社会主义思想和党的十九大及十九届历次全会精神，以及习近平总书记“七一”重要讲话、关于治水重要讲话指示批示精神等进行深入学习。

（2）落实管党治党政治责任。切实抓好意识形态工作。积极配合漳卫南局党委巡察、党建督查工作，按要求公开巡察“回头看”反馈意见整改落实情况，严肃认真做好党建督查反馈问题的整改落实。深入开展了“三对标、一规划”专项行动，制定印发了工作方案，组织集中学习研讨 68 次，撰写研讨材料 300 余份，做到了纵深开展、全员覆盖，编制完成《水闸管理局“十四五”规划》。扎实开展党史学习教育，紧扣目标要求，精心组织实施，有力有序推进，局党委和各党支部完成5个专题的学习研讨，组织党员赴乐陵大孙爱国主义教育展览馆、德州市会展中心参观学习，参加辅导讲座、网络答题、红歌竞唱、主题征文等活动，推进“我为群众办实事”实践活动，水闸管理局党委直接组织和推动的5项“办实事”项目全部完成。

（3）加强党风廉政建设和作风建设。党委班子成员严格履行“一岗双责”，带头讲专题党课、参加指导基层支部组织生活、开展约谈和督导检查等，切实抓好分管部门和联系单位的全面从严治党工作。2021年，党委班子成员分别对分管部门、联系单位负责人进行廉政约谈。结合对所属企业开展的财务专项检查情况，对企业负责人进行谈话提醒，并督促制定相关领域廉政风险防控措施。强化廉政教育，制定《水闸管理局廉政警示教育活动工作方案》，通报2020年水利系统违纪违法典型案例，组织观看警示教育片，学习党规党纪和优秀共产党员先进事迹等。严格执行中央八项规定精神，紧盯重要时间节点，及时提醒，制定下发正风肃纪严明工作纪律通知，强化日常监督，对新冠肺炎疫情防控责任措施落实、防汛值班值守等情况开展了明察暗访。持续整治形式主义、官僚主义，印发《关于整治形式主义官僚主义突出问题的若干措施（试行）》（闸党〔2021〕16号）。

（4）不断夯实基层党组织基础，深化党支部标准化规范化建设。2021年4月，袁桥闸管理所成立党支部；10月，3个党支部按期完成换届选举；防洪抗洪工作中，设立2个“党员先锋岗”、2个“党员志愿服务队”、7个“党员防汛突击队”，各党支部和广大党员干部充分发挥党组织的战斗堡垒作用和党员的先锋模范作用，工程管理科被德州市授予“防洪防汛党员先锋岗”荣誉称号，无棣河务局所在第四党支部被海委授予“2021年度防汛抗洪先锋党组织”（海党建〔2022〕1号）。

（5）严格党员发展程序，做好发展党员工作，2021年共发展5名预备党员。

（6）2021年6月17日，海委党建工作领导小组印发《海委党建工作领导小组关于表彰海委优秀共产党员、优秀党务工作者、先进基层党组织的决定》（海党建〔2021〕3号），水闸管理局刘建、李国兴、姜现鹏被评为海委优秀共产党员；水闸管理局王静被评为海委优秀党务工作者；水闸管理局第一党支部被评为海委先进基层党组织。

（7）2021年6月29日，漳卫南局党委印发《漳卫南局党委关于表彰优秀共产党员、优秀党务工作者和先进基层党组织的决定》（漳党〔2021〕31号），授予水闸管理局周云波、翟永英、刘超、潘璐瑶“漳卫南局优秀共产党员”荣誉称号；授予水闸管理局刘学峰“漳卫南局优秀党务工作者”荣誉称号。

（王静）

【精神文明建设】

积极参与德州市“创城”，开展点对点小区帮扶、文明交通劝导志愿服务；在“五一”“十一”等节日开展丰富多彩的文体娱乐活动，丰富职工文化生活；开展“我们的节日”、学习先进典型等活动。加强“职工小家”建设，为基层办实事好事，利用有限资金，为各闸所更换部分厨具设备，进一步改善基层职工生活环境。深入开展走访慰问及困难职工帮扶工作。根据德州市、漳卫南局部署要求，做好第五轮市派“第一书记”驻村帮扶工作。

水闸管理局、祝官屯枢纽管理所、袁桥闸管理所复查合格，被山东省精神文明建设委员会授予“2021 年度省级文明单位”称号；吴桥、王营盘、庆云闸管理所保持“沧州市文明单位”称号；无棣河务局保持“滨州市文明单位”称号。

（周云波　王海燕）

【领导视察】

（1）3 月 30 日，滨州市人大常委会副主任、市级河长贾善银赴漳卫新河无棣段开展巡河工作。无棣县相关负责同志、无棣河务局负责人参加巡查。

（2）5 月 10 日，漳卫南局纪委书记王鹏、监察处处长等一行到水闸管理局调研座谈。

（3）5 月 19 日，滨州市人大常委会副主任、漳卫新河市级河长贾善银赴漳卫新河无棣段开展巡河工作；无棣县相关负责人、无棣河务局负责人参加巡查。

（4）6 月 17 日，漳卫南局局长张永明、人事处副处长李增强一行到水闸管理局宣布刘洋任水闸管理局党委委员、副局长，免去薛德训、贾卫水闸管理局党委委员、副局长职务。

（5）7 月 5—6 日，漳卫南局副局长张永顺赴无棣河务局、庆云闸管理所检查指导防汛工作。水闸管理局主要负责人等参加检查。

（6）7 月 7 日，山东省水利厅二级巡视员高希星、滨州市副市长臧伟赴无棣河务局开展漳卫新河防洪工程调研工作；滨州市水利局、应急局、无棣县相关部门、水闸管理局及无棣河务局主要负责人参加调研。

（7）7 月 10 日，滨州市委副书记、市长宋永祥到无棣河务局检查无棣县漳卫新河防汛工作；副市长臧伟，市政协副主席、市政府秘书长王进东参加检查；滨州市水利局、应急局、无棣县相关部门、水闸管理局及无棣河务局主要负责人参加检查。

（8）7 月 22 日，山东省副省长汲斌昌赴无棣河务局检查漳卫新河防汛工作；山东省有关领导参加检查，滨州市、无棣县主要领导及无棣河务局主要负责人参加检查。

（9）7 月 23 日，滨州市副市长臧伟检查漳卫新河防汛工作；滨州市、无棣县领导等参加检查。

（10）7 月 27—29 日，漳卫南局一级巡视员张永顺率组检查漳卫新河袁桥、吴桥、庆云、辛集闸防汛抗洪工作；二级巡视员姜行俭参加检查。

（11）7 月 27 日，滨州市市长宋永祥、无棣县委书记丁锋、县长郑振亮一行巡查整个河道堤防洪水防御工作。

（12）7 月 31 日，水利部运行管理司二级巡视员刘宝军等一行督导检查无棣河务局防汛工作；海委副主任马涛、漳卫南局副局长李瑞江、滨州市副市长臧伟、无棣县委书记丁锋、县长郑振亮，水闸管理局主要负责人等参加检查。同日，滨州市委副书记张月波巡查无棣县境内漳卫新河防汛泄洪工作。

（13）8 月 1 日，滨州市委书记佘春明调研漳卫新河无棣段防汛工作，安排部署相关工作，看望慰问防汛一线工作人员；滨州市、无棣县主要领导，漳卫南局、水闸管理局及无棣河务局相关负责人参加检查。同日，漳卫南局二级巡视员姜行俭等一行检查无棣河务局防汛工作。水利部河湖司副司长刘六宴带领督导组赴漳卫新河无棣段督导河道清障和防汛工作；水利部河湖司、海委河湖处、漳卫南局、山东省水利厅河湖处、河北省水利厅相关负责同志参加活动。

（14）8月2日，水利部运行管理司二级巡视员刘宝军一行到吴桥闸管所检查指导防汛工作。同日，漳卫南局二级巡视员姜行俭带队检查指导庆云闸管理所、无棣河务局防汛工作；漳卫南局水资源处、综合经营处、水闸管理局主要负责人等参加检查。滨州市市长宋永祥督导漳卫新河洪水防御工作。山东省水利厅厅长刘中会检查无棣县漳卫新河防汛泄洪工作。山东省副省长汲斌昌检查无棣县漳卫新河防汛泄洪工作。

（15）8月3日，水利部运管司二级巡视员刘宝军等一行到庆云闸所、罗寨闸所督导防汛工作。漳卫南局副局长李瑞江，水闸管理局主要负责人等参加。同日，山东省副省长汲斌昌检查无棣县漳卫新河防汛泄洪工作，对辛集闸下堆积阻水障碍物给出指导意见，要求尽快清理，晚上阻水障碍物全部清除。山东省副省长李猛检查漳卫新河无棣段防汛泄洪工作及修船厂整治工作。漳卫新河市级河长、滨州市人大常委会副主任贾善银赴无棣河务局检查漳卫新河河长制工作。

（16）8月4日，水利部运行管理司二级巡视员刘宝军等一行督导无棣河务局防汛工作，查看大口河泄洪和和辛集闸工程；漳卫南局副局长李瑞江、水闸管理局主要负责人等参加检查。同日，水利部河湖司刘六宴带领督导组到漳卫新河无棣段督导河道清障和防汛工作，漳卫南局河湖处、无棣河务局主要负责人等参加检查。

（17）8月12日，山东省委书记刘家义检查庆云闸工程、辛集闸工程和河道堤防工程，督导检查防汛工作；山东省副省长汲斌昌、李猛参加，漳卫南局局长张永明、副局长裴杰峰参加检查。

（18）8月20日，漳卫南局副局长裴杰峰一行赴无棣河务局慰问一线防汛职工，查看堤防防汛工程；漳卫南局水资源处、机关党委，水闸管理局主要负责人等参加慰问。

（19）9月26—27日，海委副主任翟学军带队到无棣河务局、王营盘闸所检查安全生产工作并就安全生产标准化达标情况进行调研；水闸管理局主要负责人等参加。

（20）9月29日，漳卫南局局长张永明、人事处主要负责人一行到水闸管理局宣布李才德任水闸管理局二级调研员。同日，山东省水利厅副厅长马承新检查漳卫新河防汛工作，并调研漳卫新河无棣段综合治理情况；滨州市水利局、无棣县、无棣河务局负责人参加调研。

（21）10月2日，漳卫南局局长张永明到袁桥闸所检查指导秋汛防御工作；水闸管理局主要负责人等参加检查。同日，滨州市副市长臧伟一行督导无棣县防洪抢险工作。

（22）10月4日，漳卫南局一级巡视员张永顺、二级巡视员姜行俭一行到庆云闸所、无棣河务局检查指导防秋汛工作；水闸管理局主要负责人等参加检查。

（23）10月5日，山东省副省长李猛一行赴辛集闸督导防汛工作，李猛一行实地查看辛集闸水位、水情，详细了解防汛工作部署、防汛物资储备和应急调度等情况；山东省、滨州市、无棣县有关领导，无棣河务局负责人参加活动。

（24）10月6日，漳卫南局副局长张永顺一行赴罗寨闸所检查指导防汛工作。

（25）10月8日，滨州市委书记佘春明检查漳卫新河无棣段防汛抗洪工作。

（26）10月9日，山东省水利厅党组书记、厅长刘中会到辛集闸、冯家湾险工段督导漳卫新河（无棣段）防汛工作；山东省有关领导，滨州市副市长臧伟，无棣县有关领导，无棣河务局负责人参加活动。

（27）10月10日，山东省应急管理厅副厅长邵光东检查指导无棣县漳卫新河防汛工作；滨州市、无棣县有关领导，无棣河务局、庆云闸所负责人参加检查。

（28）10月12日，漳卫南局一级巡视员张永顺、二级巡视员姜行俭一行到无棣河务局检查指导防汛工作。

（29）10月17日，山东省副省长汲斌昌调研漳卫新河（无棣段）防洪工作；山东省、滨州市、无棣县相关领导及无棣河务局负责人参加检查。

（30）11月15—16日，漳卫南局副局长付贵增等一行赴吴桥闸所、王营盘闸所、庆云闸所、无棣河务局进行漳卫新河（四女寺—辛集闸）后续治理工程可研阶段现场查勘；漳卫南局副总工、规计处主要负责人，海委中水北方公司主管、总工等参加。

（31）12月28日，漳卫新河市级河长、滨州市人大常委会副主任贾善银开展漳卫新河（无棣段）巡河工作。

（杨瑞霞）

防汛机动抢险队

【概况】

防汛机动抢险队隶属水利部海委漳卫南局，由漳卫南局授权在其管辖范围做好防汛抢险、物资设备保障等工作，是公益一类事业单位。机构内设办公室（含党委办公室）、人事科（监察审计科）、财务科、技术科、工会等5个科室，抢险一分队、工程二分队、工程三分队、物资供应中心、后勤服务中心等5个单位。全队现有编制125人，其中在职人员65人、离退休人员60人。

2021年单位主要负责人如下。

党委书记、副队长：杨金贵

副　　队　　长：宫学坤　王传云

【防汛工作】

2021年4月，开展汛前检查，调整防汛抢险组织机构，召开2021年度水旱灾害防御工作会。7月，海河流域漳卫河系发生较大洪水汛情，漳卫南局相继启动Ⅲ级、Ⅱ级、Ⅰ级应急响应。7月29日，按照水利部、海委、漳卫南局在抗洪抢险特殊时期关于取消休假的要求，防汛机动抢险队积极响应，全员全天候坚守岗位。

完善制度建设，强化技术培训。制定《防汛机动抢险队2021年度防汛值班管理制度》《防汛机动抢险队防汛会商制度（试行）》《防汛机动抢险队防汛应急响应工作规程》，修订《防汛应急响应行动预案》，成立并启动《机械设备运行管理领导小组》，从而实现科学、快速、高效、安全实施抢护任务。在“21·7”抗洪抢险应急响应期间，先后组织3

期水旱灾害防御知识培训和集中研讨，应急处置的理论基础得到进一步巩固。

提供防汛抢险技术服务。防汛机动抢险队现有管涌探测仪两台，经过技术骨干人员的仔细研究和实际操练，现已具备利用先进手段进行管涌险情排查的能力，可以随时为汛期紧急抢险和灾后治理提供科学决策依据。7 月 27 日，防汛机动抢险队应邀组织业务骨干人员到武警德州支队进行防汛抢险技术培训，积极协助指导地方部门开展防汛工作，为全力保障流域安全度汛提供技术支持。

（田晶）

【防汛物资管理】

完善防汛物资管理制度和安全管理制度，努力实现现场管理规范化和专业管理精细化。开展常态化检查维修养护工作，更换设备防冻液和消防灭火器，对全部设备蓄电池进行充电维护并试运行。汛期加大机械设备检查、运行力度频次，以保障机械设备状态良好，随时投入到应急处置、防汛抢险工作中。

开展设备实战化训练，以老带新、协同作训，派出抢险设备和人员参加辛集浮桥安全生产应急演练和消防器材使用培训演练，培养“多面手”人才，补足人员短缺短板。

应急处置快速响应，调动设备奔赴现场。在“21·7”抗洪抢险应急响应期间，接到漳卫南局防御处关于紧急调运 2 台应急照明设备支援岳城水库的任务要求，仅用 6 小时完成调运任务。为确保漳卫新河行洪安全，防汛机动抢险队在接到指令后 1 小时内调派装载机和人员抵达辛集浮桥现场，协助完成辛集浮桥拆除任务，为确保河道安全行洪赢得了时间。

【“三对标、一规划”专项行动】

根据上级相关要求，防汛机动抢险队成立专项行动工作领导小组，审定落实工作方案，召开动员大会，做到专项行动全员覆盖。发放专项学习材料 260 份，组织召开党委中心组专题研讨 5 次，各部门、单位交流研讨累计 40 次，汇编副科级以上干部专项研讨发言材料 4 册，印发信息简报专刊 3 期，制定并印发防汛机动抢险队“十四五”规划。全队以“三对标、一规划”专项行动为出发点，深入贯彻落实队党委工作会议精神，较好地完成党建、精神文明、人事、财务、后勤等内部管理常态化工作任务，防汛抢险、能力建设、设备管理、人才交流等重点工作定期推进，取得成效。

（田晶）

【经济建设】

防汛机动抢险队调整理顺各部门职责，充分发挥三个分队核心作用，层层推进工作，形成优化互补，一方面全面抓好主责主业，另一方面充分利用人员优势对外开展合作。先后与山东正禹、山东东成、山东水利工程监理三家公司签订战略合作框架协议，顺利完成 2021 年漳卫南局维修养护等 13 个项目招标代理技术咨询工作，全过程为山东省水利监理公司提供卫河监理项目技术咨询和人力支持，拓宽单位创收渠道，增加收入来源。2021 年完成经济创收 261.05 万元。

（田晶）

【人事劳动管理】

1. 机构调整

（1）3 月 4 日，根据工作需要调整防汛机动抢险队领导分工如下。

杨金贵：主持党政全面工作，负责单位财务工作，分管财务科。

宫学坤：负责人事、防汛抢险、技术、安全生产、工会等工作，分管人事科、技术科、工会、抢险一分队、抢险二分队。

王传云：负责单位政务、党建、精神文明、党风廉政、物资管理、后勤管理工作，分管办公室、监察审计科、抢险三分队、物资供应中心、后勤服务中心。

郑萌：在海委交流。

（2）4 月 14 日，根据水旱灾害防御工作的需要，调整水旱灾害防御组织机构如下。

1）水旱灾害防御工作领导小组。

组　长：杨金贵

副组长：宫学坤　王传云

成　员：吕晓霞　彭闽东　侯贻琴　代志瑞　张雁北　刘恒双　宋雅美　张森林
　　　　赵清祥　刘书奇

领导小组办公室设在技术科，负责日常工作的组织开展，人员组成如下。

主　任：宫学坤

副主任：代志瑞

成　员：魏　杰　薛善林　刘秀明　李志平　田冬梅

职　责：负责与上级主管部门进行防汛业务对接；负责防汛机动抢险队水旱灾害防御组织机构调整；负责组织、指导防汛应急响应预案的编制，负责组织防洪抢险演习和技术培训；负责队属防汛物资的调度协调工作；及时了解流域雨情汛情信息；及时向防汛职能组传达队水旱灾害防御工作领导小组有关决议；向外部救援机构提供准确的抢险救援信息资料；负责灾情的统计上报；负责队水旱灾害防御日常工作。

2）职能组。

防汛抢险组

①防汛抢险一组。

组　长：刘恒双

成　员：（主要由抢险一分队人员组成）
　　　　王泽祥　刘明忠　张石华　崔磊磊　崔雁卿　赵建利　汪　彪

职　责：接受队水旱灾害防御工作领导小组指挥，承担漳河（岳城水库及其以下至徐万仓）防洪应急响应任务现场组织与实施。及时收集并上传河系上游区段水情、雨情、工情等险情信息，为队水旱灾害防御工作领导小组应急决策提供依据；掌握河系上游汛情特点，编制河系上游应急抢险专项方案；根据防汛机动抢险队抢险物资与设备分配方案，做好抢险物资与设备日常管护；组织本职能组抢险技能培训与设备操作技能培训；承担防汛机动抢险队防洪工程紧急抢险任务，建立河系上游应急抢险社会力量储备名录，一旦发生汛情，能够迅速集结社会力量参与险情抢护；抢险救援结束后，针对抢险过程进行总结评估，提出改进技术方案，形成应急响应行动评估报告。

②防汛抢险二组。

组　长：宋雅美

成　员：（主要由抢险二分队人员组成）

贺卫国　张志坚　付丙贵　国贞新　刘培成　李春静　苑冀冬

职　责：接受队水旱灾害防御工作领导小组指挥，承担卫河（合河镇—徐万仓）防洪应急响应任务现场组织与实施。及时收集并上传河系中游区段水情、雨情、工情等险情信息，为队水旱灾害防御工作领导小组应急决策提供依据；掌握河系中游汛情特点，编制河系中游应急抢险专项方案；根据防汛机动抢险队抢险物资与设备分配方案，做好抢险物资与设备日常管护；组织本职能组抢险技能培训与设备操作技能培训；承担防汛机动抢险队防洪工程紧急抢险任务，建立河系中游应急抢险社会力量储备名录，一旦发生汛情，能够迅速集结社会力量参与险情抢护；抢险救援结束后，针对抢险过程进行总结评估，提出改进技术方案，形成应急响应行动评估报告。

③防汛抢险三组。

组　长：张森林

成　员：（主要由抢险三分队人员组成）

贾廷学　刘风昌　陈世勇　付延刚　王　建　张玉胜　马书臣

职　责：接受队水旱灾害防御工作领导小组指挥，承担卫运河（徐万仓—四女寺）、漳卫新河（四女寺及其以下）防洪应急响应任务现场组织与实施。及时收集并上传河系下游区段水情、雨情、工情等险情信息，为队水旱灾害防御工作领导小组应急决策提供依据；掌握河系下游汛情特点，编制河系下游应急抢险专项方案；根据防汛机动抢险队抢险物资与设备分配方案，做好抢险物资与设备日常管护；组织本职能组抢险技能培训与设备操作技能培训；承担防汛机动抢险队防洪工程紧急抢险任务，建立河系下游应急抢险社会力量储备名录，一旦发生汛情，能够迅速集结社会力量参与险情抢护；抢险救援结束后，针对抢险过程进行总结评估，提出改进技术方案，形成应急响应行动评估报告。

宣传报道组

组　长：吕晓霞

成　员：（主要由防汛机动抢险队办公室人员组成）

梁新伟　董　燕　万乐天　田　晶

职　责：负责防汛机动抢险队有关防汛信息的发布和报道工作；负责防汛通信联络，保障通信畅通；负责计算机网络、水文遥测、工程视频、视频会商等系统的运行维护；负责密切关注水旱灾害防御工作动态，协调、指导新闻媒体宣传报道。

人力资源组

组　长：彭闽东

成　员：［主要由防汛机动抢险队人事科（监察审计科）人员组成］

王雅伟　张志新　于　勇　刘　洁

职　责：负责防汛机动抢险队人力资源配置；负责汛期岗位履职监督，参与有关安全事故的调查处理；按照授权对水旱灾害防御经费的管理使用进行审计监督；负责对水旱灾害防御工作中渎职失职、违纪违法行为进行调查和处理。

资金保障组

组　长：侯贻芹

成　员：（主要由防汛机动抢险队财务科人员组成）

崔冰冰　王　青

职　责：负责全队防汛应急响应物资资金的使用、检查和监督。

物资保障组

组　长：刘书奇

成　员：（主要由防汛机动抢险队物资供应中心人员组成）

汤　咏　于其中　马　勇　俎文斌　辛　勇　刘来峰

职责分工：负责全队防汛物资与设备的日常存储管理，保持与抢险组业务对接，接受队水旱灾害防御工作领导小组指令，确保物资与设备能够及时出库。

后勤保障组

组　长：赵清祥

成　员：（主要由防汛机动抢险队后勤服务中心人员组成）

范怡海　史文利　王　勇　刘俊青　李国栋

职　责：保障救援人员必需的防护、救护用品及生活物资的供给；保障救援人员必需的防护、救护用品及生活物资的供给。

思想动员组

组　长：张雁北

成　员：（主要由防汛机动抢险队工会人员组成）

王吉祥　宋爱莲

职　责：负责水旱灾害防御工作的思想动员与教育工作。

3）专家组。

组　长：李永波

副组长：薛善林

成　员：代志瑞　刘恒双　宋雅美　张森林　魏　杰　刘秀明

职　责：负责为防汛机动抢险队防汛应急响应行动预案的实施进行技术指导，完善应急预案中存在的缺陷；对水利工程险情等突发情况进行会商研判，为水旱灾害防御决策提供技术支撑。

（3）7月7日，由于队领导分工调整和人员变动，经研究，决定成立防汛机动抢险队“机械设备运行管理领导小组”，成员及机构设置如下。

组　长：杨金贵

副组长：宫学坤　王传云

成　员：吕晓霞　彭闻东　侯贻芹　代志瑞　张雁北　刘恒双　宋雅美　张森林

刘书奇　赵清祥

机械设备运行管理领导小组办公室设在物资供应中心，负责日常工作的组织开展，人员组成如下。

主　任：刘书奇（兼）

副主任：张森林　贾廷学

成　员：于其忠　汤　咏　辛　勇　王　建　刘风昌　陈世勇

职　责：负责防汛机动抢险队配备的各类机械设备、物资的安全管理；负责机械设备安全操作运行和定期维修保养，安全有序存放和管理；根据设备操作实际和国家有关规章制订切实可行的设备操作规程和管理制度；定期整理完善机械设备、物资等档案资料。

机械设备运行管理领导小组下设 3 个职能组，各职能组人员组成及职责如下。

1）存储保养维护管理组。

组　长：刘书奇

副组长：刘来峰　马　勇

成　员：于其忠　俎文斌　辛　勇　汤　咏　王　建　刘风昌（兼）　马书臣（兼）

职　责：主要负责防汛抢险机械、设备、仪器、物品等静态日常管理，做好仓库管理、安保、消防等工作；负责静态情况下维护保养、车辆审检，确保所负责的机械设备、仪器内外部整洁卫生、内部工况良好；定期进行机械、设备、仪器试运行，保证可以随时投入正常使用；设立设备标识和标牌；负责将设备静态管理责任具体落实到位，起草设备操作规程和管理制度；认真填写设备档案，及时记录设备出入库手续、设备试运行、设备保养和设备维修等第一手资料，并整理及时报送归档。

2）运行保养维护管理组。

组　长：张森林

副组长：贾廷学

成　员：刘风昌　马书臣　付延刚　陈世勇　张玉胜　赵建利　刘明忠　范怡海　汪　彪

职　责：主要负责防汛抢险机械设备、仪器动态安全运行和运行过程中的维修保养，确保机械、设备、仪器等正常运行；负责将设备运行管理责任落实到位，起草设备操作规程和管理制度；翔实填写运行记录、保养维修记录，建立完整的“一车一档”；运行结束后机械、设备、仪器入库时，将运行记录、保养维修记录等第一手资料及时报送设备物资存储保养维护管理组整理归档；负责建立各类设备的后备操作人员信息库，与后备操作人员定期保持联络，保证在需要时可以顺利联络并启用后备操作人员。

3）综合管理组。

组　长：吕晓霞

副组长：侯贻芹　魏　杰

成　员：田　晶　梁新伟　张志新　于　勇　王　青　李志平　汤　咏（兼）　王　建（兼）　刘俊青　宋爱莲

职　责：主要负责信息收集、宣传报道、归档整理、资金保障、后勤保障以及安全管理工作。以机械设备运行管理领导小组办公室为牵头部门，三个职能组建立长期联络机制，做好抢险设备物资的档案梳理归整提醒与督办、安全提醒与督办、维修维护提醒与督办、年度审验提醒与督办、防冻防爆等灾害防御提醒与督办。同时启动编纂《防汛机动抢险队防汛设备物资运行、维护、归档等操作规程手册》。

自机械设备运行管理领导小组成立之日起，原防汛机动抢险队设备运行管理办公室停止运行。

（4）10月24日，根据漳卫南局有关文件精神，为落实安全生产监督管理责任，健全安全生产工作机制，防汛机动抢险队安全生产领导小组人员调整如下。

组　长：杨金贵

副组长：宫学坤　王传云

成　员：吕晓霞　彭闽东　侯贻芹　代志瑞　刘恒双　宋雅美　张森林　赵清祥　刘书奇

安全生产领导小组办公室设在技术科，负责安全生产领导小组日常工作，办公室主任由宫学坤兼任。

安全生产领导小组及办公室成员因工作和职务变动不再担任成员的，由防汛机动抢险队行政岗位对应继任者担任，不再另行发文。

（5）12月8日，经防汛机动抢险队党委研究决定，成立防汛机动抢险队内部审计工作领导小组，领导小组成员如下。

组　长：王传云

副组长：彭闽东

成　员：王雅伟　刘　洁

领导小组办公室设在监察（审计）科，负责领导小组日常工作的组织开展，主任由彭闽东兼任。

2. 人员变动

2月22日，防汛机动抢险队黄风光、刘滋军、魏玉涛、于晓青调至漳卫南局卫河干流（淇门—徐万仓）治理工程建管局工作。

4月15日，王建平已达到法定退休年龄，根据有关规定，自2021年4月30日起退休（抢险人〔2021〕7号）。

5月7日，根据工作需要漳卫南局信息中心要求调动马莉莉。经防汛机动抢险队党委决定，同意马莉莉调往漳卫南局信息中心工作（防汛机动抢险队党委会第10次会议）。

5月8日，防汛机动抢险队党委决定推荐贺卫国前往漳卫南局后勤服务中心工作（抢险函〔2021〕2号）。推荐刘刚、刘秀明前往漳卫南局综合事业处工作（抢险函〔2021〕3号）。

9月22日，薛善林已达到法定退休年龄，根据有关规定，自2021年9月30日起退休（抢险人〔2021〕18号）。

2021年提拔正科级干部1名（张森林）、副科级2名（田晶、侯贻芹）。科级干部职务调整10名、调整职工15名。借调卫河建管局4人，人员调出5人，退休2人，截至2021年年底，防汛机动抢险队在职职工为65人。

3. 职工培训

2021年组织各类培训班26期，内培人员548人次，参加外部培训班13期，参培人员34人次；网络答题培训12期，参与212人次。防汛机动抢险队开通水利教育培训网学习54人，人均受训时间208学时。

4. 干部任免

3 月 2 日，防汛机动抢险队党委研究决定，聘任宋雅美为抢险二分队副队长，魏玉涛为技术科副科长；解聘宋雅美技术科副科长，魏玉涛抢险三分队副队长职务（抢险人〔2021〕3 号）。吕晓霞临时负责办公室工作，侯贻芹临时负责财务科工作（抢险人〔2021〕4 号）。

3 月 25 日，防汛机动抢险队党委研究决定，聘任刘书奇为物资供应中心副主任职务（临时负责工作），解聘其抢险一分队副队长职务；由宋雅美临时负责抢险二分队工作；由张森林临时负责抢险三分队工作（抢险人〔2021〕6 号）。

4 月 12 日，根据《漳卫南局关于黄风光等人职务聘任解聘的批复》（漳人事〔2021〕21 号），防汛机动抢险队决定聘任黄风光为抢险二分队队长，解聘其办公室主任职务；聘任赵清祥为后勤服务中心主任，解聘其抢险二分队队长职务；聘任张雁北为工会副主席，解聘其物资供应中心主任职务；解聘王吉祥的后勤服务中心主任职务；解聘薛善林的抢险三分队队长职务。

6 月 21 日，根据《漳卫南局关于张森林职务聘任的批复》（漳人事〔2021〕30 号），防汛机动抢险队决定聘任张森林为抢险三分队队长（试用期一年），解聘其抢险三分队副队长职务（抢险人〔2021〕12 号）。

7 月 1 日，经试用期满考核合格，漳卫南局党委研究决定，王传云任防汛机动抢险队党委委员（漳党〔2021〕36 号）、防汛机动抢险队副队长（漳任〔2021〕26 号）。

7 月 8 日，防汛机动抢险队党委研究决定，聘任贾廷学为三分队副队长，解聘其物资供应中心副主任职务（抢险人〔2021〕14 号）；吕晓霞现任办公室副主任职务，宋雅美现任抢险二分队副队长职务，刘书奇现任物资供应中心副主任职务，以上 3 名同志由临时负责工作调整为主持工作（抢险人〔2021〕16 号）。

7 月 14 日，防汛机动抢险队党委批复同意防汛机动抢险队第一、第二支部委员会选举结果，防汛机动抢险队第一支部书记吕晓霞、副书记王雅伟、组织委员田晶、宣传委员刘洁、纪检委员代志瑞；防汛机动抢险队第二支部书记张森林、副书记刘书奇、组织委员王泽祥、宣传委员贾廷学、纪检委员赵清祥（抢险党〔2021〕20 号）。

8 月 1 日，经海委《海委关于批准 2020 年度高级工程师、工程师任职资格的通知》（海人事〔2021〕35 号）批准，杨金贵具备高级工程师任职资格；崔磊磊具备工程师任职资格（漳人事〔2021〕44 号）。

8 月 13 日，根据《漳卫南局工会防汛机动抢险队工会二届一次会员代表大会选举结果的批复》（漳工会〔2021〕4 号），同意防汛机动抢险队工会第二届工会委员会委员组成，宫学坤任主席，张雁北任副主席；同意防汛机动抢险队工会第二届经费审查委员会组成，刘书奇任主任；同意防汛机动抢险队工会第二届女职工委员会组成，吕晓霞任主任；防汛机动抢险队工会第二届工会委员会、经费审查委员会、女职工委员会任期 5 年。

9 月 1 日，根据《漳卫南局关于侯贻芹职务聘任的批复》（漳人事〔2021〕48 号），经 2021 年 8 月 2 日党委会研究决定，聘任田晶为办公室副主任，侯贻芹为财务科副科长职务，以上人员试用期一年（抢险人〔2021〕17 号）。

5. 岗位聘任与职称评定

7月16日，根据《漳卫南局关于印发事业单位岗位设置后续管理工作有关问题处理意见的通知》（漳人事〔2017〕60号）文件精神，经2021年7月8日防汛机动抢险队党委会研究同意，并公示合格，决定聘任赵建利工勤技能二级岗，聘期为2021年7月16日至退休之日（抢险人〔2021〕15号）。

8月1日，经海委《海委关于批准2020年度高级工程师、工程师任职资格的通知》（海人事〔2021〕35号）批准，杨金贵具备高级工程师任职资格，崔磊磊具备工程师任职资格（漳人事〔2021〕44号）。

12月29日，根据《漳卫南局关于印发事业单位岗位设置后续管理工作有关问题处理意见的通知》（漳人事〔2017〕60号）文件精神，经2021年12月20日防汛机动抢险队党委会研究同意，并公示合格，决定聘任代志瑞、魏杰、刘滋军专业技术岗七级，刘恒双专业技术岗八级，王勇、汤咏、田晶专业技术岗九级，崔磊磊专业技术岗十级；刘恒双聘期为2021年12月29日至退休之日，其余人员聘期为2021年12月29日至2024年12月28日。

自2021年12月29日起，解聘代志瑞管理七级岗（抢险人〔2021〕20号）。

6. 表彰奖励

2月4日，根据《漳卫南局关于表彰2020年度宣传信息工作先进集体和先进个人的通知》，田晶被评为2020年度宣传信息工作先进个人。

2月26日，根据《防汛机动抢险队关于表彰2020年度先进科室的通报》（抢险人〔2021〕2号），决定授予办公室、人事科“水利部海委漳卫南运河管理局防汛机动抢险队2020年度先进科室”荣誉称号，授予技术科“水利部海委漳卫南运河管理局防汛机动抢险队2020年度安全生产先进科室”荣誉称号。

3月3日，按照2020年度考核情况，经漳卫南局党委研究决定，杨金贵年度考核等次为优秀（漳人事〔2021〕17号）。

3月24日，根据《防汛机动抢险队关于表彰2020年度优秀工作人员的决定》（抢险人〔2021〕5号），结合2020年度考核情况，经队党委研究决定，对以下人员进行嘉奖：杨金贵、黄风光、刘恒双、彭闽东、刘书奇、张森林、张志新、侯贻芹、刘俊青。

5月31日，副队长王传云带队，田晶、刘洁、刘秀明等3名职工参加漳卫南局举办的“共忆百年党史 奋进崭新征程”党史知识竞赛，获得优秀组织奖。

6月17日，防汛机动抢险队刘恒双、张森林被评为海委优秀共产党员，田晶被评为海委优秀党务工作者（海党建〔2021〕3号）。

6月29日，防汛机动抢险队刘书奇、黄风光、魏杰、张万坡荣获“漳卫南局优秀党务工作者”荣誉称号；防汛机动抢险队第一党支部荣获“漳卫南局先进基层党组织”荣誉称号（漳党〔2021〕31号）。

（田晶）

【新冠肺炎疫情防控】

认真落实上级决策部署和属地有关要求，全面落实防控措施，加强组织领导，制定新冠肺炎疫情防控方案，严格执行离德审批制度，做好人员摸底排查，全员完成疫苗接种（不适宜接种人群除外），并及时统计上报。充分发挥党员先锋模范作用，配合街道（社区）做好人员摸底排查，做好办公楼和居民区消毒防疫工作。

（田晶）

【综合管理】

1. 制度建设

2021年，防汛机动抢险队新增制度40项，修订制度21项，废止制度10项。

2. 综合政务

2月20日，防汛机动抢险队召开2021年工作会，以“聚焦主业、创新发展、勇于担当，全力开启防汛机动抢险队发展新局面”为题，全面落实2021年海委和漳卫南局工作会议精神，回顾总结防汛机动抢险队“十三五”和2020年工作，分析当前水利工作形势，安排部署2021年重点工作。

7月19日，防汛机动抢险队2021年年中工作总结，以“多措并举有序推进，各项工作多点开花，全力推进防汛机动抢险队高质量发展”为题，认真贯彻落实漳卫南局和防汛机动抢险队工作会议精神，各项工作有序推进，较好地完成上半年工作任务。同时，安排部署2021年下半年重点工作。

2021年，较好地完成公文处理各项工作。完成收文122件、发文100件，编辑并印发信息简报16期，在漳卫南局网站刊发文章52篇。在全队推广“漳卫南运河动态”微信公众号，及时在单位工作群转发最新信息，做好宣传。完成档案规范化评估各项工作。通过水利档案工作规范化管理三级评估，完成文书档案整理归档工作。

（田晶）

【安全生产】

完成《安全生产总目标》《防汛机动抢险队危险源管理制度》《防汛机动抢险队危险源辨识、风险评价和风险控制程序》《2021年安全生产工作要点》等11个安全生产管理文件的编制或修订工作。组织开展岁末年初安全生产专项检查、水利工程隐患排查治理和安全预防控制工作专项检查等重要时段、专项安全生产检查6次。组织召开防汛机动抢险队每季度安全生产专题会4次，参加水利部、海委、漳卫南局安全生产会议5次。组织参加安全教育培训8次，累计325人次参加安全培训。

积极开展“安全生产月”活动。制定《防汛机动抢险队2021年“安全生产月”活动实施方案》；召开“安全生产月”活动动员会；组织安全生产培训和消防器材使用培训演练；组织职工参加全国水利安全生产知识网络竞赛——“水安将军”趣味活动和海委2021年“安全生产月”网络答题活动；组织职工参加海委安全生产征文活动；通过在公共区域张贴安全生产宣传标语、安全宣传海报等方式开展安全生产宣传教育等活动。

继续按照《防汛机动抢险队安全生产专项整治三年行动实施方案》《防汛机动抢险队安全生产标准化3年（2020—2022年）建设方案》等文件要求有序推动各项工作。

（田晶）

【党建工作】

深入学习党的十九届五中、六中全会精神，以及习近平总书记在中央政治局第二十七次集体学习时的重要讲话、“节水优先、空间均衡、系统治理、两手发力”的治水思路和关于治水重要讲话指示批示精神，用党的创新理论指导新阶段防汛机动抢险队高质量发展，进一步加强组织建设，践行新时代党的组织路线。防汛机动抢险队以党史学习教育为切入点，以“我为群众办实事”为抓手，大力开展党史学习教育有关活动，使全队干部职工进一步增强“四个意识”、坚定“四个自信”、做到“两个维护”，强化思想引领。2021年召开党委中心组学习13次，开展专题研讨10次，各党支部分别开展集中学习14次，较好地完成年度学习计划。

开展党史学习教育，防汛机动抢险队组织开展党委中心组专题学习5次，队党委书记讲专题党课2次，各党委委员、党支部书记讲党课各一次，党支部结合“三会一课”跟进学习。全体党员赴乐陵冀鲁边区革命纪念基地、德州市会展中心百年党史主题展参观学习，参加漳卫南局党史知识竞赛，观看“七一勋章”颁授仪式和“建党100周年庆祝大会”直播，参加“庆祝建党百年”漳卫南局第三届职工艺术节红歌合唱，走访慰问老党员并颁发“光荣在党50年”纪念章。

防汛机动抢险队以“我为群众办实事”实践活动为重要抓手，先后为小区居民安装天然气管道、更换暖气管道、解决储藏间用电难题，并组织志愿者清理院内卫生、上门服务困难群众，受益群众达百余人。暖气改造事宜被《德州日报》（10月27日）及德州市精神文明网宣传。组织全体职工开展查体，更换老旧办公桌椅和办公电脑，开展困难职工、党员帮扶，慰问残疾儿童等，共完成8项任务。

推进党支部标准化规范化建设，防汛机动抢险队印发《2021年党建工作要点》《理论学习中心组2021年理论学习计划》《防汛机动抢险队党委2021年全面从严治党主体责任清单》等文件，完成党支部换届选举，发展培养对象5名，完成接收预备党员1名。

防汛机动抢险队党委领导班子其他成员认真履行“一岗双责”，对分管工作和科室党风廉政工作及时安排部署，开展廉政约谈，廉政警示教育活动。坚持民主集中制，严格执行“三重一大”议事规则，节假日重要时间节点做好党风廉政建设提醒通知，通过信息简报等加强党风廉政宣传。深化党的纪律建设，运用好监督执纪“四种形态”，党委班子成员率先垂范，以身作则、走在前列，带头遵守中央八项规定精神，严于律己，落实两个主体责任，切实把“四个意识”“两个维护”转化为担当作为、攻坚克难的实际行动。学习《漳卫南局关于整治形式主义官僚主义突出问题的若干措施（试行）的通知》，持续深化整治形式主义官僚主义。加强行风建设和行业监督，开展集中学习并进行安排部署。

防汛机动抢险队录制《我和我的支部》《我的入党故事》《向党说句心里话》《歌唱祖国》微视频，结合“读书日”活动全体党员撰写党史学习心得体会，利用“学习强国”App和多媒体线上开展宣教活动。组织全体职工开展党的十九届六中全会精神网络答题，达到全员覆盖。

（田晶）

【精神文明建设】

2021年防汛机动抢险队申报省级精神文明单位并通过公示。制定年度文明单位创建工作计划，开展精神文明工作会、推进会，明确任务清单，各部门联动配合共同参与，对照要求按时上传资料。3 月开展“世界水日”“中国水周”宣传活动，举办“五四”青年节诗歌朗诵《百年征程》，参加漳卫南局“庆祝建党百年”第三届职工艺术节，组织党员参观德州市庆祝建党百年主题展，开展“十一”红歌合唱《歌唱祖国》。积极参与德州市文明城市创建工作，编辑《创城》简报 27 期，组织 450 人次参与文明交通劝导志愿服务，组织全体职工做好帮扶小区“创城”工作。举办 4 次青年理论学习小组专题学习，加强思想工作。

（田晶）

德州水利水电工程集团有限公司

【概况】

水利部海委漳卫南局德州水利水电工程集团有限公司（以下简称“水电集团公司”）是隶属水利部海委漳卫南局，是具有水利水电施工总承包贰级资质的施工企业。机构内设有 5 个科室和 1 个全资子公司，现有干部职工 30 人，其中在职人员 29 人、退休 1 人。

2021 年单位主要负责人如下。

总 经 理：潘岩泉

副总经理：王　宇　刘红艳

【生产经营】

2021 年，水电集团公司共签订合同额约 1.99 亿元，其中包括卫河干流（淇门—徐万仓）治理工程 3 个标段建设项目、漳卫新河倒虹吸进出口闸维修项目、漳卫南局水资源监测能力建设项目和平原高标准农田建设项目。全年共完成收入约 3975 万元。

配合完成辛集浮桥项目的竣工验收和结算审计工作；完成四女寺北闸项目的竣工验收工作。2021 年共中标 6 个项目，为满足工程施工建设需要，2020 年分别举办水利施工建设有关培训班，采用理论学习和实践操作相结合的方式，进一步提升了项目施工人员的基本技能素质，提高了项目综合管理水平。

2021 年入汛以来，在保证在建工程安全度汛的同时，以项目部人员为主积极协助浚县河务局和地方有关部门联合值守、巡堤查险；组建“党员先锋队”参与卫河滑县段的抢险及值守工作。

（王海英）

【思想解放大讨论活动】

水电集团公司组织开展以“更新观念、转变作风、聚焦主业、负重奋起”为主题的思想解放大讨论活动，重点解决在公司发展过程中职工思想认识、工作作风、精神面貌等方面的突出问题，以明晰公司定位和发展方向、明确职责和流程、努力改进工作作风和完善制度体系等为切入点，努力实现公司的高质量发展和全面振兴。各部门职责和部分工作规则已经出台，公司的“十四五”发展规划已经确定，职工的精神面貌得到较大改观，这些效果也在卫河治理工程施工中得到充分体现。

（王海英）

【党建工作】

认真贯彻落实党中央要求和局党委统一部署，扎实开展公司党史学习教育。水电集团公司深入学习习近平总书记在党史学习教育动员大会上的重要讲话精神，领会核心要义，迅速组建党史学习教育领导小组，制定活动方案，严格落实，丰富党史学习教育活动安排，确保党史学习教育在公司各项工作中落地见效。“我为群众办实事”实践活动成效明显，联合交警一大队为职工“代购”头盔，完善职工工会小家建设，建立职工活动室，配置运动器材，设置图书角。全面深入推进“三对标、一规划”专项行动，公司上下紧扣活动安排、聚焦主题内容、全员参与研讨，通过四个阶段的学习，进一步提高职工政治“三力”，完成水电集团公司“十四五”水利发展规划的编制，切实找准推动新阶段公司高质量发展的方向和路径。

（王海英）

【党风廉政建设】

始终把党风廉政建设责任摆在首位，成立党风廉政建设领导小组，形成一级抓一级、层层抓落实的工作格局；2021 年年初组织召开党风廉政建设工作会议，研究部署重点工作，按照责任分工制定《全面从严治党责任 2021 年度任务清单》，结合清单内容，及时跟进并专题组织梳理重点任务完成情况；抓好“关键少数”监督管控，严格落实廉政约谈制度，筑牢拒腐防变的思想防线；强化党员干部的思想教育，提高政治站位，增强自身免疫力，并在重要时间节点发布廉洁提醒防止“四风”现象发生；强化对项目部的监督管理，项目部成立后，水电集团公司党委书记与项目经理签订责任书、承诺书，督促其存戒惧、守底线、慎用权，真正做到党风廉政建设全覆盖无死角。

（王海英）

【干部队伍建设】

2021 年，水电集团公司分别举办水利工程测量和堤防工程施工规范培训班，采用理论学习和实践操作相结合的方式，帮助更多的职工了解掌握全站仪、GPS 等常用测量仪器的基本操作方法及堤防工程施工建设规范，提升了项目施工人员的基本技能素质，提高了项目综合管理水平。同时为适应新形势的要求，解决中层干部配置不健全的问题。经过多次党委会认真研究、充分酝酿、科学决策，按照相关程序，选拔 3 名同志担任部门主要负责人，配备 2 名部门副职；同时针对专业技术人员缺乏的实际情况，聘任 4 名同志到相应专业技术岗位，树立正确的用人导向，完善管理岗位和技术岗位的配置，保证工作的正常运行。

（王海英）

附　　录

枕戈待旦守江河

——海委漳卫南运河管理局防御洪水侧记

暴雨强势来袭，汛情日趋严峻！应急响应不断升级！

7 月 21 日 8 时至 22 日 8 时，清漳河中下游地区出现暴雨到大暴雨，浊漳河石梁以下地区出现暴雨到大暴雨。7 月 22 日 6 时，岳城水库入库流量达到 $2640m^3/s$，漳卫河出现 2021 年 1 号洪水；22 日 9 时，岳城入库最大入库流量达 $4860m^3/s$。

这是一场来势汹汹的大考，也是一次惊心动魄的战役。人民至上，生命至上，在洪峰浪尖面前，海委漳卫南运河管理局（以下简称“漳卫南局”）沉着迎战，用担当守护一方平安。

闻汛而动　压实防汛责任

“本次降雨覆盖范围广、局地暴雨强，防汛形势不容乐观。强化风险意识，抓细抓实各项防范措施应对 1 号洪水的到来，确保流域防汛安全。”漳卫南局局长张永明说。

在与洪水分秒竞速的防汛战役中，漳卫南局在水利部、海委的领导下，超前谋划、精心准备，多次会商，滚动分析研判天气形势及雨水情变化趋势，及时部署应对强降雨防范工作。

汛情告急，向水而行！在漳卫南局防汛会商室，一场没有硝烟的战斗打响。大家发扬连续作战、敢打胜仗的作风，昼夜轮流在岗。7 月 21 日 0 时，漳卫南局水文处与海委水文局联合召开紧急防汛会商研判水情。“要进一步加密观测水雨情、滚动会商研判、优化调度方案，坚决打赢这场防汛抗洪攻坚战！”分管防汛工作的副局长裴杰峰斩钉截铁地说。

利刃出鞘　书写抗洪担当

风雨越大，越要冲锋在前；汛情越急，越要逆流而上。

漳卫南局水文处全体职工早已习惯了这样的“战斗”，在“精准测洪、守护安澜”的号召下，技术人员早早赶赴防洪一线进行数据观测，昼夜不停地重复着操作。他们在暴雨中奔波测站之间，烈日下活跃在监测一线，只为收集到宝贵的水文数据，精准控制整个洪水过程。

水文处处长任重琳与职工们一起，通宵达旦完成了一组组报汛任务。“截至 7 月 22 日 8 时，观台站流量达到 $2780m^3/s$，岳城水库水位 132.99m……”水情科科长徐宁对每一个数字格外敏感。

大雨滂沱，夜幕深沉，防御处的办公室灯火通明。干了一辈子防汛工作的张晓杰处长正带领着一班人马进行防汛部署，“漳河上游将出现强降雨，按照工作规程，岳城水库应该启动防汛Ⅱ级应急响应了。”他紧张熟练地部署着每一项防御工作。

栉风沐雨　守好防洪安全

“只要脊梁不弯，就没有扛不起的山。”在洪水面前，漳卫南运河岳城水库管理局的广大干部职工心往一处想、劲往一处使。

7 月 21 日 4 时，大雨滂沱，电闪雷鸣。岳城水库管理局的观测人员手持手电筒，在微弱的灯光下冒着暴雨准时准点到达大坝标尺杆处采集库水位数据，此后，一次又一次到岳城水文站气象场成为工作常态。

“这是我的本职工作，水文数据要测得到、测得准、报得出、报得快。”他们一边说着，一边又蹲守在降雨仪器前继续采集数据。在岳城水库管理局启动防汛Ⅱ级应急响应后，岳城水库水文站工作人员日夜坚守在一线岗位，全天 24 小时不间断测报。

降雨还在持续，漳卫南局仍在全力迎战。漳卫南局的一线职工们坚守始终，奋战始终。

（来源：《中国水利报》2021 年 7 月 24 日，第 4889 期；通讯员：姜怡文）

洪水拦在坝前　人民护在身后

暴雨倾盆，警报拉响！

海河流域漳卫河 2021 年 1 号洪水滚滚而来，漳卫河水系卫河等河流超警、超保，部分河流发生超历史洪水。

23 日 15 时，水利部海河水利委员会建委以来首次启动水旱灾害防御Ⅰ级应急响应！

处于暴雨中心的漳河上游控制性枢纽工程——岳城水库，面临一场极端严峻的“大考”。4860m^3/s！22 日 9 时，自 1970 年建成以来的第三大洪峰抵达岳城水库。“防洪重器”全力出击，截至 28 日 23 时，岳城水库已拦蓄 1 号洪水 2.43 亿 m^3，削峰率接近 100%。

1 号洪水“余温”未消，台风“烟花”再次携风裹雨一路北上，双重考验叠加。7 月 28 日 23 时，根据水利部、海委的调度指令，岳城水库关闭闸门全力拦洪，最大限度保障豫冀鲁等地人民群众生命财产安全。

把洪水拦在坝前，把人民护在身后。岳城水库闭闸错峰的背后，是水利部坚守安全底线、海委科学预测预报、漳卫南局扛起责任担当，水利人以闻“汛”而动的快速反应、“人民至上，生命至上”的坚定信念筑起了守护百姓安全的坚实屏障。

抓准时机　科学调度

防汛令急。卫河、共产主义渠、淇河发生超警以上洪水，多个水文站超保证水位，卫河左堤浚县段决口……

“七下八上”主汛期以来，在水利部的有力领导下，海委密集会商 22 次，传出调令 10 余条，腾库、拦蓄……洪水来势汹汹，毫厘间的博弈更显艰难。

“台风‘烟花’路径较之前预测偏东，海河流域卫运河、漳卫新河区域降雨强度可能偏大，要加强水库、河道、蓄滞洪区等水工程的调度运用，统筹考虑来水蓄水泄水、雨情汛情工情，即日起关闭岳城水库泄洪闸，大幅度减轻下游防洪压力。”7 月 28 日晚，国家防总副总指挥、水利部部长李国英与海委视频连线，科学调度、周密部署海河流域防御台风暴雨洪水工作。

海委主任王文生说：“水库调度是防汛抗洪的‘王牌’，打出岳城水库这张‘王牌’，及时关闭闸门纳洪调蓄，可为下游防汛争取主动权。”

若岳城水库不采取控泄措施，漳河、卫河、卫运河、漳卫新河和南运河的防洪压力将急剧增大。

想要充分发挥水削峰错峰的效果，还要看水库能“吃下”多少水。海委水文局情报预报处副处长杨邦表示，截至 29 日 17 时，岳城水库还有 7.73 亿 m^3 拦洪库容可以防御未来漳河上游的来水。

未雨绸缪，方能有备无患。对岳城水库拦洪能力做到心中有数，海委防御处和水文局抓紧在台风“烟花”到来前研判水库调度方案。结合工程情况和未来雨情发展态势，海委进行模拟推演，分析不同降雨落区对水库调度、蓄滞洪区启用、洪水演进等方面产生的影响，彻夜未眠，反复计算，细算水账，拿出方案：28日23时关闭岳城水库闸门，停止下泄洪水。

28日晚，岳城水库闸门缓缓落下。“漳河洪水下泄后会对卫河形成顶托，对本已长时间高水位运行的卫河洪水的下泄产生不利影响；对卫运河和漳卫新河来说，河道行洪流量加大更易引发险情，加之入海口的淤积造成漳卫新河入海流量比预期要小，因此，岳城水库闭闸错峰，对整个漳卫河行洪将产生积极的影响。”海委防御处处长徐和龙层层剖析。

于无声中搏击风浪，捏方寸间送洪入海。随着调令的发出，岳城水库将力挽狂澜，为漳卫河下游防洪安全提供更强有力的保障。

迅速响应　加密巡测

“按照水利部、海委要求，通知管理局全体人员严格按照相应工作规程，23时关闭闸门，夜深了要注意工程安全和人员安全。”正在电脑前查看水文气象预报的漳卫南局副局长裴杰峰下达了7月28日最后一道调度令。

22时53分，岳城水库工管科蔡秀峰接到电话通知后，立即向工管科科长和局领导汇报情况。“一组立即安排巡查人员再次对溢洪道周边和工程进行检查，二组再次检查机电设施设备运行是否正常，随时做好闭闸的准备，一定要注意安全。”岳城水库管理局局长倪文战迅速安排工作分工，做足闭闸的各项准备。

23时，岳城水库最后一孔泄洪闸门关闭，一切有序高效运行。

“岳城水库由低水位到高水位急剧变化，工程容易出险，要按照水利部、海委的指示精神，加强工程巡查力度，保障水库安全运行。”漳卫南局局长张永明到岳城水库检查工作时强调。如今，要吞纳全部上游来水的岳城水库更少不了24小时不间断的巡测。

艰苦更要坚守。深夜的束束强光照亮了岳城水库大坝，坚实有力的脚步声打破了夏夜雨后的宁静。岳城水库指导组和岳城局工程技术人员拿着强光手电，穿着救生衣、雨靴、雨衣对大坝进行全方位检查，确保工程运行正常后，大家才放心离开。

同工程巡检人员一样，奋战在前线的水文观测人员，立在风雨中，浸在洪水里。他们与时间赛跑，准时准点到达大坝标尺杆处采集库水位数据，水文报汛人员比对水位自记和遥测信息，确保数据准确性。在发报室，白天紧张有序，夜晚灯火通明，所有人员严格执行夜班值守任务，即使没有夜班任务的职工，也自发地坚守到凌晨，以便及时应对突发情况。从23日17时水库开闸泄洪至28日23时闭闸，岳城水库水文站共测流10次，取含沙量水样18次，拍发雨水情电报88份。

一组组水文数据、一份份水情报文及时准确地报送到国家水工程调度指挥中心。全天24小时不间断测报为防汛部门的科学调度提供了可靠数据支撑和决策依据。

惊涛骇浪从容度，越是艰险越向前。防汛救灾是一场没有硝烟的战争，面对极端性强降雨，在水利部、海委的有力指导下，岳城水库正全力拦蓄洪水，有力确保人民生命财产安全。

（来源：《中国水利报》2021年7月31日，第4894期；
记者：周妍、王超、魏晓雯、薛程；通讯员：王颖、李博）

凝聚防汛抗洪的红色力量
海委漳卫南运河管理局党建领航战洪水

面对异常严峻复杂的防汛形势，在水利部和海委的领导下，漳卫南运河管理局党委团结带领各级党组织和广大党员干部职工冲锋在前、全力以赴、强力应对，将党的组织力转化为防汛抗洪的凝聚力和战斗力。

统一领导　靠前指挥

强降雨发生以来，漳卫南局党委密集召开防汛会商会议，科学研判河系雨情水情工情，精准把握汛情形势，统筹部署防汛工作，并向全局各级党组织和党员发出全力防汛抗洪号召，动员全体干部职工做好工程巡查防守。

局党委书记张永明靠前指挥，第一时间赶赴卫河浚县段查看险情，研究商讨应对措施，先后赴岳城水库、漳河、卫河、卫运河检查指导防汛工作，并组织学习习近平总书记关于防汛救灾工作的重要指示、李国英部长视察岳城水库重要指示精神，切实把学习融入实践，指导防汛抗洪工作。局党委班子成员兵分多路，带领河系组日夜奔波在防汛一线，严格督导检查，及时协调解决各类突发问题，为漳卫河系防汛抗洪工作指明方向、鼓舞斗志。

迅速集结　紧急响应

激流勇进战洪水，越是艰难越向前。漳卫南局 11 个二级单位党委加强组织领导，专题召开防汛部署会议，将上级防汛抗洪有关要求层层传达到每名党员干部职工。充分履行防汛组织机构职责，落实包闸、包堤、包段责任制，全员上岗到位。党委主要负责同志发挥“头雁”作用，冒雨深入一线监督指导、统筹开展工程调度，与全局干部职工肩并肩奋战在防洪一线，党委班子成员坚守职责，现场推动解决影响防洪安全的各类问题，形成了“一把手”抓带头，“一张网”抓防御，“一盘棋”抓统筹，“一竿子”抓到底的防汛抗洪工作格局。

坚守岗位　携手抗洪

关键时刻，漳卫南局一线全体党员闻“汛”而动，奋勇当先，在防汛抗洪一线举旗帜、亮身份、践承诺、作表率、当先锋。

“我是党员，我先上”“我是年轻党员，我请求替代老同志承担夜间巡堤任务”“我是入党积极分子，我要求参加险情处置”……类似情景在漳卫南局基层一线竞相涌现。

邯郸河务局火线成立党员巡防突击队、党员志愿服务队，设立党员防汛先锋岗，抽调防汛抗洪经验丰富、工作能力突出的党员干部派驻局属基层单位，昼夜不停开展巡堤查险、险情处置、技术指导、紧急支援等工作。

邢衡河务局在防汛抗洪第一线开展“支部结对共建”，从机关抽调技术、后勤人员为基层职工送去慰问品，提供技术支援、人力支援，携手抗洪。

沧州河务局向全局党员发出“我是党员，抗洪有我”倡议活动，激活红色细胞，凝聚红色力量……

一名党员就是一面旗帜。漳卫南局的党员们用实际行动擦亮共产党员的政治底色，众志成城护佑一方安澜。

（来源：《中国水利报》2021 年 8 月 21 日，第 4909 期；通讯员：李博）

利剑出鞘保安全　海委漳卫南运河管理局水政监察队有力消除防洪隐患

今年汛期，漳卫河系发生超警以上洪水，海委漳卫南运河管理局各级水政监察队伍联合地方河长办、防汛指挥部主动出击，消除了河道内的一系列防洪隐患，有力保障了漳卫南运河的行洪安全。

联合执法　拆除违建

在主汛期到来前，漳卫南局按照水利部、海委要求，对流域内河道进行详细巡查，梳理了一份包含浮桥、涵洞、树障等隐患在内的防汛排查清单，为后续防汛工作提供了详尽资料。同时，各级水政监察队伍也将防汛工作和日常巡查相结合，及时掌握河道情况，确保无一疏漏。

卫河和漳河洪水汇合后，卫运河防汛形势不容乐观。而此时保障卫运河河道行洪畅通，有效清理河道内违建浮桥、遗留浮箱等至关重要。汛情就是命令，漳卫南局水政处召集德州河务局和邢衡河务局负责人到现场研究解决措施，决定采取联合执法方式，在洪峰来临前坚决完成违建拆除任务。

308 国道卫运河大桥上游主河槽内有 300m^2 违建一处，7 月 22 日，德州河务局会同夏津河务局、夏津县防指制定拆除方案和保障措施；23 日，水政监察队伍全员出动，配合夏津县防指拆除全部违建；26 日，随着最后一车桥体的清运，东南镇村浮桥也被全部拆解。

现场督导　助力防汛

“叮铃铃”，清脆的电话声打破了办公室内的宁静。“我们巡查时发现漳卫新河河口处有船只进行维修，你们快来看看。”无棣河务局水政监察大队队员立即带上单兵执法记录仪，驱车前往事发地。“又是‘老熟人’。”看过现场了解情况后，队长杨海春无奈地说。

这家船厂也算是这里的“钉子户”了。自从 2019 年船厂的主体建筑和附属设施被拆除后，船厂老板就一直在此处收购拆解旧船继续经营，同无棣河务局水政监察大队打起了游击战。

“洪峰马上就要到了，得赶紧通知他们离开，以免阻碍河道行洪发生危险。”杨海春说完，立刻联系镇政府并提出处理意见。无棣县、埕口镇政府现场督促船老板加快船只拆解工作。无棣河务局水政监察大队顺势借力，督促埕口镇政府将船厂附近多处养虾池一并进行清理。8 月 9 日，船只拆解和虾池清理工作全部完成，有力保障了漳卫新河河口的行洪安全。

科技运用　严密监测

信息时代的高速发展为执法工作带来了便利，视频监控系统成为水政监察员们的第二双“眼睛”。

在岳城水库，为及时发现河道、险工等信息，漳卫南局有关单位在上堤巡查的同时，安排专人对监控系统进行盯防，充分利用监控系统对河道情况进行严密监控。7月26日晚，北吴庄6号、7号坝间滩地出现险情，临漳河务局第一时间连夜同临漳县防汛抗旱指挥部、县水利局等部门现场研究险情情况、确认抢险方案，积极开展抢险工作。

与此同时，邯郸河务局充分发挥视频监控系统的作用，通过现场专人和视频监控相结合的方式，密切监测北吴庄险情发展；抢护中，利用视频监控系统对抢护过程全程记录；抢护后，通过视频监控系统实时对险工进行监控，防止北吴庄险工滩地险情再次发展。邯郸河务局充分利用视频监控系统，对陈村险工、张看台险工、曹村险工等重要的险工和河道进行实时监测，节约了大量人力，为确保漳河安全度汛发挥了重要作用。

（来源：《中国水利报》2021年8月20日，第4908期；通讯员：仇大鹏、王旭）

堤防就是水利人的主战场

今年，卫运河的这个夏天注定不平静。洪水与台风的大考双重叠加，海委漳卫南局清河河务局（以下简称“清河局”）的全体职工枕戈待旦，全力以赴迎接这场洪水大考。

坚守岗位践初心

“走，我们上堤!”这是清河局局长姚红梅常挂在嘴边的话，“养兵千日，用兵一时。堤防就是我们水利人的主战场。”

入汛以来，姚红梅的周末都是在工作岗位上度过的，主汛期间，午夜12时参加防汛会商，清晨5时又到大堤上已是家常便饭；王荣海是清河局的“老黄牛”，一边照顾年迈的父亲，一边巡堤查险，这期间他克服一切困难，医院、单位、堤防三点一线连轴转；面对孩子的抱怨，牛亚楠安抚完就又投入到紧张的工作中；魏韬和妻子通话询问家中情况的同时，他还在险工险段的建筑物上标记水位……

冲锋在前勇担当

姚红梅从施工现场刚回到单位宿舍，就接到油坊镇党委书记的电话：“南李庄护坡有四块石头松动下滑，距离水面还有30多厘米!”放下电话，姚红梅拉上牛亚楠便火速赶往南李庄出险现场。

到了出险地方已近零时时分，姚红梅对现场进行研判发现，这是水位升高导致护坡垫层局部沉陷。她马上组织人员准备6袋水泥和一小车沙子，就地取水，先用稀砂浆灌缝然后水泥砂浆抹严表层，最后用土袋打30cm高的围堰。

经过有条不紊地工作，7月26日凌晨2时50分完成了抢修。在离开出险点前，她一再叮嘱：“这只是简单处理，随着水位升高基础下沉有可能会发生护坡塌陷，这个地方要24小时看守，有情况随时告诉我。”

科学研判好参谋

7月27日清晨，姚红梅正在清河县防汛工作群发送上游水雨情的信息，突然接到南李庄指挥部的电话：“南李涵洞闸门西侧出现两条大裂缝，形势危急!”“现在组织人员准备装沙袋500个，通知清河县水务局、应急局，25分钟内到现场进行会商!”

到达南李庄扬水站后，姚红梅走到塌陷点，观察着进水口，捡起一块石头蹲下来附耳贴向地面，敲打着四周的浆砌石护坡，说：“我初步判断是护坡下土方有沉陷，进入洞身的水可能在坡脚有出口回流到河道去了，堤身并没有灌水。我们抓紧会商决定抢救方案。”

姚红梅与水务局工作人员协商后向指挥部建议：立即打围堰，开挖洞口，查看是否有水侵蚀堤身，之后三七灰土碾压夯实，铺设土工布。抢修方案获得批准后，在指挥部统一调度下，清河局和油坊镇党员干部带领群众组成70余人的抢险突击队抢修围堰。同时，调配挖掘机、汽夯等机械设备对塌陷部位进行清理，寻找渗水点。直到12时10分，当机械开挖出第一斗干土时，姚红梅终于长吁了一口气，抢修方案是正确的！当晚20时38分，在连续奋战13个小时后抢险成功！

目前，尽管卫运河洪水退去，水位回落，但重建与修复任务仍然艰巨。清河局全体职工依然保持高度戒备状态，持续做好水毁修复工作。

（来源：《中国水利报》2021年8月26日，第4912期；通讯员：靳伟、许琳）

同心齐力 风雨共担

——海委漳卫南运河管理局沧州河务局防汛抗洪侧记

叮呤呤，叮呤呤……海委漳卫南运河管理局沧州河务局防汛值班室里，一个电话接着一个电话。漳卫南运河流域普降大到暴雨，卫河部分河段发生超标准洪水，漳卫新河将迎来多年未有的行洪挑战。一条条水情雨情工情信息如同战报，吹响了沧州河务局防汛抗洪的集结号，全局上下迅速行动，进入战时状态。

到最需要的地方去

在沧州河务局党委向全局发出“我是党员，抗洪有我——在防汛抗洪中充分发挥党员先锋模范作用”倡议活动上，全体党员纷纷请缨奔赴抗洪一线。“我们要到最需要的地方去。”全体党员纷纷在请战书上庄重签下名字，申请加入抗洪一线战斗。

许多女同志也主动加入请战行列，沧州河务局共计 20 名党员赶赴抗洪一线，让鲜艳的党旗飘扬在最前沿。

守好前沿阵地

这些天，一个身影总是出现在东光河务局堤防上。他就是东光河务局党支部老党员王宝军，他弯着身子，一丝不苟地巡视被洪水浸泡的涵闸，检查堤脚堤身。

王宝军今年 57 岁，曾患有多种疾病，洪水到达的前一夜，他的旧疾复发，他忍着剧痛从门诊输液归来，便抓紧时间巡堤。他说：“洪水来临前正是用人之际，能多出点儿力就多出点儿力。”

7 月 29 日，台风“烟花”过境河北省沧州市海兴县，海兴河务局防汛压力陡增。海兴河务局党支部书记王德一大早就冒着狂风暴雨上堤，带领群众巡堤查险，会同地方防指检查涵闸管封堵等情况，协助排查下游海丰村堤内 28 户 51 人撤离状况。直到风暴潮退去，王德提着的心才放下。

先把家和孩子放一放

留守机关驻后方的同志 24 小时轮流值守，汇总数据分析水情，上下沟通传递水情工情信息。

自启动防汛应急响应以来，高洁全力做好本职工作，在洪水肆虐的紧急关头，她顾不上孩子生病住院，用半天时间安置好家庭事务后，毅然返回工作岗位继续值守。

刘立志，海兴河务局党支部唯一一名女党员，由于支部男同志均在抗洪一线，防汛值班的重任就压在她一个人身上。有人问她：“防汛辛苦吗？”她说：“我是一个妈妈，也是一名水利人，更是一名共产党员，洪水当前，先把家和孩子放一放！”

当前，正值防汛关键期，沧州河务局的党员们依然坚守在抗洪一线，他们默默无闻地守护堤防，保护沿岸群众生命财产安全。面对赞誉，他们淡然一笑，肩负的责任尽显在举手投足之间。

（来源：《中国水利报》2021 年 8 月 14 日，第 4904 期；通讯员：柴广慧、张宝恒）

卫河畔最可爱的人

进入8月，海河流域防汛形势趋于稳定，漳卫河系水位整体缓退，海河水利委员会于8月3日12时将水旱灾害防御应急响应级别由Ⅰ级调整至Ⅱ级，8月4日，漳卫河水系全线退至警戒水位以下。8月6日，海委再次下调应急响应至Ⅲ级。尽管如此，工作组仍在继续奋战，流域内洪水不退、人马不撤。

激流中的前行者

7月19—22日，漳河上游出现强降雨过程，海委漳卫南局副局长杨士坤带队的卫河河系工作组于18日上午抵达卫河河务局，做好应对强降雨各项准备工作。

按照海委部署，杨士坤代表海委工作组协助河南省赴一线开展抗洪抢险工作。22日凌晨3时，人们沉睡之时，洪水悄然汇入卫河。年过半百的杨士坤明白，此刻他们正和洪水展开无声的赛跑。

工作组年龄最大的陈继东不禁感慨："上班35年来我经历了'96·8'和2016年'7·19'洪水，希望这次我们也能打个漂亮仗，我也站好退休前的最后一班岗。"

黑夜里的指战员

受强降雨和上游来水影响，7月22日，海河流域漳卫河发生2021年1号洪水，卫河发生超保证洪水。

"杨局，刚接到通知，受暴雨影响，浚县彭村卫河左堤新镇桥下游堤防漫溢，部分群众生命财产受到威胁。"陈继东焦急地汇报。

"迅速通知大家，立即赶赴现场开展抗洪抢险工作。同时向局里和海委汇报情况。"7月22日晚，正在鹤壁市检查防汛工作的杨士坤听闻堤防出险，带领工作组第一时间赶到现场，仔细询问有无人员伤亡后，会同地方部门迅速指挥调度，全力封堵决口。

决口处现场亮如白昼，渣土车、推土机、挖掘机隆隆作响……在抢险救灾人员的临时安置点，现场会商紧张有序。"我们一定要把保障人民生命安全作为首要目标，尽全力协调各方调配设备物资，务必保证尽快封堵。"专家们顾不上吃晚饭，继续商讨下一步封堵方案，最后一次会商直至凌晨5时才结束。

7月23日15时，海委将水旱灾害防御Ⅲ级应急响应提升至Ⅰ级。国家防总副总指挥、水利部部长李国英赴漳河、子牙河防汛抗洪一线现场指导防汛抗洪工作，海河防总常务副总指挥、海委主任王文生连日会商研判流域强降雨防御工作，并于7月23—25日赴卫河一线检查指导防汛抢险工作。漳卫南局局长张永明迅速赶往抗洪抢险一线，海委总工梁凤刚带队的工作组连夜赶赴现场，火速赶赴一线的还有水文应急监测组……

连续奋战70多个小时后，7月26日2时27分，卫河决口封堵成功。

洪水旁的坚守者

决口封堵后，Ⅰ级应急响应下的海委，滚动会商研判漳卫河系汛情形势。根据预判，在未来较长的退水阶段，已启用的蓄滞洪区滞洪水位高、时间长，围堤堤身单薄、标准偏低；卫河、共产主义渠堤防长时间高水位浸泡，退水期易发生滑坡等险情，需要特别关注沿线堤防安全。

杨士坤带领工作组又一次奔赴防汛一线，顶烈日、冒高温，24 小时不间断巡堤查险、看水尺、查河势、观水情，并做好组织调度和与地方部门的沟通协调。

尽管已奋战多日，工作组从白寺坡蓄滞洪区检查结束后，一行人又赶往聊城，查看班庄闸漏水抢险现场。当看到已基本封堵至堤顶，背河已不再漏水时，杨士坤脸上露出了久违的笑容。

汛情没有结束，战斗仍在继续。在卫河大堤上，海委防汛工作组与各方驰援汇成合力，共同奋勇战斗。他们中有抢险救灾的人民子弟兵、有巡堤查险的专业力量、有督促指导的各级干部职工、有自发组织的人民群众，还有主动请缨的社会志愿者……近 5 万人犹如一面面迎风招展的红旗，他们是卫河畔最可爱的人。

（来源：《中国水利报》2021 年 8 月 12 日，第 4902 期；通讯员：姜怡文、范张衡）